"十三五"国家重点出版物出版规划项目
国家科技基础性工作专项重点项目
国家社会公益研究专项项目
中国农业科学院科技创新工程

中国土壤剖面数据集

·宁夏卷

主 编 张维理

本卷主编 张认连 王 琛 武淑霞 周 涛

浙江科学技术出版社·杭州

版权所有　侵权必究

图书在版编目（CIP）数据

中国土壤剖面数据集. 宁夏卷 / 张维理主编；张认连等本卷主编. -- 杭州：浙江科学技术出版社，2024.6. -- ISBN 978-7-5739-1276-3

Ⅰ．S152.2

中国国家版本馆 CIP 数据核字第 2024TF0164 号

书　　名	中国土壤剖面数据集·宁夏卷
主　　编	张维理
本卷主编	张认连　王　琛　武淑霞　周　涛

出版发行　浙江科学技术出版社
　　　　　　杭州市拱墅区环城北路 177 号　邮政编码：310006
　　　　　　办公室电话：0571-85152719
　　　　　　销售部电话：0571-85176040
排　　版　杭州万方图书有限公司
印　　刷　浙江新华数码印务有限公司
经　　销　全国各地新华书店

开　　本	787 mm×1092 mm　1/8	印　张	21	
字　　数	364 千字			
版　　次	2024 年 6 月第 1 版	印　次	2024 年 6 月第 1 次印刷	
书　　号	ISBN 978-7-5739-1276-3	定　价	160.00 元	
地图审核号	GS 浙（2024）312 号			

策划组稿　詹　喜　章建林　　**责任编辑**　赵雷霖
责任校对　张　宁　　　　　　**责任美编**　金　晖　　**责任印务**　吕　琰

如发现印、装问题，请与承印厂联系。电话：0571-85155604

《中国土壤剖面数据集》
编 委 会

主　　任　赵其国

副 主 任　张维理

委　　员（按姓氏笔画排序）

　　　　　毛达如　　史学正　　刘　旭　　刘先林　　刘更另

　　　　　孙　睿　　孙九林　　孙铁珩　　杨　鹏　　张洪江

　　　　　张维理　　周健民　　赵其国　　陶　澍　　黄鸿翔

　　　　　黄德明　　傅伯杰

《中国土壤剖面数据集·宁夏卷》
编写人员

主　　编　张维理

本卷主编　张认连　　王　琛　　武淑霞　　周　涛

本卷编委（按姓氏笔画排序）

　　　　　马玉兰　　王　琛　　王明国　　王梓懿　　龙怀玉

　　　　　朱　丹　　许泽华　　李永梅　　李百云　　何进勤

　　　　　冶　鑫　　张认连　　张怀志　　张维理　　陈印军

　　　　　武淑霞　　周　涛　　赵　营　　徐爱国　　郭鑫年

　　　　　黄鸿翔　　雷秋良　　冀宏杰

土壤大数据整合与数字制图

设　　计　张维理

制　　作　徐爱国　　张认连　　冀宏杰

程序编制　贾　萌　　吴章生　　严　豪

地图编辑　中国地图出版社集团有限公司

内容提要

本数据集以分县主要土壤类型与土壤剖面点分布图、土壤剖面理化性状表的形式，提供了我国各地详尽的土壤资源与质量的科学数据。全集共25卷，收录了全国2200多个县（市、区）的分县土壤图和6万多个土壤剖面的分层理化性状数据。根据各省级行政区土壤剖面数量和地域关联特征，既有一个省（自治区）的单卷，也有多个省（自治区、直辖市、特别行政区）的合订卷。各卷内容包含分县主要土类说明、主要土壤类型与土壤剖面点分布图、中心区气候特征图表，还含有全国和各卷所涉省级行政区的土壤图、土壤有机质含量图与地势图，以便读者在全国、省级和县级不同视角和尺度上，了解土壤资源与质量状况及其空间分布特征，以及土壤类型、土壤肥力与气候条件、地势、地貌之间的相互关联。

宁夏回族自治区位于我国西北部的黄河中上游地区，海拔1100—1200m，地势从西南向东北逐渐倾斜。黄河自中卫入境，向东北斜贯于平原之上，顺地势经石嘴山出境。宁夏回族自治区南部以流水侵蚀的黄土地貌为主，中部和北部以干旱剥蚀、风蚀地貌为主，是内蒙古高原的一部分。全区属温带大陆性干旱、半干旱气候，年平均气温6.3—11.4℃，年平均降水量164.1—739.4mm，年平均日照时数2071—3086h，是全国日照和太阳辐射最充足的地区之一。主要土壤类型有黄绵土、灰钙土、风沙土、新积土、黑垆土、灌淤土、灰褐土、粗骨土、潮土、草甸盐土、漠境盐土、碱土、红黏土、石质土等14个土类。本卷收录了宁夏回族自治区19个县（市、区）473个典型土壤剖面的分层理化性状数据，便于读者了解其主要土壤类型的分布特征及剖面特征，可作为农业、林业、环境、气象、国土、水利、经济等领域的科研、管理和技术人员的工具书和参考书，也适合高等院校研究生参考使用。

序

万物土中生，有土斯有粮。土为万物之本，土壤的重要性是怎么强调都不为过的。现在，土壤相关数据已成为农业、林业、环境、气象、国土、水利等各部门、各行业的基础数据。土壤研究最基础、最重要的表现形式是土壤剖面数据，其反映了不同层次的土壤理化性状。然而，长期以来，我国一直缺乏一套完整的系统性表现全国各区域土壤性状的剖面数据。

中华人民共和国成立以来，我国曾开展了两次全国性土壤普查，其中 20 世纪 70 年代末开始的全国第二次土壤普查是迄今为止最完整的。当时全国挖掘了 550 余万个剖面，各地分县完成了大比例尺土壤图，数据完整且可靠性高；然而，限于种种因素，当时仅完成了全国范围小比例尺土壤类型图和养分图的汇总，未及时完成全国土壤剖面库的整理。这些纸质资料散落于各地，并且年代久远，面临丢失、损毁的风险。这些宝贵数据具有时空尺度的唯一性，一旦出现问题，将对国家和社会各层面造成无法挽回的损失。

自 2001 年起，在国家社会公益研究专项项目资助下，张维理研究员带领团队，在全国范围开始对分散存留各地的土壤调查资料进行抢救性收集和整理。2006 年，科技部启动了国家科技基础性工作专项项目，"我国 1∶5 万土壤图籍编撰及高精度数字土壤构建"项目被列入首批重点项目并连续获得两期资助。该项目由中国农业科学院农业资源与农业区划研究所牵头，全国近 20 个科研单位（两期）共同承担任务，极大地加快了土壤数据抢救的进程，为编制本数据集奠定了基础。在参与本数据集编制的土壤科技工作者 20 年的持续努力下，在 2019 年度国家出版基金的资助下，在中国农业科学院科技创新工程的持续支持下，本数据集终于得以面世。

本数据集以涵盖全国 2200 多个县的土壤剖面分层数据为主体，首次同时展示了分县土壤图与典型土壤剖面分布图，描述了影响土壤发生的气候特征、主要土类的性状等，内容丰富，兼具专业性和科普性。全集共 25 卷，既有一个省、自治区的单卷，也有多个省、自治区、直辖市、特别行政区的合订卷。鉴于其数据的完整性、系统性、科学性，本数据集可成为我国资源环境领域的必备工具书之一。

本数据集至少可以应用于以下几个方面：

第一，直接服务于农业生产，保障粮食安全和食品安全。全国分县的不同土壤类型分层养分数据、土壤质地信息，可为科学施肥、土壤培肥与耕作措施的制定提供决策依据。

第二，为水利、环境、建筑、旅游等行业提供便捷、直观的土壤分层次基础信息。信息后标有剖面点经纬度，便于查询获取。

第三，对于土壤质量演变、耕地地力演变、碳储量、面源污染、气候变化等多学科研究具有土壤科学起始点数据意义。

我国疆域辽阔，编制本数据集需要对各地分县完成的大比例尺土壤图和土壤调查资料进行数字化整合，创建覆盖我国全域的高精度数字土壤，再进行分县土壤剖面表的提取与分县土壤图的缩编。本数据集的总数据处理量达到 TB 级且数据来源多而复杂、专业性强、处理难度大，按常规方法，需数万人历时多年方能处理完成。张维理研究员创造性地将数据科学、人工智能与人机交互设计原理引入土壤学范畴，首创土壤大数据方法，以土壤科学需求设计统领其他各层级设计，以智能化、自动化、人机交互式的数据分析流程替代人工流程，高效、精准地完成了土壤大数据的时空整合和表达，这一巨著才得以面世。作为两期项目的专家组组长，我亲历了整个项目的全过程，对张维理研究员勇于创新、踏实、勤奋、务实、敬业、有担当的优秀品质印象深刻，也深感钦佩！

本数据集的完成前后历时 20 年之久，直接参与数据收集、编撰人数近百人，涉及我国各省（自治区、直辖市）的土壤肥料相关单位。正是他们的付出和努力，才使得本数据集得以面世。衷心希望本数据集能在农业、林业、环境、气象、国土、水利以及肥料工业等领域发挥积极作用，更好地服务于我国经济和社会发展。

中国科学院院士　赵其国

2021 年 12 月

前 言

土壤是农业的基础，是陆地生态系统生命过程的基础，也是维持地球上能量与水的交换、生命元素循环的重要基础。《中国土壤剖面数据集》首次以分县土壤图和土壤剖面理化性状表的形式，提供了我国陆域全覆盖的土壤资源与质量的科学数据，为农业、林业、环境、气象、国土、水利等部门和相关行业精准了解各地土壤资源分布与质量状况，科学利用土壤资源，发展绿色农业、特色农业和节水农业，进行耕地保育、科学施肥、面源污染防治和基本农田保护等提供了科学依据；也为农业科学、环境科学及地学、气象、测绘、水利等多个学科领域的科研工作者研究陆地生态系统生产力演变、地球物质循环、气候与环境变化提供了基础数据。

编入本数据集的分县土壤图和土壤剖面理化性状表主要源于对全国第二次土壤普查（以下简称"二普"）调查资料的收集、整理、提取与汇总。二普是我国现代规模最大的以查清土壤资源和土壤肥力为主要目标的土壤资源综合调查，既完成了我国迄今为止最详尽的土壤分类调查，也首次在全国范围进行了较高密度的土壤采样化验，开启了我国用土壤理化性状量化指标描述土壤资源与土壤质量状况的时代。二普地面调查采样实施于1979—1987年，通过550万个土壤剖面观测和采样，分县完成了1∶5万比例尺土壤图绘制和10万余个土壤剖面的分层采样、化验、记录，其中的土壤质量稳定性要素，如土体构造、质地、母质、成土条件、土壤类型等时效性长，CRT值（土壤特性响应时间，characteristic response time）达上千年，可长久使用；土壤有机质含量，氮、磷、钾含量，酸碱度，耕层厚度等土壤质量变化性要素为了解土壤与环境质量演变提供了重要信息。无论从数量还是质量上看，二普获取的土壤科学数据至今都是我国最详尽、最有价值的土壤资源基础数据，其精度与质量超过许多发达国家的土壤资源基础数据。

20世纪末期以来，全球性人口和经济快速增长导致的人均土地资源与水资源紧缺、环境污染、气候变化、粮食安全危机，使科学界对土壤及其形成过程的关注度不断提高，关注重点也从了解土壤与环境质量现状转变为弄清演变趋势、引致变化的内在机理和驱动因素。土壤圈处于地球大气圈、水圈、生物圈和岩石圈的交会处。土壤层中的生物过程和物质循环过程既活跃，又具有一定的稳定性，能较好地反映地球水圈、土壤圈、大气圈、生物圈及岩石圈五大圈层动态交互作用的结果。只要对近年来国际上关于碳足迹、气候变化的研究进展稍加关注，就可知晓具有时空维度的土壤科学数据对于阐明土壤与环境过程并弄清其驱动因素、预测未来土壤与环境质量变化具有无可替代的作用。本数据集编入的土壤质量数据既是我国在全国范围内首次完成的土壤理化性状的科学记载，也是40多年前对我国土壤质量变化性要素的客观记录，能帮助我们了解改革开放以来经济、农业高速发展以及农用化学品投入量高速增长对土壤与环境质量的影响，对了解我国土壤与环境质量时空演变亦具有起始点土壤科学数据的意义。本数据集编入的起始点数据使我们对全国土壤及相关过程的认识延伸了40多年。历史上的土壤调查结果不能被新的调查结果替代，这一不可替代性使得本数据集将成为我国农业与环境领域最具影响力的工具书和参考书之一。

本数据集既是我国老一辈土壤与农业科研工作者在全国土壤普查工作中取得的成果，也是数据集编制人员长期以来默默耕耘的结晶。二普完成的大比例尺土壤图件和土壤剖面理化性状主要为手绘纸质图件和非正式出版的铅印或油印资料，份数少且由各地自行保存。二普结束后，随着各地机构调整与人员变动，土壤调查资料被损毁或丢失严重，难以发挥作用。在我国多位知名科学家的倡议和推动下，"十一五"期间，"我国1∶5万土壤图籍编撰及高精度数字土壤构建"项目（2006—2017）被列为国家科技基础性工作专项重点项目。其目的是对各地宝贵的土壤科学数据进行抢救性收集、数字化和整合，提升我国科学研究与管理基础数据的条件。为实现这一目标，项目组研究人员首先对各地分散存留的纸质分县土壤调查资料进行了全面的收集、修复和整理。针对国际范围内缺少对异源、异质、异构、异形土壤大数据的提取、整合方法的难题，项目组研究人员积极探索、勇于创新，融合应用土壤学、地理信息系统技术、数据科学、人工智能、人机交互设计方法，创建了土壤大数据方法，以层级化的流程设计实现土壤科学层面的需求设计统领体系架构、数据流程及模块设计，以独立于数据流程的监控设计实现土壤科学家对全流程的掌控和人工干预，以智能化、人机交互式数据流程替代人工流程，优质、高效地完成了对各地异源土壤资料的审核、提取、过滤、分类、整合与表达，完成了覆盖我国全陆域的1∶5万比例尺土壤图绘制与土壤剖面点空间数据库建设工作。为满足各行各业准确了解我国各地土壤资源与质量状况的广泛需求，编者通过对1∶5万比例尺土壤图数据的缩编表达与10万余个土壤剖面理化性状数据的进一步提取，最终完成了本数据集的编制。

本数据集共25卷，收录了全国2200多个县（市、区）的分县土壤图和6万多个土壤剖面的理化性状数据。根据各省级行政区土壤剖面数量的多寡和地域关联特征，既有一个省（自治区）的单卷，也有多个省（自治区、直辖市、特别行政区）的合订卷。为便于读者了解全国及各省级行政区土壤资源与质量的分布特征，特别编制了全国及各省级行政区土壤图、土壤有机质含量图与地势图三个序图，读者可以方便地查询全国及各省级行政区任何地区拥有的主要土壤类型，了解其土壤有机质含量及地势、地貌特征。在各分卷中，分县土壤资源与土壤质量性状由主要土类说明、中心区气候特征图表、分县主要土壤类型与土壤剖面点分布图以及土壤剖面理化性状表共同呈现。

本数据集既可作为工具书、参考书，供农业、林业、环境、气象、国土、水利、经济等领域的管理人员和技术人员使用，也适合高等院校相关专业研究生参考使用。

我国幅员辽阔，从收集、整理全国分县土壤调查资料，到完成覆盖我国全境的1∶5万比例尺土壤图籍，再到完成本数据集的编制，来自全国近20家研究机构的科研人员组成项目组，辛苦工作了20多年。其间，本项工作得到了国家社会公益研究专项项目、国家科技基础性工作专项重点项目的长期、连续资助和在项目实施年限上给予的充分理解，同时得到了中国农业科学院科技创新工程的资助，全国50多家国家级及省级土壤、测绘、农业科研与管理机构的大力支持以及我国老一辈土壤科学家自始至终的关心和鼓励。在整个项目实施期间，有9位院士和7位长期从事土壤科学、农业资源环境研究的专家给予了直接和全程的指导。近20年间，项目组研究人员一方面要承担艰难而繁重的科研任务，另一方面要顶着多年没有科研产出的压力，没有他们的坚持和付出，就没有本数据集的面世。在此，谨向所有参加数据集编制的科研人员及对本项工作给予支持的部门和人员一并表示衷心的感谢！

由于本数据集包含的数据量庞大，且不限于土壤学本身，尽管我们在编撰过程中极尽斟酌，仍难免存在不足之处，敬请读者批评指正，以便今后修订完善。

中国农业科学院研究员

2021年12月

目 录

第一编 编制说明与序图

编制说明

编制目的	002
土壤数据基础知识	002
数据集内容	005
土壤数据来源	005
编制方法——土壤大数据方法	006
中国土壤图、中国土壤有机质含量图与中国地势图编制	007
分省土壤图、分省土壤有机质含量图与分省地势图编制	009
县域中心区气候特征图表编制	011
分县主要土壤类型与土壤剖面点分布图编制	012
分县土壤剖面理化性状表编制	012
土壤专题图与土壤剖面数据可靠性检验	017
参编单位	019

序 图

中国土壤图	020
中国土壤有机质含量图	022
中国地势图	024
宁夏回族自治区土壤图	026
宁夏回族自治区土壤有机质含量图	028
宁夏回族自治区地势图	030

第二编　分县土壤图与土壤剖面数据

银　川　市

市辖区	034	贺兰县	044
永宁县	039	灵武市	049

石　嘴　山　市

市辖区	054	陶乐县	065
平罗县	059		

吴　忠　市

市辖区	070	同心县	082
盐池县	075	青铜峡市	090

固　原　市

市辖区	096	泾源县	110
西吉县	103	彭阳县	114
隆德县	107		

中　卫　市

市辖区	118	海原县	130
中宁县	124		

附　　录

附录1　宁夏回族自治区县级行政区及分县主要土壤类型与土壤剖面点分布图地域名对照表 …………………………………………… 136

附录2　专题图基础地理要素图例 ………………………………………… 137

附录3　土壤图土类图例 …………………………………………………… 138

附录4　中国主要土壤类型简表 …………………………………………… 140

附录5　宁夏回族自治区主要土壤类型表 ………………………………… 145

附录6　分省土壤有机质含量图有机质含量分级图例 …………………… 146

附录7　宁夏回族自治区典型剖面0—20cm土层土壤理化性状中位数与平均数 …………………………………………………………… 147

附录8　宁夏回族自治区主要土地利用类型0—30cm土层土壤有机质含量 …………………………………………………………………… 148

附录9　宁夏回族自治区耕地、园地、林地和草地中主要土壤类型占比 …………………………………………………………………… 149

附录10　《中国土壤剖面数据集》参编单位 …………………………… 150

参考文献 …………………………………………………………………… 152

第一编　编制说明与序图

编 制 说 明

编制目的

土壤是农业的基础，也是维持地球碳、氮、硫、磷等重要生命元素正常循环的基础。肥沃的土壤促进了人类文明的诞生和繁荣。科学研究表明，地球上种类繁多、形态各异的土壤是在气候、生物、地形、时间、成土母质五大成土因素共同作用下形成的。北京社稷坛铺设的青、白、红、黑、黄五种不同颜色的土壤（五色土），分别代表我国东、西、南、北、中五大区域的典型土壤。不同类型的土壤性状差别很大。例如，南方红壤呈酸性，易缺乏钾离子、钙离子、镁离子等阳离子，农业生产上要注意调酸和补充富含钾、钙、镁的肥料；而西部土壤有机质含量低，施用有机肥料和秸秆还田对提高地力至关重要。我国人均土地资源紧缺，要实现粮食安全、环境安全和可持续发展，需要精准掌握各地土壤资源与质量状况，做到因土制宜，科学管理。

《中国土壤剖面数据集》是国家自然资源基本资料之一，其首次以分县土壤图和土壤剖面理化性状表的形式，提供了我国各地详尽的土壤资源与质量科学数据，为农业、林业、环境、气象、国土、水利等部门了解各地土壤质量状况，科学利用土壤资源，发展绿色农业、特色农业和节水农业，进行耕地保育、科学施肥、面源污染防治和基本农田保护提供了基础数据，也为农业科学、环境科学及地学、气象、测绘、水利多个学科领域的科研工作者研究陆地生态系统生产力及其演变、地球物质循环、气候与环境变化提供了科学依据。

本数据集编入的土壤质量数据亦是我国在全国范围内首次完成的土壤理化性状的科学记载，对了解我国土壤与环境质量时空演变具有起始点数据的意义。通过这些数据，科研工作者可以追溯我国全国范围土壤与环境相关过程至20世纪80年代，分析和了解导致土壤质量变化的环境和人为因素，并对土壤与环境质量演变趋势进行预报与预警。历史上的土壤调查结果不能被新的调查结果替代，这一不可替代性使得本数据集将成为我国农业与环境领域最具影响力的工具书和参考书之一。

土壤数据基础知识

本数据集收录的土壤数据源于土壤调查。为便于读者了解和应用这些数据，本节对土壤调查的目标、内容与主要方法，土壤数据的时空维度特征，土壤数据的应用领域与时效性做一简要介绍。

（一）土壤调查的目标、内容与主要方法

土壤调查的主要目标是查清一个区域内土壤资源与质量状况及其空间分布特征。19世纪末期至20世纪中后期，各国土壤调查的主要目标是查清土壤类型及分布特征[1-2]。由于不同土壤类型最典型的区别是成土过程中形成的土壤剖面特征，因而在传统的土壤调查中，需要在调查区域内进行多点采样，并在每个采样点对0—1—2m深土体的土壤剖面进行分层采样、观测、理化性状分析，记录剖面各分层土壤理化性状，据此进行土壤

分类、命名，并最终依据多点调查结果完成土壤图的绘制。

20世纪末期以来，全球人口及经济快速增长导致人均土地资源和水资源紧缺、环境污染、气候变化与粮食安全危机，不同行业及学科领域对土壤生产功能和环境功能的关注度不断提高，土壤调查的核心内容也逐步从查清土壤类型分布特征转为土壤功能调查。土壤功能调查的目标是了解土壤生产力、土壤环境质量和土壤健康质量等。例如，为了耕地保育和科学施肥，需要进行土壤有效养分含量状况、土壤障碍因素调查；为了了解环境质量，需要进行土壤污染状况、土壤环境容量调查；为了发展节水农业，需要进行土壤保水性状调查；为了控制水污染，需要进行流域农田土壤氮、磷流失特征与风险调查。土壤功能调查的内容主要为可量化的，或含义单一且明确，易于被其他学科和行业认知的土壤功能性指标，如土壤有机碳含量、土壤重金属含量、土壤质地类型、耕层厚度等。在土壤功能调查中，也需要在调查区进行多点采样，并根据调查目标的不同，选择适宜的采样深度。例如，当调查目标是了解土壤有效养分供应量或农田土壤污染物含量时，通常仅对耕层土壤进行采样；当调查目标是了解土壤保水性能、土壤水土流失与养分流失性状时，则需要对较深的土壤剖面进行分层采样和观测。

较早的土壤调查主要通过地面多点采样来了解一个区域土壤资源与质量性状的空间分布特征。近年来，随着遥感技术、地理信息系统（GIS）技术、模拟技术与大数据技术的发展，土壤质量相关数据（如数字高程、土地覆盖、植被数据等）产生量急剧增长，这使得在大区域尺度内通过多类型相关信息精确地捕捉和表达土壤质量性状以及相关过程成为可能。在国际上，地面采样调查与辅助信息结合的方法——数字土壤制图方法（digital soil mapping）已成为土壤调查的重要方法[3]。该方法能利用采样设计、辅助信息、推理模型与地统计检验，大幅度减少地面采样和土壤理化性状测试分析的工作量。与传统方法相比，采用数字土壤制图方法进行土壤调查，可缩短调查周期，降低调查成本，提高用土壤专题地图表征土壤资源与土壤质量性状空间分布特征的可靠性和精度，从而提高土壤调查的效率与质量。

（二）土壤数据的时空维度特征

在现代社会，农业、环境等领域的专业工作者要了解最新的土壤调查结果，更需要掌握未来土壤质量变化趋势，以便根据变化趋势、自然与人为要素对土壤质量的影响，制定具有针对性的政策与技术措施，实现高产、稳产和环境安全。要精确进行土壤与环境质量预测和预警，就需要对重要的土壤质量性状进行周期性的采样、调查、记录，构建具有时空维度的土壤质量数据。这意味着历史上完成的土壤调查不能被新的调查所替代，所以其结果十分宝贵。

土壤数据最重要的特征之一是时空维度特征。通过历史上的土壤调查结果记录，构建具有时间序列的土壤质量科学数据，能将土壤质量现状与土壤质量演变过程相关联，并以此对土壤质量演变趋势和导致其变化的因素进行分析、预测。而土壤数据标有空间坐标，便于科研工作者将土壤调查结果与其他类别的要素和过程，如与气候、地形、土地利用情况有关的变化信息，以及随施肥投入农田的碳、氮、硫、磷数据等相关联，从而进一步提高分析的精度和预测、预报的可靠性。

土壤圈处于地球大气圈、水圈、生物圈和岩石圈的交会处。土壤层中的生物过程和物质循环过程既活跃，又具有一定的稳定性，能较好地反映地球水圈、土壤圈、大气圈、生物圈及岩石圈五大圈层动态交互作用的结果。具有时空维度的土壤科学数据对于阐明土壤与环境过程并弄清其驱动因素、预测未来土壤与环境质量变化具有不可替代的作用。

近年来，具有地理坐标的土壤剖面点数据受到科学界的广泛关注。剖面数据记载了土体构造、剖面分层土壤理化性状，是了解成土过程的基础，也是构建推理模型，量化表征区域尺度土壤过程、流域水土流失与氮磷流失特征、碳氮循环与环境质量演变的基础。在过去的半个世纪中，尽管完成了大量的土壤剖面调查，但由于在较早的土壤调查中尚未使用全球定位系统（GPS）设备，各国在构建地理坐标的土壤剖面点数据库上差别较大。目前，美国完成了约2万个有地理位点标识的土壤剖面数据[4]，澳大利亚已完成约16万个有地理坐标的土壤剖面数据[5]，欧盟各成员国共享使用的土壤剖面数据库含4000个剖面的分层土壤理化性状数据[6]。本数据集则汇集了我国总计6万多个有地理坐标的土壤剖面数据。

（三）土壤数据的应用领域与时效性

表 1 汇总了本数据集编入的土壤理化性状及其主要影响因素与过程、时间变化特征、所关联的土壤质量性状和应用领域。

表 1　土壤理化性状及其主要影响因素与过程、时间变化特征、所关联的土壤质量性状和应用领域

土壤理化性状	主要影响因素与过程	时间变化特征	所关联的土壤质量性状	应用领域
土壤类型	成土过程	变化慢	土壤肥力与环境质量	农业、水利、环境、建筑、肥料工业等
剖面深度（指剖面各土层厚度的总和）	成土过程	变化慢	土壤肥力、土壤环境容量、土壤保水和保肥性能、土壤持水性能	农业、环境等
土体构造（指土壤剖面各发生层有规律的组合，是土壤剖面最重要的特征）	成土过程	变化慢	土壤肥力、土壤环境容量、土壤保水和保肥性能、土壤持水性能、土壤透水性能	农业、水利、环境等
母质	成土因素	变化慢	土壤肥力、土壤矿物组成、矿质养分含量、土壤质地	农业、水利、环境、肥料工业等
质地	成土过程、母质	变化慢	土壤肥力、土壤环境容量、土壤持水性能、土壤耕性、土壤有机碳与养分含量、土壤重金属吸附性能等	农业、水利、环境、建筑等
颜色	土壤氧化还原、淋溶等成土过程，土壤有机质累积过程	变化较慢	土壤肥力、土壤有机碳与养分含量	农业
土壤结构	成土过程、耕作措施	耕层：变化快；深层：变化慢	土壤水分、通气与养分供应状况，土壤持水性能、土壤透水性能、土壤阳离子交换量、土壤孔隙度、土壤松紧度、土壤耕性等多个土壤肥力相关性状	农业
有机质含量	成土过程、质地、土地利用、施肥、轮作等	变化较慢	与多项土壤肥力与环境指标密切相关，是土壤肥力最重要的指标	农业、环境、肥料工业等
全氮含量	成土过程、土地利用、施肥、轮作等	变化较慢	土壤肥力、土壤供氮性能	农业、环境等
全磷含量	成土过程、母质等	变化较慢	土壤肥力、土壤供磷性能	农业、环境等
全钾含量	成土过程、母质等	变化较慢	土壤肥力、土壤供钾性能	农业、环境等
pH	成土过程、酸雨、土壤调理剂施用等	变化快	土壤肥力、土壤养分有效性、土壤结构及重金属吸附性能	农业、环境、肥料工业等
碱解氮含量	土地利用、施肥等	变化快	土壤供氮性能、土壤氮素流失特征	农业、环境、肥料工业等
有效磷含量	土地利用、施肥等	变化快	土壤供磷性能、土壤磷素流失特征	农业、环境、肥料工业等
速效钾含量	土地利用、施肥等	变化快	土壤供钾性能、土壤钾素流失特征	农业、环境、肥料工业等
阳离子交换量	成土过程、黏粒、有机质含量、盐分含量	变化较慢	土壤供肥和保肥性能、土壤重金属吸附性能	农业、环境

在表 1 中，主要影响因素与过程指对某项理化性状起主要作用的过程和因素。例如，土壤类型、土壤剖面深度、土体构造、母质、土壤质地类型主要由成土过程或成土条件决定；土壤有机质含量和土壤全氮含量则受成土过程、施肥及轮作等农业技术措施的共同影响；在耕地土壤上，施肥等农业技术措施对土壤碱解氮、有效磷、速效钾等土壤有效养分含量的影响很大。

土壤理化性状的现势性主要取决于其影响因素与过程的时间尺度。自然条件下，成土过程通常需要数万年。受成土过程影响的土壤类型、土层厚度、土体构造、土壤质地类型、母质等土壤理化性状变化很慢，CRT值（土壤特性响应时间，characteristic response time）达上千年，可称为土壤稳定性要素或慢变化性状，其相关数据时效性很长，可长久使用。而农田土壤有效养分含量、酸碱度、耕层厚度等土壤质量性状受施肥和耕作等农业措施影响大，变化较快。例如，农田土壤有效磷、速效钾养分含量，在大量施用磷、钾肥条件下，10 余年后可成倍提升。这些土壤理化性状亦可称为土壤变化性要素或快变化性状。

不同土壤理化性状的应用范围既取决于其现势性、时空维度特征，又取决于其所关联的土壤质量性状。土壤剖面深度、土体构造、质地、有机质含量等与土壤持水、保肥、通气和透水性能密切相关，可供农业、水利、环境、金融等行业用于农田稳产、高产性能，农田排灌设施规划与灌溉定额编制，农田水土流失风险分级，流域农田蓄水容量与降雨后流失水量分级，农田水、旱灾害风险分级，农田环境容量测算等各方面的地力评价。土壤有效养分含量、pH 与土壤需肥性状和调酸性状密切相关，可供农业、肥料生产和销售部门用于科学施肥和土壤改良。土体构造和质地、土壤结构、土壤有效养分含量还影响流域农田土壤养分流失特征，农业和环境部门在进行农业面源污染防控时，可利用这些土壤性状与其他要素共同编制流域污染源解析与控制类型区分布图，以便对农业面源污染采取分类型、分区段的源头控制措施。土壤有机质含量变化也是了解气候变化和碳减排措施效果的基础，对于环境管控和环境外交具有重要意义。

数据集内容

本数据集全集共 25 卷，收录了我国 2200 多个县（市、区）的分县土壤图和 6 万多个土壤剖面的理化性状数据。根据各省级行政区土壤剖面数量的多寡和地域关联特征，既有一个省（自治区）的单卷，也有多个省（自治区、直辖市、特别行政区）的合订卷。

为便于读者了解各地土壤资源与质量分布概况及其主要特征，编者为各分卷编制了省级行政区的土壤图、土壤有机质含量图与地势图三图。读者可通过分省三图查询各省级行政区任何地区拥有的主要土壤类型，了解其土壤有机质含量及其地势、地貌特征。此外，编者还编制了全国土壤图、土壤有机质含量图与地势图三图附于各分卷，供读者比较和了解各省级行政区土壤资源及质量特征同全国其他地区的区别和关联。

各分卷的第二部分为分县土壤图与土壤剖面数据。在每个省级行政区内，各分县按四部分展示土壤及其相关信息，即分县主要土类说明、本区域中心区气候特征、主要土壤类型与土壤剖面点分布图以及土壤剖面理化性状表。在本卷目录中，分县按民政部于 2022 年 3 月发布的《2021 年中华人民共和国行政区划代码》中的地级、县级行政区顺序排序。各分卷目录中仅收录了县域内有土壤剖面数据的县级行政区，无土壤剖面数据的县级行政区未纳入分卷目录中，并在附录 1 中对其进行了标注。

土壤数据来源

编入数据集的分县土壤图与土壤剖面理化性状数据主要源于全国第二次土壤普查（以下简称"二普"）。二普是我国现代规模最大的、以查清土壤类型和土壤肥力为主要目标的土壤资源综合调查。二普之前，我国土壤调查以观测性调查和定性评价为主，很少有采样化验。在总结之前国内外土壤调查经验的基础上，二普不仅完成了我国迄今为止最为详尽的土壤分类调查，也首次在全国范围进行了高密度土壤采样化验，开启了我国用土壤理化性状量化指标描述土壤资源与土壤质量状况的时代。

二普地面采样调查实施于 1979—1987 年，调查区域基本覆盖我国全陆域。二普不仅地面采样密度高，科学性和系统性也比较突出。全国百余名长期从事土壤研究的科研工作者共同制定了全国土壤分类系统和统一的土壤调查技术规程[7]。在地面调查中，各地以 1∶1 万比例尺地形图作为工作底图，以乡为调查单元进行野外采样作业，全国共挖取土壤观察剖面 550 余万个，记录了 1—2m 深土体各发生层形态和特征，并根据土壤分类标准对土壤进行了分类和命名。对边远区、高寒区和无人区应用遥感解译方法，填补了之前土壤调查及成图中上述地区土壤数据的空白。在大量剖面土体观测和采样调查的基础上，完成了全国绝大部分分县 1∶5 万比例尺土壤图的绘制，牧区和边疆地区完成了1∶20万—1∶10万比例尺土壤图的绘制。二普还完成了10余万个典型剖面的分层采样，化验分析了剖面分层质地，有机质含量，大量、中量和微量元素含量，pH，阳离子交换量，土壤矿物组成等多项土壤理化性状，编制了分县土壤志。二普通过野外实地调查、采样和测试获取的土壤科学数据，至今仍是我国最详尽、最有实用价值的土壤资源基础数据，其精度与质量超过许多发达国家的土壤资源基础数据[8]。

如图1所示，收录于本数据集的土壤质量数据是对我国40多年前土壤质量状况的客观记录，亦是我国在全国范围内首次完成的土壤理化性状的科学记载，其中的土壤稳定性要素现势性较长，可在今后若干年间长期使用；而土壤变化性要素对了解我国土壤与环境过程的作用亦不可替代。这些数据使我们用现代科学手段研究各地土壤及相关过程的历史可上溯至20世纪80年代。

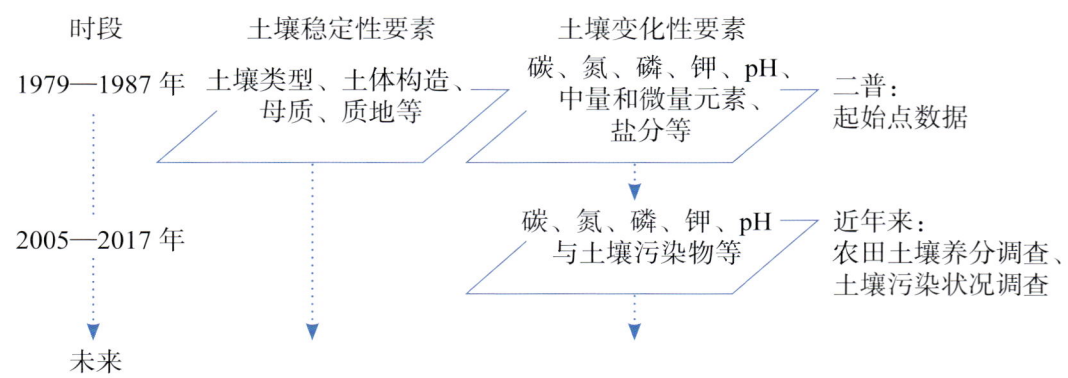

图1　全国性土壤调查所覆盖的时段

受历史条件限制，二普完成的大比例尺土壤图和土壤剖面理化性状主要为手绘纸质图件、非正式出版的铅印或油印资料，份数少且由各地自行保存。二普结束后，随着各地机构调整与人员变动，土壤调查资料被损毁或丢失严重。2000年以来，编者开始对各地分散存留的纸质分县土壤调查资料进行系统性收集、修复与整理，通过对宝贵的土壤科学数据的提取、整合和表达，我国科学研究与管理基础数据的水平得到了提升。本数据集收录的分县土壤图和剖面数据主要源于对全国分县土壤图、分县土种志和分省土种志的整理、提取、汇总与表达（表2）。

表2　数据集主要土壤资料与数据来源

资料类型	资料名称及数量
土壤图（纸质）	1∶5万分县土壤图，总计约1600个县 1∶100万—1∶50万省级土壤图，总计570个县
土壤剖面资料（纸质）	分县土种志：约2200册，计约2200个县；分省土种志：28册
土壤有机质含量图（纸质）	全国、分省土壤有机质含量图
农区土壤耕层采样数据（电子）	2005—2017年在全国农区采集的、含GPS坐标定位的1000万个采样点耕层有机质含量数据

为编制全国与分省土壤有机质含量分布图，本数据集还使用了我国于二普期间完成的全国、分省土壤有机质含量图纸质图件和于2005—2017年在全国采集的1000万个具有GPS坐标定位的采样点耕层有机质含量数据[9]。

编制方法——土壤大数据方法

我国幅员辽阔，不同地区土壤的土壤类型及其质量状况和分布特征差别较大，各地土壤调查技术条件和水平差别也较大，因此各地分县完成的图件和剖面资料在形式和内容上有较大差异。在用异源土壤数据生成新数据时，新数据的科学性既取决于各异源数据本身的科学性和可靠性，也取决于数据整合采用方法的科学性和可靠性。例如，对分县剖面资料进行整合时，对国标上未出现过的土壤类型名进行归并需要有土壤分类学上的依据；用新的土壤调查数据对原有土壤有机质含量图进行更新，也需要有进行合并表达的科学依据。编制本数据集需要对海量异源数据进行提取、分析、整合、缩编与表达，数据分析流程复杂。同时，在数据分析过程中，土壤专业问题、非标准化数据问题、计算机硬、软件平台系统问题和数据分析员、程序员疏漏问题等可能引致多类别数据分析错误。若既要准确无误地完成各项数据分析技术任务，又要在繁复的数据分析流程中有效贯彻科学原则、实现数据分析科学目标，这就需要一套科学的方法体系。为此，本数据集编者通过研究异源非标准土壤数据特征，融合应用土壤学、数据科学、人工智能、人机交互设计方法与地理信息系统技术，创建了土壤大数据方法[10-11]。

土壤大数据方法是专门供土壤科研工作者使用的一种设计方法，是对经典土壤学研究方法的补充，主要适用于对海量异源土壤数据信息的提取、筛选、分析与表达。通过土壤大数据方法的使用，科研工作者能够分析、认识和阐明土壤性状及相关过程和规律。土壤大数据方法的主要设计规则为以层级化的流程设计实现土壤科学层面的需求设计统领体系架构设计，界定各分段流程目标和关联，部署低层级分段流程、模型和功能模块；以独立于数据流程的监控设计实现土壤科学家对全流程的掌控和人工干预。土壤大数据方法的设计内容包括数据科学分析目标与科学基础界定，数据流程体系架构，流程及软件工具设计，数据流程监控设计。设计中，所有节点均采用双命名制命名，即对流程中各节点数据同时进行土壤科学内涵命名和函数代码命名。应用以上设计方法编制设计文档，能在庞杂的异源、异质、异形、异构大数据分析中，实现以科学目标引领数据分析流程，以自动化、人工智能、人机交互式的数据流程替代人工流程，提高大数据分析效率。

在本数据集编制过程中，编者需要完成图件与资料数字化、矢量化，元数据构建，信息提取、过滤、分类、赋码，土壤空间数据逻辑结构、存储结构归一化，统计检验，数据整合、缩编表达、输出等多项数据分析任务，分段流程达1500余个，需要存储的重要节点数据超过2000个，数据量超过20TB。采用土壤大数据方法，编者自主设计和完成了6个土壤大数据分析工具软件包，其中包含157个功能模块（表3），设计文档的科学和工程目标实现率超过99%，为准确、高效完成数据集编制提供了保障，也为土壤学研究提供了新的方法。

表3　系列化土壤大数据分析软件包及其主要功能与模块数

软件包	主要功能	模块数/个
IMAT2.0（intelligent mapping tools）智能化制图工具	异源土壤空间数据的要素提取、过滤、分类、赋码、坐标转换，空间库要素与字段的编辑，图幅与图层的编辑，土壤要素空间库外挂属性表编辑与管理等	35
IMAT-big（intelligent mapping tools for big data）智能化大数据制图工具	超大土壤及相关要素空间数据的要素筛选、图层拆分、数据整合、节点监控、逻辑结构重组等分析	37
IMAP（intelligent map presentation）智能化地图表达工具	土壤大数据地图制图表达与输出	30
ISPA（intelligent soil profile data analysis）智能化土壤剖面数据分析	异源土壤剖面数据的信息提取、过滤、赋码、坐标匹配、检验、整合与统计等	22
ISPP（intelligent soil profile presentation）智能化土壤剖面表达	土壤剖面图表及辅助信息的表达	12
IMAT-SOM（intelligent mapping tools-SOM）土壤有机质制图工具	异源土壤有机质数据整合与表达	21

中国土壤图、中国土壤有机质含量图与中国地势图编制

编制全国三图的目的是便于读者在全国视角和尺度上了解我国各地区土壤资源与质量状况空间分布特征，土壤类型和土壤肥力与地势、地貌之间的相互关联。其中，土壤图用于展示土壤资源分布状况及与成土过程相关的土壤质量状况；土壤有机质含量图用于直观反映土壤肥力情况；地势图便于读者了解不同类型和肥力水平土壤的地势、地貌特征。全国三图的制图比例尺为1∶1300万。

全国三图中采用的境界、城市等基础地理信息要素源于中国地图出版社出版的《第一次全国地理国情普查地图集》[12]和《中国地图集》[13]。全国三图中，境界、水系、居民地、地级以上城市等基础地理信息要素的图示与图例表达见附录2。

（一）中国土壤图

由于制图比例尺小，中国土壤图是在二普完成的 1∶400 万比例尺全国土壤图的基础上进行矢量化和缩编表达获得的。在缩编表达过程中，土壤类型仅保留了我国土壤分类系统中的第三层级——土类。

在土壤图中，土类颜色主要根据不同土类在其成土因素、发育程度下形成的典型颜色进行设计（附录 3）。红色系供土壤富铝化程度高的土壤选用，如红壤、砖红壤、赤红壤等；黄色系、棕色系供干旱区发育程度低的土壤选用，如黄绵土、灰漠土、灰棕漠土等。受灌水、耕作和地下水影响大的土壤采用绿色系，如水稻土、灌淤土、潮土、草甸土等，表示土壤肥力较高，绿色植物生长茂盛；黑土、黑钙土、栗钙土、棕壤、褐土、黄棕壤、紫色土等分别选用深棕色系、褐色系、紫色系；盐土、碱土、沼泽土等植物生长有障碍的土类采用暗色系，如暗紫色系、灰褐色系、青灰色系等，表示土壤生产力低下，植物生长较差。这一颜色设计与国标相关规定一致[14]。

在图例中，按照我国主要土壤类型从南到北、从东向西的地带性分布规律对土类进行排序，附录 4 所列中国主要土壤类型的排序也按此规则编排。

（二）中国土壤有机质含量图

土壤有机质含量是指土壤中各种含碳有机物质的总和。土壤有机质主要包括土壤腐殖质、半分解的动植物残体、与土壤黏粒和细粉粒紧密结合的有机物质、土壤微生物体所含的有机物质等。以动植物残体形式进入土壤的有机物质成为土壤生物的食物，供养土壤生物的生命活动；在土壤生物，特别是土壤微生物作用下生成的土壤腐殖质，能够促进土壤团聚体形成，提高土壤保水、保肥、供水、供肥性能，提高土壤肥力，并大幅度提高耕地土壤高产、稳产性能。因此，土壤有机质含量是最重要的土壤质量指标之一。土壤有机质碳量是大气总碳量的 2 倍，是地球植被总碳量的 3 倍，参与地球陆域碳循环总碳量中 80% 的碳以土壤有机质碳的形式存在。研究显示，土壤有机质含量实质上是土壤有机碳投入和分解之间动态平衡的表现，影响这一平衡的主要因素为气候、土壤质地与土地利用方式，施肥和耕作等农业技术措施对其影响则相对较小。当影响平衡的主要因素未发生变化时，土壤有机质含量也比较稳定[15]。

中国土壤有机质含量图由各分省土壤有机质含量图（0—30cm 土层）合并编制生成。制图用源数据和编制方法在分省土壤有机质含量图编制说明中加以叙述。

为展示全国范围的土壤有机质含量空间分布特征，编者在中国土壤有机质含量图的图示和图例表达中采用了有机质含量范围的非等距划分分级方式，将我国土壤有机质含量分为 7 个等级（表 4），各分级所占我国陆域面积的比例也列于表中。其中，占我国陆域面积 29% 的"很低"和"低"两个分级的土壤（有机质含量小于 10g/kg）主要分布于西北干旱地区，而"较高""高""很高"三个分级的土壤（有机质含量大于 25g/kg）主要分布于东北、西南地区，这些地区森林覆盖率较高，雨量充沛，温度适宜，有利于土壤有机质的累积。

表 4　中国土壤有机质含量（0—30cm 土层）分级

分级	分级释义	有机质含量 /（g/kg）	换算系数	有机碳含量 /（g/kg）	占陆域面积 / %
1	很低	≤ 5	1.724	≤ 2.9	5
2	低	5—10（含）	1.724	2.9—5.8（含）	24
3	较低	10—15（含）	1.724	5.8—8.7（含）	18
4	中	15—25（含）	1.724	8.7—14.5（含）	19
5	较高	25—35（含）	1.724	14.5—20.3（含）	9
6	高	35—45（含）	1.724	20.3—26.1（含）	16
7	很高	> 45	1.724	> 26.1	6

（三）中国地势图

地势图是表示制图区域地貌特征的专题地图，强调表现地面的高低起伏、倾斜程度及其区域对比关系，以及与地形密切相关的河流、湖泊等水系要素分布特征，显示出制图区域山河分布的脉络体系、结构形式、各种地貌类型的形态特征。地势是影响土壤类型的重要因素，地势图也是编制土壤图、气候图、植被图等的基础。

中国地势图的地貌晕渲图采用 SRTM3 DEM（shuttle radar topography mission, digital elevation model, 2003）数据，考虑我国地势呈三级阶梯状分布的特点，按 0—50—100—200—500—800—1000—1200—1500—2000—2500—3000—3500—5000m 及以上设计高度表，以深绿色—黄绿色—棕色—紫色色调的象征色表示海拔由低向高过渡。其他矢量数据来源于中国地图出版社编制的 1:400 万《中国地形图》[16]。河流参照中国地图出版社编制的《中国河流、水运资料图》进行选取、表达，三级及以上河流全部选取，二级及以上河流标注名称，低级别河流适当选取以反映区域水系特点；成图面积 4mm² 以上湖泊和水库全部表示，但仅标注大型湖泊名称，小面积湖泊适当选取以反映区域特点，如青藏高原湖泊群分布；山脉、山峰参照中国地图出版社编制的《中国山脉资料图》选取，三级及以上山脉全部选取、表达，二级山脉主峰及知名山峰标注名称和高程，我国主要高原、平原、盆地和沙漠均选取、表达；自然地理要素分级参考中国地图出版社采用的地图编制分级系统；根据版面载负量情况选取省会、部分地级市和少量县级居民点（主要位于西部地区），居民地主要用于定位参照。

分省土壤图、分省土壤有机质含量图与分省地势图编制

编制分省土壤图、分省土壤有机质含量图与分省地势图三图的主要目的是使读者了解各省级行政区内不同地区土壤类型、土壤肥力与地貌的主要分布特征及其相互关联。其中，土壤图用于展示土壤资源分布状况及与成土过程相关的土壤质量状况；土壤有机质含量图用于直观反映土壤肥力情况；地势图便于读者了解不同类型和肥力水平土壤的地势、地貌特征。为便于比较，每个省级行政区的分省三图采用的比例尺相同，制图则采用幅面固定、各省级行政区制图比例尺自适应方法。

分省三图中采用的境界、城市等基础地理信息要素源于中国地图出版社出版的《第一次全国地理国情普查地图集》[12]和《中国地图集》[13]。分省三图中，境界、水系、居民地、地级以上城市等基础地理信息要素的图示与图例表达见附录 2。

（一）分省土壤图

为编制数据集用分省土壤图，编者对二普完成的纸质分省土壤图（原图比例尺主要为 1:50 万）进行了地理校正、空间要素提取、图层与分级码标准化、土壤学专业校正、属性表制作、挂接和专题图缩编表达。在缩编表达过程中，制图比例尺一般在 1:200 万—1:100 万之间。由于制图比例尺较小，土壤类型仅保留了我国土壤分类系统中的第三层级——土类。各土类颜色与中国土壤图中采用的土类颜色相同（附录 3）。在分省土壤图中，按照我国主要土壤类型从南到北、自东向西的分布规律对图例中的土壤类型进行排序。附录 4 所列中国主要土壤类型的排序也按此规则编排。附录 5 列出了宁夏回族自治区主要土壤类型及其占省级行政区域面积百分比。

（二）分省土壤有机质含量图

1. 数据源说明

本数据集中，土壤剖面理化性状表给出了有确切时间和空间坐标的剖面信息。分省土壤有机质含量图的主要作用是便于读者直观了解各省级行政区最重要的土壤肥力指标——土壤有机质含量的空间分布特征。

二普中，受当时技术条件限制，全国仅完成了比例尺为1∶400万的纸质土壤有机质含量分布图的绘制，19个省、自治区、直辖市完成了比例尺为1∶250万—1∶50万的纸质分省土壤有机质含量分布图的绘制。直接采用小比例尺纸质图矢量化生成的土壤有机质含量等级划线图作为分省土壤有机质含量图，存在有机质含量分级的级差大、信息均化、图斑大、制图精度不够等问题，难以精细表现一个省级行政区域内土壤有机质含量的空间分布特征。

2005—2017年，我国在农区进行了测土施肥，农田耕层采样点达到1000万个。这批数据的主要优点是采样密度大且有空间坐标，通过对这批数据进行空间插值分析，可较精细地展示各地农田土壤有机质含量分布特征；其缺点是采样点主要集中于占陆域面积不到20%的农田，仅采用这批数据难以绘制覆盖全域的土壤有机质含量分布图。考虑到土壤，尤其是林地、草地土壤的有机质含量变化较慢，在制图中采用了混合时段数据合并表达的方式。对无测土数据的林地、草地等，仍然采用从小比例尺土壤有机质含量等级划线图中提取的数据；对有测土数据的农田，则采用2005—2017年间耕层采样数据，对原有数据进行了更新。通过对两源数据的提取、土层转换、合并、插值，最终生成各省级行政区土壤有机质含量分布图（土层厚度0—30cm），这样既可较精细展示出各省级行政区土壤有机质含量的空间分布特征，也能保证所做专题图有很强的现势性。

三个数据源制图表达结果比较显示，采用异源数据合并表达的方式制图，各分省图展示的有机质含量空间分布特征与二普小比例尺图相近，但制图精度有较大改进，一个省级行政区域内土壤有机质含量的空间分布特征更为清晰（表5）。

表5 三个数据源制图表达结果比较

数据源	土壤有机质含量图制图表达效果	
	优点	存在问题
采用二普完成的手绘图	小比例尺手绘图中，土壤有机质含量地带性分布特征十分明显；基本无数据空区	局部地区图斑大，制图精度不够
采用新的测土数据插值生成	有数据的区域制图精度高	占陆域面积约80%的林地、草地和一些县域无新的测土数据，难以通过采样点插值生成覆盖全域的有机质含量图
异源数据合并表达	基本无数据空区；制图精度有较大改进；小比例尺图中土壤有机质含量的地带性分布特征被保留	用混合时段数据表达全陆域土壤有机质含量分布状况，其中林地、草地数据主要源于20世纪80年代采样数据，农田数据更新至2017年

表6汇总了分省土壤有机质含量图的主要制图信息。制图采用异源数据合并表达的方式，生成的分省土壤有机质含量图所代表的时间段为1979—2017年，图中核算土壤有机质含量的土层厚度为0—30cm。

表6 分省土壤有机质含量图制图信息

制图数据	异源数据合并表达
采样时间	草地、林地及其他非农田土壤采样时间段为1979—1987年，农田土壤采样时间段为2005—2017年
土层厚度	0—30cm（对采样深度不足0—30cm的耕层采样数据，用剖面数据进行了土层厚度转换，统一转换为0—30cm）
制图方法	普通克利金插值（ordinary Kriging）
网格尺寸	200m

2. 制图表达说明

我国地域辽阔，各地土壤有机质含量差异极大。西北部地区降水量少，土壤粗砂粒含量高，风沙土、漠土大量分布，占我国陆域总面积的12.6%，其0—30cm土层内有机质平均含量不到10g/kg；东北部地区雨量充沛，气候、植被有利于土壤有机碳累积，其0—30cm土层有机质平均含量在40g/kg以上。另外，一些省级行政区的土壤有机质含量变化范围很宽，如内蒙古土壤有机质含量主要为4—70g/kg；而北京、山东等地土壤有机质含量变化范围很窄，为7—17g/kg。

为使各省级行政区域内土壤有机质含量空间分布特征均能得到充分展示，编者在分省土壤有机质含量图的图示和图例表达中对有机质含量范围进行等距划分分级，根据各省级行政区土壤有机质含量分布特征，将有机质含量分为7—14个等级。各分级的颜色设计及其RGB与CMYK色码见附录6。

（三）分省地势图

根据各省级行政区的成图比例尺和地形特点，选取合适精度的数字高程模型（DEM）栅格数据，确定设色原则和色层表进行分层设色，编制彩色晕渲的分省地势图。图中的河流水系及山峰、山脉等地理要素基于中国地图出版社研制的多尺度中国地图数据库选取，按各省级行政区地图设定的投影参数和比例尺投影转换后进行数据融合处理，再进行图形化编辑和地图整饰，最后输出成图。各省级行政区的彩色地貌晕渲图，按0—50—200—500—1000—1500—2000—3000—4000—5000—6000m及以上设计统一的高度表，但对一些低海拔平原地区，如天津、山东、上海等省、直辖市，则增添了20m等高距。确定统一的设色原则，建立色层表，以深绿色—黄绿色—棕色—紫色色调的象征色过渡方式表示海拔由低向高过渡，低海拔地区以绿色为主，中海拔地区以棕色为主，高海拔地区的高寒地带则用冷色调紫色。地势图中的其他地理要素，地级市及以上级别居民地全部选取，县级居民地根据图面载负量情况酌情选取；河流按等级选取以反映地域水系结构特点，主要河流加注名称；成图面积4mm²以上的湖泊和水库全部选取，大型湖泊、水库加注名称，适当选取小面积湖泊以反映区域分布特点；山脉按等级选取，仅标注主要山脉主峰和知名山峰。

县域中心区气候特征图表编制

气候是五大成土因素之一，也是土壤质量的重要影响因素。为便于读者了解各地土壤资源与质量状况及其与气候特征的关联，编者编制了各县域中心区（位于各县域中心点、代表面积约为400km²的区域）气候特征值表、月平均气温与月平均降水量分布图。各县域中心区气候特征值是通过对160个中国地面国际交换站的气象年值、月值以及日值数据的计算和空间分析获得的。气象数据的相关用语也采用中国地面国际交换站所用的表达方式。鉴于各地气候特征值需要依据多年气象观测数据分析和提取，而二普采样时段为1979—1987年，因此采用了1971—2000年共计30年的年值、月值和日值气象数据，气象数据时段覆盖二普采样时段。

在分县气候特征值编制过程中，先从相应的各数据源中提取出各站点年值、月值以及日值数据，再按照表7所示计算方法，计算160个站点的各项气候特征值并对其分别进行插值计算，获得覆盖我国全域、网格尺寸约为20km的网格化气候特征年值与月值数据，最后再与县域中心点图层叠加，提取出各县中心区气候特征值。各县所处气候带则是通过县域中心点图层与中国气候区划图叠加后提取获得的[17]。

表7 县域中心区气候特征值的计算方法与数据来源

县域中心区气候特征	计算方法	气象数据来源
年平均气温 /℃	30年的年值平均	中国地面国际交换站气候标准值年值数据集（160个站点，1971—2000年）
年平均最高气温 /℃		
年平均最低气温 /℃		
年降水量 /mm		
年平均相对湿度 /%		
年日照时数 /h		
月平均气温 /℃	30年的月值平均	中国地面国际交换站气候标准值月值数据集（160个站点，1971—2000年）
月平均降水量 /mm		
≥10℃的积温 /℃	一年中日平均气温≥10℃的温度值加和	中国地面国际交换站气候资料日值数据集（160个站点，1971—2000年）
干燥度	修正的谢良尼诺夫公式：$$干燥度 = 0.16 \times \frac{全年 \geq 10℃的积温}{全年 \geq 10℃期间的降水量}$$	
气候带	提取	1:3200万中国气候区划图

分县主要土壤类型与土壤剖面点分布图编制

编制分县主要土壤类型与土壤剖面点分布图的主要目的是使读者在一个较小的图幅上也能大致了解一个县域内主要土壤类型概况。编者通过对全国1∶5万土壤图的缩编表达，为有土壤剖面数据的县级行政区编制了分县主要土壤类型图。受地图幅面限制，在分县土壤图中，仅保留了我国土壤分类系统中的第三层级——土类，通过缩编滤掉了亚类、土属、土种信息。

各分县主要土壤类型与土壤剖面点分布图的制图采用幅面固定、制图比例尺自适应的方法，制图比例尺一般为1∶35万—1∶20万，自适应制图由编制者自行设计的软件模块自动完成。

在分县主要土壤类型与土壤剖面点分布图中，各土类颜色与中国土壤图中采用的土类颜色相同（附录3）。图中各土类在图例中的排序则按各土类占本县县域面积比例从大到小的顺序排列，便于读者了解本县内主要土壤类型的分布。

在分县主要土壤类型与土壤剖面点分布图中，为便于读者查找，剖面点按照其在图面的位置，先左后右、先上后下顺序编码，编码过程也由ISPP软件包（表3）中的模块自动完成。

分县主要土壤类型与土壤剖面点分布图中的基础地理底图来源于国家基础地理信息中心提供的1∶25万DLG（公众版）数据（使用许可协议编号：非2011-1011），基础地理信息要素的图示与图例表达主要参照相关国标（详见附录2）。为保证本数据集中主要土壤类型与土壤剖面点分布图的内容和土壤剖面数据表对应，分县主要土壤类型与土壤剖面点分布图中的市级界线、县级界线均采用二普时的普查界线，并以此作为分县主要土壤类型与土壤剖面点分布图的分幅标准。为兼顾地名位置定位准确性和图书实用性，地图中乡镇级及以上居民地分别根据新版《中华人民共和国行政区划简册》和各省级行政区地图册进行了更新，现势性截至2021年12月。为更好地表现全书的系统性与协调性，在地图下方加注说明县级行政区划变更情况，部分市辖区图幅的图名根据图上县级居民点进行了更新。

二普后，随着城市化的加快，城市周边土地利用情况变化很大，居民地面积大幅增加，导致一些分县土壤图中的土壤面积占县域面积比例和分县主要土类说明中的一些土类面积占县域面积比例较二普时均有下降。在一些大城市周边县（市、区），土地利用情况的变化使各类土壤总面积不到县域面积的60%。

二普时，分县完成了1∶5万比例尺土壤图编绘后，还通过省级汇总和缩编制图，完成了1∶50万比例尺省级土壤图。在省级汇总中，对一些分县土壤图中原有土壤类型名进行了修订。例如，浙江在进行省级汇总时，将分县土壤图中原命名为侵蚀型红壤亚类的大部分土属划归粗骨土类；安徽、湖北等省在省级汇总时将黏盘黄棕壤亚类改为黄褐土类。在对二普调查成果的数字整合中，编者仅收集到约1600个县的大比例尺土壤图（表2）。对大比例尺图数据缺失的县，则以省级土壤图裁切方式进行了补全。这种补全虽有利于完成覆盖我国全域的高、中精度土壤图，但也引起了在一个省级行政区里源于分县和分省的两类土壤图中土壤分类命名不统一的问题，编者在尽量保持调查资料原始记载的前提下，对这类问题进行了力所能及的修订。

分县土壤剖面理化性状表编制

分县土壤剖面理化性状表是本数据集的主体内容。前文已对各项土壤理化性状应用范围以及从分县纸质土种志中进行信息提取、表达和制作的方法做了说明，本节仅对土壤理化性状测试方法、剖面点坐标匹配方法与土壤剖面分类名的修订加以说明。

（一）土壤理化性状测定方法

本数据集所列土壤理化性状的测定方法见表8。其中，土壤有机质含量，土壤氮、磷、钾全量与有效态含量，pH，土壤阳离子交换量的测定方法以及土壤分类方法均为国标方法。剖面理化性状表中的土壤全氮、全磷、全钾、碱解氮、有效磷、速效钾含量均以N、P、K纯养分量计。

在二普中，我国大多数地区土壤质地分级采用了卡庆斯基制，仅极少数地区采用了国际制。其中，卡庆斯基制采用了简制，将土壤质地分为3组9种类型；国际制将土壤质地分为12种类型（表9）。由于两种分级制中的质地分级名并无重复，因此在分县土壤剖面理化性状表中未对两种分级制的分级名进行合并。

表8 土壤理化性状的测定方法

土壤理化性状	测定方法
有机质	湿灰化或干灰化消化后，重铬酸钾滴定法测定（丘林法）
全氮	凯氏定氮法测定
全磷	酸溶或碱熔消化后，钼锑抗比色法测定
全钾	碱熔或酸溶消化后，火焰光度法或四苯硼钠比浊法测定
pH	水浸提法，水土比为5:1或2:1
碱解氮	扩散吸收法（康惠法）测定
有效磷	中性及石灰性土壤：Olsen法测定；酸性土壤：Bray法测定
速效钾	醋酸铵浸提后，火焰光度法或四苯硼钠比浊法测定
阳离子交换量	醋酸铵法测定

表9 卡庆斯基制与国际制土壤质地分级名

等级序号	卡庆斯基制[1]土壤质地分级名	等级序号	国际制[2]土壤质地分级名
1	松砂土	1	砂土
2	紧砂土	2	壤质砂土
		3	砂质壤土
3	砂壤土	4	壤土
4	轻壤土	5	粉砂质壤土
		6	砂质黏壤土
5	中壤土	7	黏壤土
6	重壤土	8	粉砂质黏壤土
7	轻黏土	9	砂质黏土
		10	壤质黏土
8	中黏土	11	粉砂质黏土
9	重黏土	12	黏土

注：1）卡庆斯基制指按卡庆斯基粒径分级的质地分类。该分类制有简制和详制两种。简制有3组9种质地，其主要特点是将土粒分为物理性黏粒和物理性砂粒两级；按物理性黏粒或物理性砂粒的数量进行质地分类，而不是按照砂粒、粉粒、黏粒三个粒级的质量比分组。详制是在简制的基础上，把9种质地进一步细分为39种质地类别，把含量最多和次多的粒组作为冠词，顺序放在简制名称前面，主要用于土壤基层分类及大比例尺制图。卡庆斯基还提出根据石砾含量而定的附加分类，也可作为质地分类的冠词，主要应用于山地土壤的质地分类。
2）国际制土壤质地分类在第二届国际土壤学会上通过，根据砂粒（粒径0.02—2mm）、粉粒（粒径0.002—0.02mm）、黏粒（粒径小于0.002mm）三粒组含量的比例，通过国际制土壤质地分类三角图，以黏粒含量为主要标准，小于15%者为砂土质地组和壤土质地组，15%—25%者为黏壤组，黏粒含量大于25%者为黏土组，划定12种质地类别。

（二）土壤剖面点的坐标匹配

含地理坐标的剖面数据可直观展示该土壤剖面点所代表土壤的土层厚度、土体构造及理化性状等特征，也是构建推理模型，进行土壤及其理化性状数字制图的基础。

二普完成的分县土种志中虽无典型剖面地理坐标记载，却有关于剖面采样地点、景观和土壤剖面分类命名的详细记录，如乡镇名、村名、高程和土类、亚类、土属、土种名等。从1:5万土壤类型图与1:5万基础地理信息数据库中也能提取出上述信息。在1:5万比例尺空间数据库中,空间对象分辨率可达到 100m×100m 精度,折合为 1hm²。在全国性土壤调查中,对于选择、确定典型剖面采样点点位,通常要求其所代表的土壤类型在面积上能代表采样点周围 100 亩(1 亩 ≈ 666.7m²)以上的土壤,通过这种匹配方法获得的点位对实际采样点点位有较高的代表性。

为了使分县土种志中记载的剖面数据获得坐标,编者构建了多要素土壤剖面点坐标匹配模型,无空间坐标的土壤剖面从 1:5 万土壤类型图和基础地理信息数据库中获得空间坐标。坐标匹配模型工作机制如图2所示。首先,从分县土种志中提取出 A 源数据,即每个剖面隶属的土类、亚类、土属、土种名及剖面采样点地名、采样点高程等多要素信息;然后,用分县 1:5 万土壤图与多要素基础地理信息数据库叠加,生成含土类、亚类、土属、土种名和村名、乡镇名、高程等要素信息的空间数据,即 B 源数据;最后,利用多要素匹配模型,逐县对 A、B 两源数据进行匹配。当 A 源数据中某剖面点土类、亚类、土属、土种名和采样点地名、高程与 B 源数据中某土壤要素空间对象的四个土壤分类名、地名、高程等多要素信息一致时,该剖面点获得 B 源数据中土壤要素空间对象中心点坐标。若一个县域内,某剖面点与 B 源数据中多个空间对象存在配对关系,则取其中面积最大的空间对象的中心点坐标。

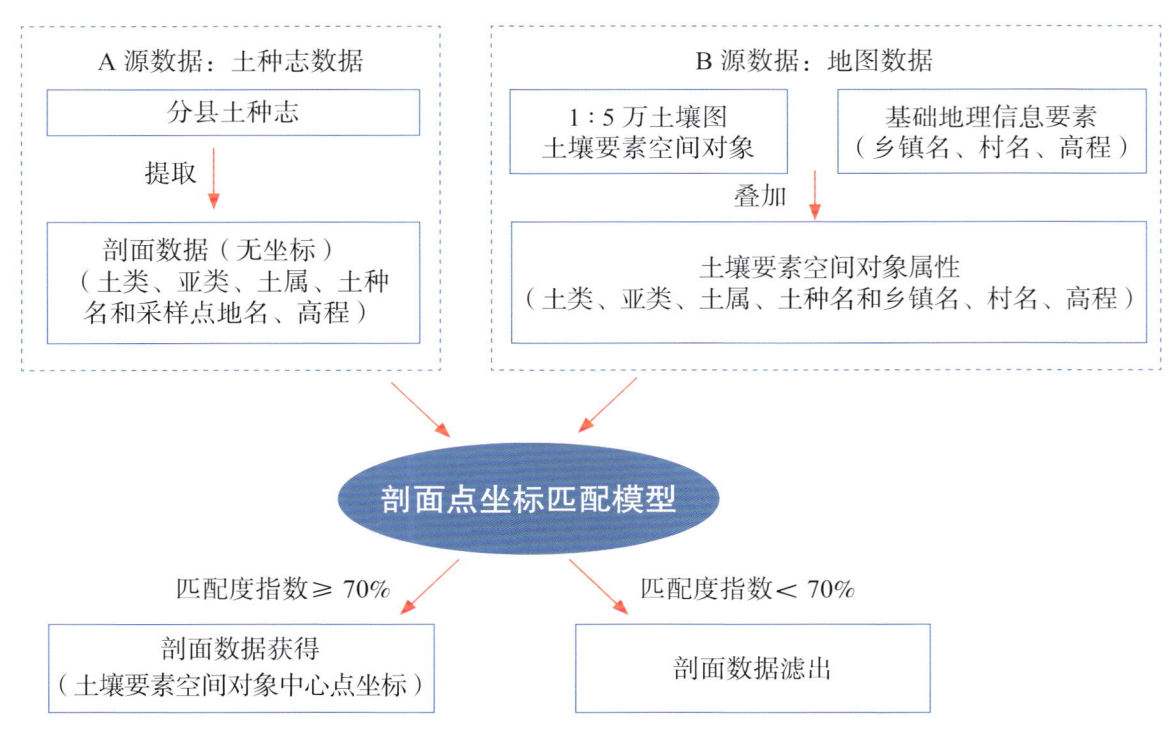

图 2　土壤剖面坐标匹配模型工作机制图

为衡量每个土壤剖面坐标匹配的质量,在匹配模型中植入了匹配度评价模型,分析和提取每个土壤剖面点坐标匹配中多要素信息的吻合度。匹配度指数较高,代表两源数据中的土类、亚类、土属、土种名和地名、高程等多要素信息一致性高;匹配度指数较低,代表 A、B 两源多要素信息存在一些不一致性;匹配度指数小于 70% 的剖面数据会被滤出,该剖面也会从分县土壤剖面理化性状表中删除(表10)。利用坐标匹配模型,从分县土种志中提取出的 10 万余个剖面数据中,有 6 万多个获得了地理坐标并被收录于本数据集的分县土壤剖面理化性状表中,有约 3 万个由于匹配度指数较低被滤出。

表 10　坐标匹配的匹配度指数及释义

匹配度指数 / %	释义
90—100	匹配度高:A(分县土种志)、B(地图)两源数据中乡镇名、村名和三个以上土壤分类名(土类、亚类、土属、土种)、高程均一致
80—90	匹配度较高:A、B 两源数据中乡镇名、村名和两个土壤分类名(土类、亚类)、高程一致
70—80	具有一定匹配度:A、B 两源数据中乡镇名、村名、土类名、高程一致
<70	匹配度较低:A、B 两源数据中地名和土类名不能全匹配

为检验通过匹配模型获得地理坐标的剖面对当地土壤类型是否具有代表性,编者自 2008 年以来,在河北、

山东、黑龙江、宁夏、海南等地挖取了300余个校验剖面，进行了比对研究。比对研究结果显示，校验剖面与二普完成的剖面记载在土壤类型、土体构造、母质、质地等土壤质量慢变化性状上都有很好的一致性。

（三）土壤剖面分类名的修订

分县土壤剖面理化性状表列出了每个土壤剖面的分类名。土壤分类名是对某一类土壤资源的抽象概括和表达，表述了各类土壤的主要成土过程以及各类土壤综合性的典型特征。如黑土是指在温带半湿润地区草甸草原植被条件下形成的具有深厚均匀腐殖质层的土壤，呈黑色，富含有机质和各种养分；褐土是指在暖温带半湿润地区形成的具有弱腐殖质表层和黏化层的土壤，盐基饱和度较高，呈棕褐色。土壤分类名既具有典型性，又具有综合性，是土壤最基本的属性。

二普中，我国基于全国第一次土壤普查经验制定了六等级土壤分类系统，这也是目前的国标系统。该系统中的六等级分别为土纲、亚纲、土类、亚类、土属和土种，从高级到低级，不同层级之间为隶属关系。其中，土纲用于界定水、温等主要的土壤成土条件，亚纲用来进一步区分土纲内成土条件与过程的差异，土类反映成土条件引致的最典型土壤特征，亚类反映土类内成土条件引致剖面特征的进一步分异，土属反映母质等成土条件引致亚类剖面的分异，土种反映同一土属中土壤的分异或当地群众对该土壤的命名。

在对各地土壤调查数据进行全国汇总时，编者发现，从全国2200多个分县土壤剖面资料中提取出的土壤分类名与我国在1998—2009年发布的三版《中国土壤分类与代码》国标差异较大[18-20]。国标发布的土类、亚类、土属、土种名数量分别为60个、229个、663个和3246个，而从2200多个分县土壤图件与剖面资料中提取出的土类、亚类、土属、土种名数量分别为312个、1520个、12150个和43200个。对国标上从未出现的土壤类型名进行审核和归并需要有土壤分类学上的依据。通过对俄罗斯、美国、加拿大、澳大利亚、德国、英国等各国土壤分类研究及发展状况的研究，编者总结了我国和其他世界各国过去半个世纪中在土壤分类方面的经验，确定了土壤剖面分类名的修订原则[1]。

研究显示，我国国标分类系统中的第三层级——土类（附录4），能很好地反映我国主要土壤类型形态上的典型特征。通过土类及其隶属的12大土纲可清晰展现出我国60个土类受温度、海拔、降雨、土壤发育度、地下水盐运动、耕种垦殖等主要成土条件影响而形成的地带性分布特征。另外，土类本身属于高层级分类，数目有限，命名符合汉语语言特征，易于专业及非专业人员掌握。通过土类名，读者能够辨识各种土壤类型，了解其成土过程、土壤质量与肥力特征。因此，在土壤剖面分类名的修订中，应重视维护土类名的稳定性。根据这一原则，在对分县资料中土壤分类名的编审中，编者将国标发布的60个土类名进行了归并，对亚类及以下的中、低级分类名称则在尽量保留现场获取的一手土壤调查信息的前提下进行适度归并与整合。

为便于读者了解我国目前采用的土壤分类名与国际土壤学会推荐的土壤分类名（world reference base for soil resources，WRB）[21]之间的关联，附录4中还给出了由史学正研究员通过剖面比对建立的WRB土组名与我国60个土类名的关联及WRB土组名对我国土类名的最大可参比性[22]。

（四）剖面土层代码

在形成过程中，由于物质迁移和转化，土壤会分化成一系列组成、性质和形态各不相同的层次，称为发生层或土层。土壤剖面各土层的顺序和变化情况，反映了土壤形成过程及土壤性质。

目前各国尚无统一的土层命名。1967年国际土壤学会提出将土壤剖面划分成O层（有机层）、A层（腐殖质层）、E层（淋溶层）、B层（淀积层）、C层（母质层）和R层（基岩）等6个主要土层。全国土壤普查办公室编制出版的《中国土种志》（6卷）[23-28]、《中国土壤》[29]则将自然土壤剖面划分成O层（凋落物有机质层）、A层（表层）、B层（淀积层）、C层（母质层）、D层（岩石碎屑层）和R层（坚硬岩石层）等6个主要土层；将旱地农田土壤划分成A（耕层）、C_1（心土层）和C_2（底土层）等几个主要土层；将水田土壤划分成Aa（耕作层）、Ap（犁底层）、P（渗育层）、W（潴育层）和G（潜育层）等5个主要土层。

由于分县土种志中，土层代码和释义与以上文献给出的土层码不尽相同，因此在数据集编制中，编者主要保留了2200多个分县土种志中实际采用的土层代码和释义（表11）。为便于读者参考，编者在附录4中列出了引自《中国土壤》部分土类典型剖面的土体构造及其关联的土层代码[29]。

表 11　土壤剖面土层代码和释义[1]

代码		释义
自然土壤与旱地土壤	Ao	位于土表的枯枝落叶层
	A	自然土壤指表土层,耕地土壤指耕作层
	B	心土层,受成土作用形成的淋溶淀积层
	C	底土层,受成土作用少的母质层,较紧实,通常不受耕作、施肥影响
	D	未风化的母岩层,岩石碎屑层
水田土壤	A	耕作层,亦称淹育层和作物栽培层
	P	犁底层,位于耕作层下,经机械耕作和黏粒淀积,结构较为紧实
	W[2]	潴育层,位于犁底层下,水田在干湿交替作用下,铁、锰淋溶淀积形成斑纹层,使水稻土有较好的通透性,渗水而不漏水,渍水而不滞水
	G	潜育层,存在于水稻土、沼泽土和泥炭土中。土体长期积水,通透性不良,在还原状态下形成青灰色土层又叫青泥层,作物受还原性物质危害。若在其他土层出现,可用 g 表示,如 Pg、Wg
	E	漂洗层,侧渗作用下黏粒、有机质被淋洗,铁质溶脱,形成灰白色或白色漂洗层

注:1)表中土层代码和释义主要根据全国各分县土种志中实际采用代码和释义进行综合与汇总。土体构造中,两个字母并列表示过渡层土壤,例如 AB 层、BC 层等。
　　2)一些地区将潴育层细分为 W_1(渗育层)和 W_2(淀积层)两层。渗育层指有明显水化铁层,多见黄色锈斑;淀积层指明显有铁锰淀斑或铁锰结核的土层。

(五)其他

分县土壤剖面理化性状表中,空格代表本项无数据。

若土壤剖面的土层码为数字,则表示调查中未对该剖面的各分层进行土层代码赋码。对这类剖面,编者按从地表至底土顺序赋土层序号 1、2、3……。土层序号不具有土壤发生学上的含义,仅表达每一土层的顺序。

分县土壤剖面理化性状表中土层厚度的上、下边界表示该土层采样范围。例如:土层厚度为 0—17cm,表示土层采自剖面 0—17cm 部位;土层厚度为 50—100cm 表示采自剖面 50—100cm 部位。一些剖面底土的土层厚度仅有上界而无下界。例如:85—,表示该土层采自剖面 85cm 至更深部位。

个别剖面上、下土层的上、下边界相互不衔接,例如:两个土层厚度分别为 0—10cm、30—35cm,表示该剖面的采样为不连贯采样,每个土层只选取了该土层的代表性层段。

一些剖面分层样本上、下土层的上、下边界相互不衔接,例如:按从地表至底土顺序,6 个土层采样范围分别为 0—13cm、13—18cm、18—40cm、18—32cm、32—100cm、50—100cm,其中第三个土层 18—40cm 为额外增加的采样层。在土壤调查中,当调查者认为需要对某些区域或土类的特定土层进行单独采样和分析时,往往会出现这一情形。为了最大限度保持第一手调查资料的完整性,编者将这类土层也编入了分县土壤剖面理化性状表中。

本卷收录的宁夏回族自治区典型土壤剖面共计 473 个。通过对剖面数据的土层厚度转换,附录 7 给出了这些典型剖面 0—20cm 土层土壤理化性状中位数与平均数。二普剖面采样为典型土类采样,而非网格化采样。0—20cm 土层土壤理化性状中位数与平均数不代表本自治区土壤理化性状平均状况。但二普是我国最早的大样本量调查,附录 7 所示的 0—20cm 土层土壤理化性状中位数与平均数对了解宁夏回族自治区 20 世纪 80 年代土壤肥力性状具有一定参考价值。

附录 8 列出了宁夏回族自治区耕地、园地、林地、草地和湿地 0—30cm 土层土壤有机质含量的平均值。该值由宁夏回族自治区土壤有机质含量图和自然资源部土地科学数据中心编制的 2019 年 1:100 万比例尺全国土地利用缩编图通过叠加、计算生成。其中,耕地包括水田、水浇地、旱地三种土地利用类型;园地包括果园、茶园和其他园地三种土地利用类型;林地包括有林地、灌木林地和其他林地三种土地利用类型;草地包括天然牧草地、人工牧草地和其他草地三种土地利用类型;湿地包括沼泽地、沿海滩涂和内陆滩涂三种土地利用类型。鉴于宁夏回族自治区土壤有机质含量图源于大样本量地面采样，土壤有机质含量亦为变化较慢的土壤质量性状[15]，附录8对了解宁夏回族自治区耕地、园地、林地、草地和湿地的土壤有机质含量状况及演变具有较高的参考价值。为便于读者了解宁夏回族自治区耕地、园地、林地和草地四种土地利用类型中受成土过程影响而形成的各主要土壤类型及其在各土地利用类型中的占比情况，附录9给出了主要土壤类型在这四种土地利用类型中的占比。

土壤专题图与土壤剖面数据可靠性检验

该检验目的是对数据集中的土壤专题图和土壤剖面数据能否真实反映土壤资源与土壤理化性状及其空间分布特征给出科学、客观的评价。另外，数据集中的土壤专题图和土壤剖面数据主要源于1979—1987年的二普和2005—2017年在全国测土配方施肥项目中的土壤养分调查，因此，该检验也是对我国两次全国性土壤调查所获成果的质量评估。

对土壤专题图及含地理坐标的剖面数据的检验涉及地图制图学、测绘科学、土壤学、地统计学等多学科内容，而对于不同的学科，数据检验的目标和内容也不同。对于地图制图，精度检验十分重要；而在土壤学范畴，可靠性检验更为重要。精度检验方面，本数据集剖面坐标是通过1∶5万比例尺地图数据匹配获得，匹配用地图精度直接影响剖面数据坐标精度。可靠性检验方面，土壤专题图和土壤剖面数据均属于土壤学范畴，还需要从土壤学角度给出科学评价。借助目前仍在发展中的地统计方法，编者最终给出了合理的可靠性检验方法。为便于读者理解，本节将重点说明两点：一是地图精度与土壤专题图制图的关联；二是土壤专题图和剖面数据的地统计检验结果。

在地图制图中，地图精度用于衡量某一地物点或地物轮廓点的平面位置和高程位置偏离其真实位置的平均误差。这里的地物点或地物轮廓点可以是测量控制点、水准点、道路交叉点、境界线方向变化点、山脚点、山顶等。地图精度与地图投影、比例尺、制作方法和工艺有关。地图比例尺不同，误差控制要求也不同。一般来说，地图比例尺越大，误差越小，精度越高。换言之，地图精度或比例尺主要反映对地图中基础地理信息要素，如测量控制点、河流、道路、等高线、境界的误差控制要求。

在土壤专题图制图中，需要用基础地理信息要素标识土壤要素空间位置。在较早的土壤调查中，没有GPS设备，通常用纸质地形图为底图标识采样点位置。地面土壤采样调查完成后，根据底图标记的采样点位置和实测获得的土壤要素值，由经验丰富的土壤科学家依据土壤及相关要素的空间分布、空间相关性和空间依赖性规律进行人工综合判图，在底图上手工完成土壤专题图的勾绘和制图。我国的二普与欧美各国在20世纪80年代之前进行的全国性土壤调查基本均采用这一方法进行土壤专题图编绘。二普为大样本量土壤调查，采样密度高，采用1∶1万大比例尺地形图为工作底图，全国共挖取土壤观察剖面550余万个，采集0—20cm土壤表层样本200余万个，通过综合判图和人工勾绘，最终完成分县1∶5万比例尺土壤图和各类土壤养分含量图的编制。土壤专题图比例尺不代表地图中对土壤要素的误差控制要求，客观上，地面采样中应用大比例尺的工作底图，采样密度高，土壤采样点均衡分布于调查区域中，以此为依据编制的土壤专题图能精细地表达调查区域内土壤要素的空间变化特征。采样密度低的土壤调查结果则不适合编制大比例尺土壤专题图。

近年来，随着GPS和GIS技术的发展，地统计方法已较多用于反映和研究土壤要素的空间变化规律。地统计方法不仅提供了利用含地理坐标的土壤采样点数据制作土壤专题图的地统计模型，还提供了对模拟结果进行不确定性检验的方法。地统计检验的主要目的是了解模拟结果对真实情况反演的客观性和可靠性，而不是评价地图中土壤要素的精度或误差控制。检验结果既受地面采样原则、采样量的影响，也受所选模型类型、建模过程中是否引入协变量等因素的影响。

由于二普完成的土壤图和养分含量图中没有采样点标注，难以对其进行地统计检验。为此，编者同时对我国在全国测土配方施肥项目中完成的有GPS定位坐标的农田耕层土壤有机质含量数据进行了地统计分析和检验。与二普相似，全国测土配方施肥项目也按网格化均匀分布原则进行大样本量、高密度土壤采样，全国总计完成1000万个农田土壤耕层样本的采集。

检验方法为：首先，在我国东、南、西、北、中不同地域选取7个代表性片区，每片区包含地域相连、域内无大面积剖面点缺失的多个行政县，且含土壤剖面点500个以上。其次，提取7个片区源于二普剖面0—

20cm土层和源于2005—2017年0—20cm农田耕层采样的土壤有机质含量数据。二普剖面数据的采样特征为在优先选取典型土壤类型的前提下，尽量均衡分布；样本量较小，全国有6万多个具有匹配坐标的剖面。2005—2017年农田养分调查数据为网格化均衡分布的大样本量，全国完成了1000万个有GPS定位坐标的耕层样本。最后，用普通克利金插值（ordinary Kriging）方法进行地统计分析和检验。在每片区剖面点和耕层采样点的数据中分别随机选取80%作为训练样本集，20%作为验证样本集，同时进行建模；将验证样本预测值与实测值进行线性回归，计算R^2（决定系数）和RMSE（均方根误差），以此评价两组数据表达土壤要素空间分布特征的可靠性和误差。选择土壤有机质含量作为检验指标的原因为该指标是最重要的土壤质量性状之一，且可量化表达，便于进行地统计检验。

二普剖面数据的检验结果显示，在7个代表性片区，剖面点数据表达的有机质含量分布状况可靠性均达极显著水平（表12）。这表明，尽管二普典型剖面数据为非网格化采样，含地理坐标样本量较少，需采用匹配坐标替代原点坐标，但在一个由多县组成的片区内，当剖面样本量达到一定数量后，即使未引入可极大改进R^2的地形、土地利用类型等辅助变量，用普通克利金插值仍然能比较真实、可靠地反演土壤要素空间分布特征。2005—2017年耕层采样点数据的检验结果显示，与二普剖面点数据相比，大部分片区的有机质含量分布数据R^2更大（达到中等相关至强相关），RMSE更小，可靠性和预测精度明显更优，这说明就表征土壤要素空间分布特征而言，网格化均衡分布的大样本量采样得到的数据可靠性和精度相对较高。这为二普大比例尺土壤专题图数据（土壤图和土壤pH、有机质、氮、磷、钾养分含量图）的地统计检验特征提供了佐证。二普大比例尺土壤专题图数据均源于网格化均衡分布的大样本量地面调查，其可靠性和精度应优于二普剖面点数据。

两组数据地统计检验结果还显示，尽管相隔近30年，两时段调查的土壤有机质含量也有一定变化，但各片区土壤有机质含量的空间分布规律总体相近。图3展示了东北片区两组数据通过普通克利金插值获得的土壤有机质含量分布图。可以看出，尽管二普土壤剖面样本数（546）远少于农田耕层土壤样本数（45182），20%校验集所获R^2较低，预测值与实测值偏差较大，但两组数据展示的土壤有机质含量空间分布格局相近，均为东北角最高，西南角最低。另外，该片区2005—2017年的农田耕层有机质含量均值为36.41g/kg，低于1979—1987年的二普采样结果（40.53g/kg），这一结果与东北地区所做长期定位试验结论一致。这表明，本数据集剖面数据可为了解土壤质量时空演变规律提供可靠的数据支持[9]。

表12 二普典型土壤剖面数据和2005—2017年耕层采样点数据的地统计检验结果

编号	片区名	县数	面积/km²	二普剖面土壤有机质含量[1]			耕层土壤有机质含量[2]		
				样本量	R^2 [3]	RMSE[3]	样本量	R^2 [3]	RMSE[3]
1	东北片区	19	72353	546	0.329**	14.77	45182	0.689**	6.32
2	冀鲁豫片区	64	50071	881	0.363**	5.65	256341	0.429**	3.47
3	江浙片区	53	63003	1312	0.334**	8.83	51759	0.666**	4.05
4	湖北片区	10	21044	515	0.286**	20.21	60545	0.281**	11.09
5	四川片区	39	98052	1283	0.380**	9.20	206682	0.344**	7.08
6	粤闽赣片区	27	58745	801	0.223**	13.33	51759	0.285**	6.42
7	陕甘片区	47	109010	990	0.296**	7.20	256341	0.558**	2.48

注：1）数据源于二普土壤剖面（1979—1987年采样，0—20cm土层）数据库，土壤有机质含量单位为g/kg。
2）数据源于2005—2017年农田耕层（0—20cm）土壤养分调查数据库，土壤有机质含量单位为g/kg。
3）20%验证样本所获预测值与实测值的线性回归R^2（决定系数，其中**表示1%水平显著）和RMSE（均方根误差）。

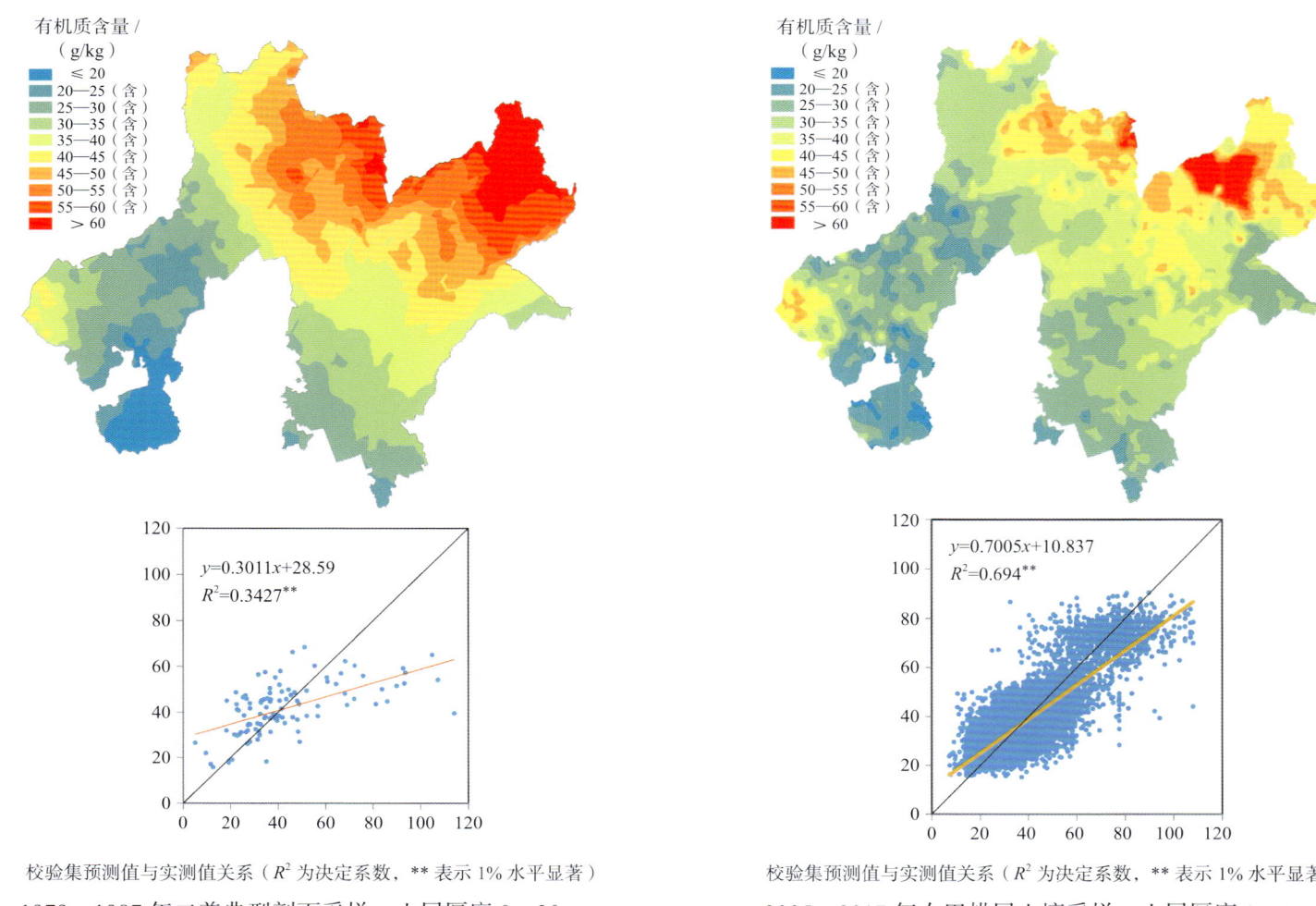

校验集预测值与实测值关系（R^2 为决定系数，** 表示 1% 水平显著）
1979—1987 年二普典型剖面采样，土层厚度 0—20cm

校验集预测值与实测值关系（R^2 为决定系数，** 表示 1% 水平显著）
2005—2017 年农田耕层土壤采样，土层厚度 0—20cm

图 3　东北片区土壤有机质含量分布图及地统计检验结果

参编单位

《中国土壤剖面数据集》的编制工作始于 1998 年。其编制过程主要分为以下两个阶段：

第一阶段为全国 1∶5 万土壤图编制和中国剖面数据库构建阶段。20 世纪末，随着现代科学研究与管理对土壤时空信息的迫切需要和大数据技术的发展，利用土壤调查结果构建我国土壤资源与质量时空数据库日益显现出可行性和必要性。1998 年，我国土壤科技工作者开始对二普分县土壤图件和资料进行系统收集和整理，这项工作曾得到国家社会公益性研究专项的资助。"十一五"期间，"我国 1∶5 万土壤图籍编撰及高精度数字土壤构建"被列为国家科技基础性工作专项重点项目。在全国各地农业、国土、档案等多家单位的大力配合和各地土壤科技工作者的支持下，项目组汇聚全国土壤科学、农业、测绘与环境领域多家专业科研院所的科研力量，深入 31 个省、自治区、直辖市以及数百个县的原始图件与资料存放部门，完成了 2200 多个县的分县大比例尺纸质土壤图与土种志的收集。同时，项目组还收集了 31 个省、自治区、直辖市的分省土壤图、土壤有机质含量图等多类别土壤专题图和分省土壤调查资料，并在此基础上，项目组研究人员通过融合多学科方法创建土壤大数据方法，以方法创新带动异源非标准海量土壤信息的时空整合与表达，至 2017 年，完成了我国 1∶5 万土壤图的整合表达和中国土壤剖面数据库的构建，为编制《中国土壤剖面数据集》奠定了科学基础、方法基础和数据基础。

第二阶段为《中国土壤剖面数据集》编制阶段。为满足我国农业、林业、环境、气象、国土、水利等各部门对公众版土壤资源与质量信息的迫切需求，项目组于 2017 年启动了数据集编制工作。在数据集编制过程中，项目组一方面利用土壤大数据方法进行数据的审核、土壤专题图的缩编与剖面数据表的表达等多项工作，另一方面组织了各省级土壤专业科研院所参与各分卷内容的审核和修订工作。数据集的编制还得到了中国农业科学院科技创新工程的资助。

本数据集的最终面世离不开多家科研单位在过去 20 多年时间里的共同付出。这些单位包括国家科技基础性工作专项重点项目"我国 1∶5 万土壤图籍编撰及高精度数字土壤构建""我国 1∶5 万土壤图籍编撰及高精度数字土壤构建二期工程"主持与参加单位、参加数据集各分卷审核和修订工作的土壤专业科研单位以及参与分县大比例尺纸质土壤图与土种志收集的各地相关管理与科研部门（附录 10）。

（张维理、徐爱国、张认连、冀宏杰）

序图

中国土壤图
1:13 000 000

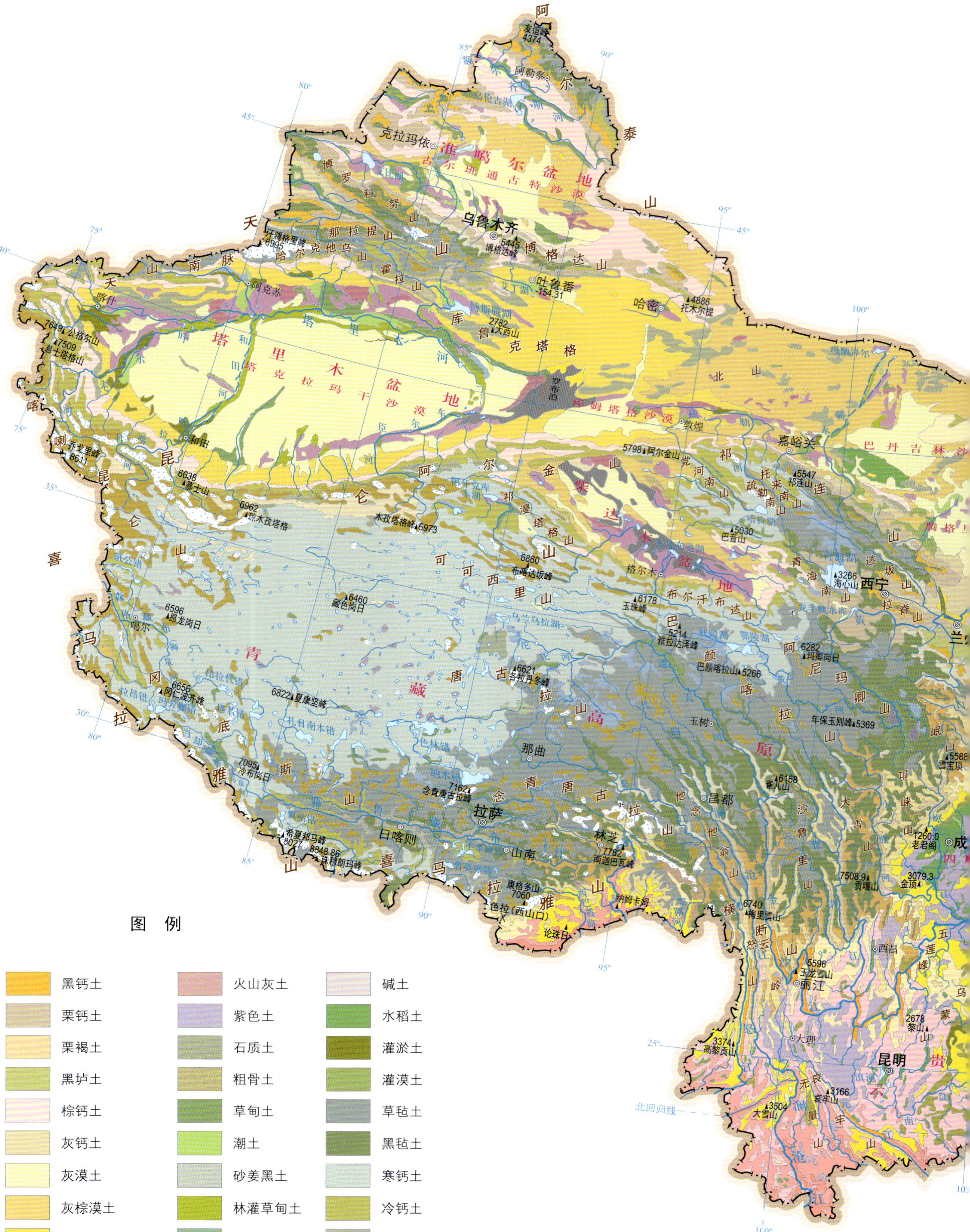

图例

砖红壤	黑钙土	火山灰土	碱土
赤红壤	栗钙土	紫色土	水稻土
红壤	栗褐土	石质土	灌淤土
黄壤	黑垆土	粗骨土	灌漠土
黄棕壤	棕钙土	草甸土	草毡土
黄褐土	灰钙土	潮土	黑毡土
棕壤	灰漠土	砂姜黑土	寒钙土
暗棕壤	灰棕漠土	林灌草甸土	冷钙土
白浆土	棕漠土	山地草甸土	冷棕钙土
棕色针叶林土	黄绵土	沼泽土	寒漠土
燥红土	红黏土	泥炭土	冷漠土
褐土	新积土	草甸盐土	寒冻土
灰褐土	龟裂土	滨海盐土	
黑土	风沙土	漠境盐土	
灰色森林土	石灰（岩）土	寒原盐土	

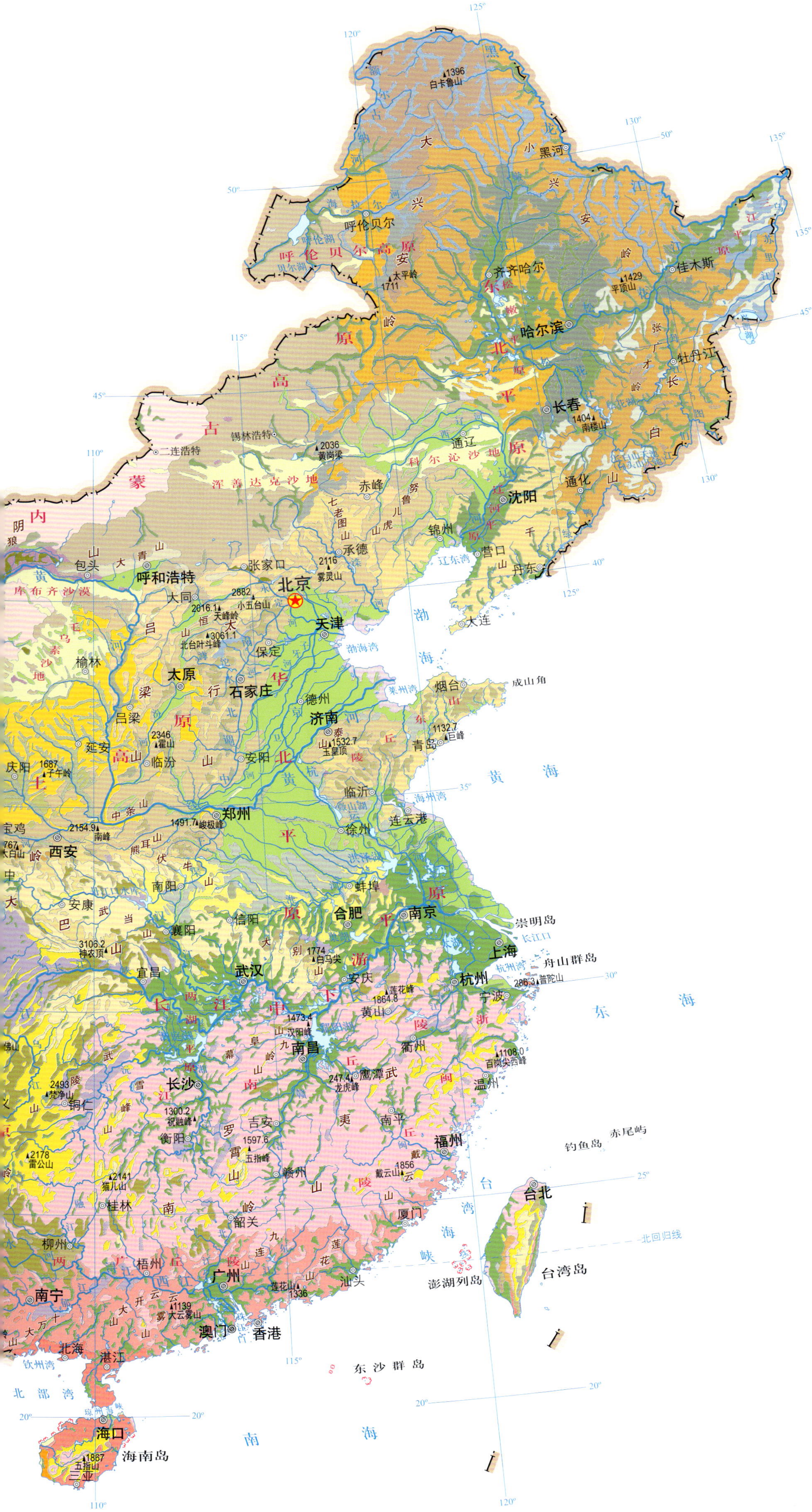

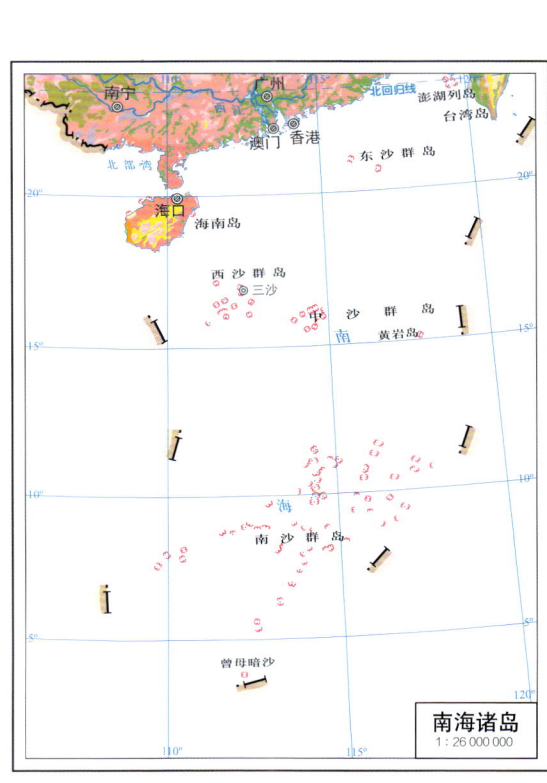

中国土壤有机质含量图
1:13 000 000

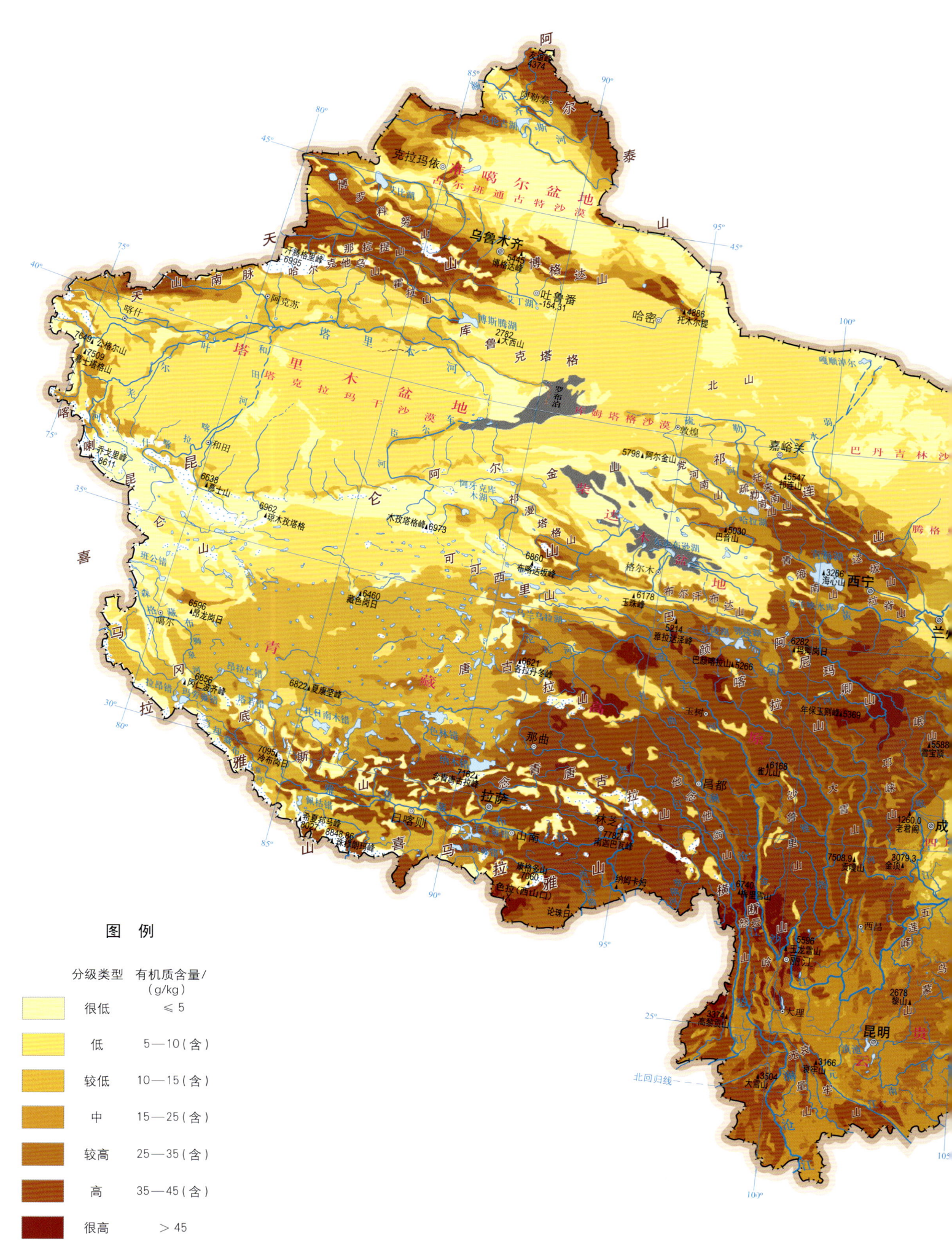

图例

分级类型	有机质含量/(g/kg)
很低	≤ 5
低	5—10（含）
较低	10—15（含）
中	15—25（含）
较高	25—35（含）
高	35—45（含）
很高	> 45

注：土层厚度为0—30cm。

白卡鲁山
大兴安岭
小兴安岭
黑河
呼伦贝尔
呼伦湖
呼伦贝尔高原
齐齐哈尔
太平岭
平顶山
佳木斯
哈尔滨
牡丹江
兴凯湖
松嫩平原
东北平原
长春
南楼山
长白山
张广才岭
内蒙古高原
锡林浩特
二连浩特
黄岗梁
浑善达克沙地
科尔沁沙地
通辽
赤峰
沈阳
通化
辽河平原
七老图山
努鲁儿虎山
锦州
营口
丹东
辽东湾
大连
承德
雾灵山
阴山
包头
呼和浩特
张家口
北京
库布齐沙漠
大同
小五台山
天峰岭
北台叶斗峰
天津
渤海
渤海湾
保定
毛乌素沙地
榆林
太原
石家庄
吕梁山
太行山
德州
济南
泰山
玉皇顶
烟台
成山角
巨峰
青岛
莱州湾
山东丘陵
黄土高原
吕梁
延安
霍山
临汾
安阳
华北平原
庆阳
子午岭
临沂
黄海
海州湾
连云港
宝鸡
南峰
郑州
峻极峰
徐州
西安
太白山
秦岭
伏牛山
南阳
蚌埠
大巴山
安康
武当山
襄阳
信阳
大别山
合肥
南京
崇明岛
长江口
上海
神农顶
宜昌
白马尖
武汉
安庆
杭州
杭州湾
舟山群岛
普陀山
莲花峰
黄山
宁波
长江中下游平原
汉阳峰
东海
鄱阳湖
南昌
衢州
百山祖
龙虎峰
鹰潭
温州
梵净山
铜仁
长沙
祝融峰
衡阳
吉安
南平
福州
五指峰
雷公山
钓鱼岛
赤尾屿
戴云山
赣州
台湾海峡
台北
猫儿山
桂林
南岭
韶关
厦门
北回归线
柳州
梧州
广州
澎湖列岛
台湾岛
汕头
莲花山
南宁
云雾山
大云雾山
十万大山
澳门
香港
北海
湛江
钦州湾
北部湾
东沙群岛
南海
海口
海南岛
五指山
三亚
南海诸岛
1 : 26 000 000
西沙群岛
三沙
中沙群岛
黄岩岛
南沙群岛
曾母暗沙

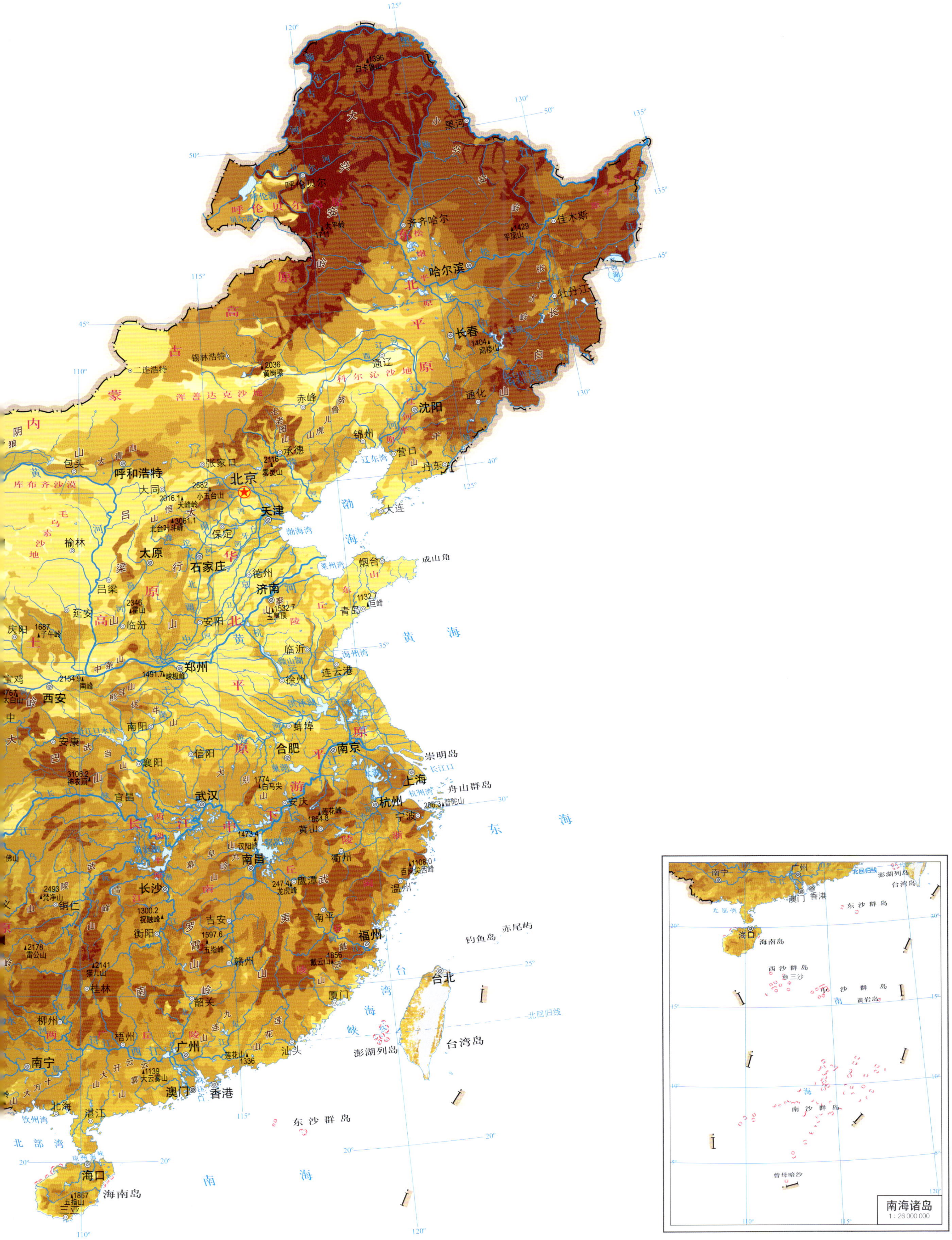

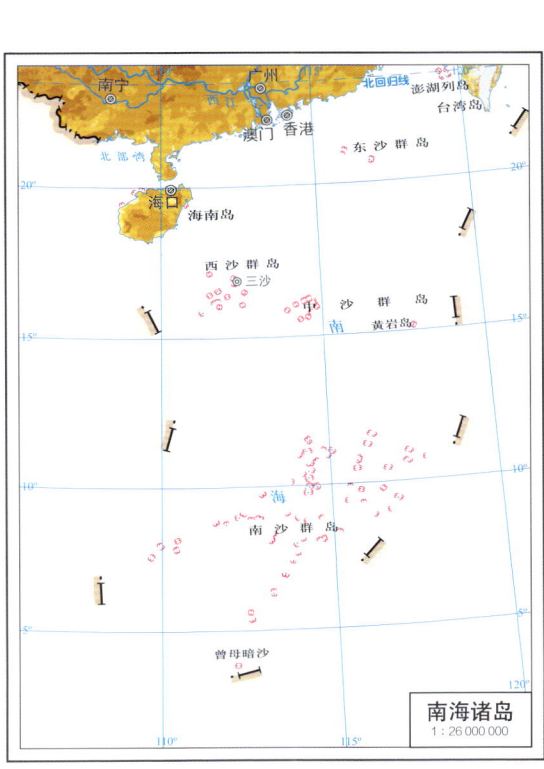

中国地势图

1 : 13 000 000

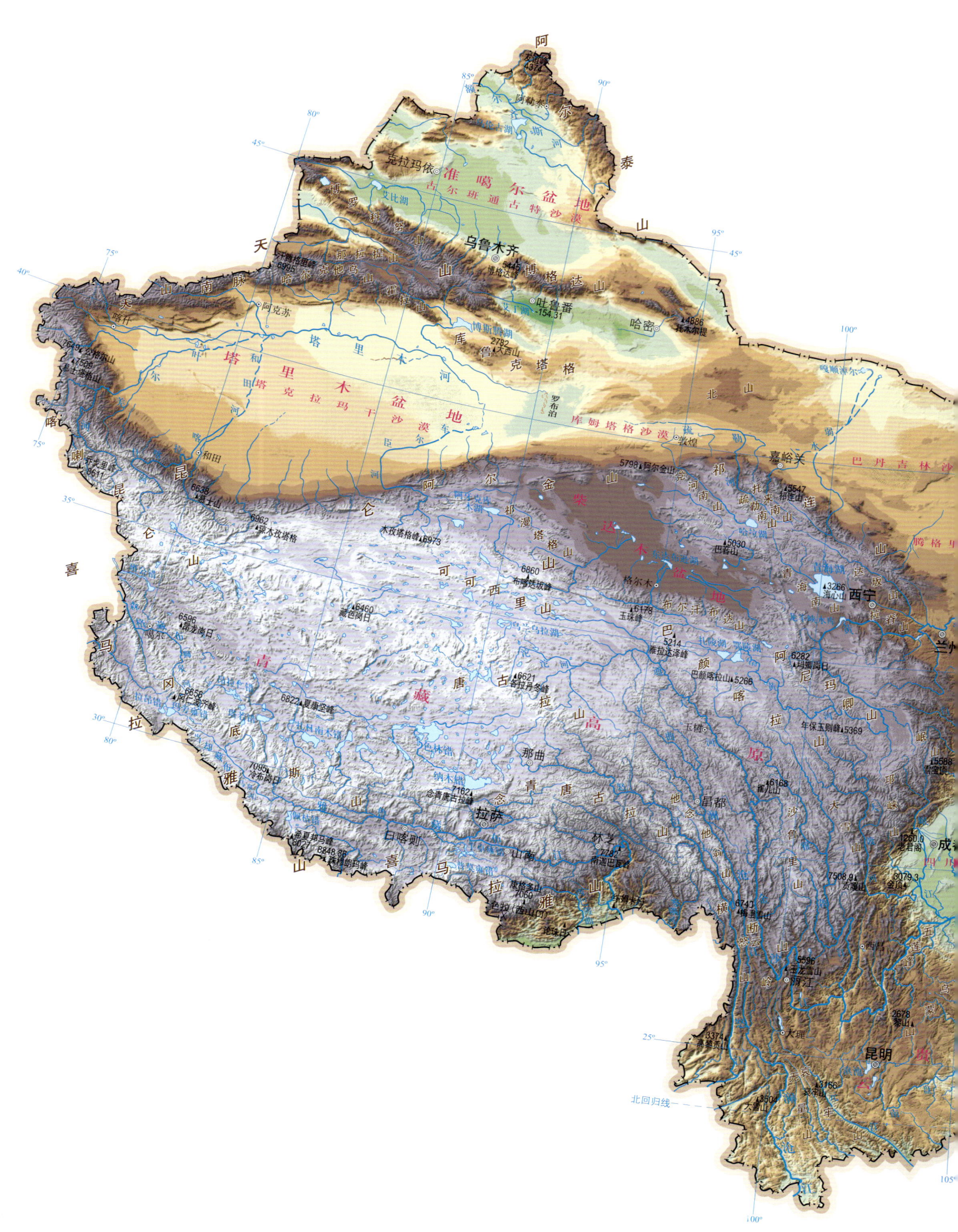

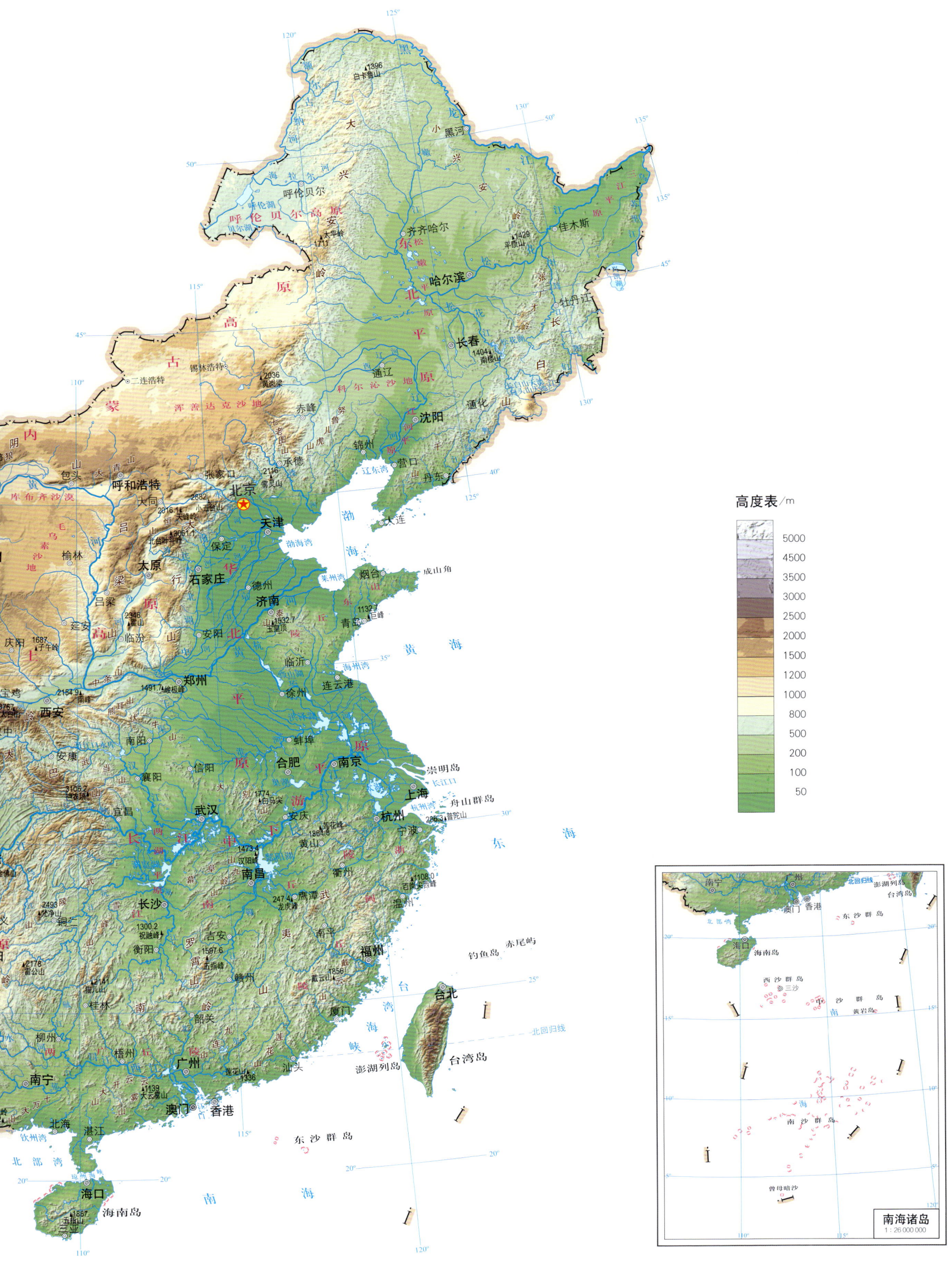

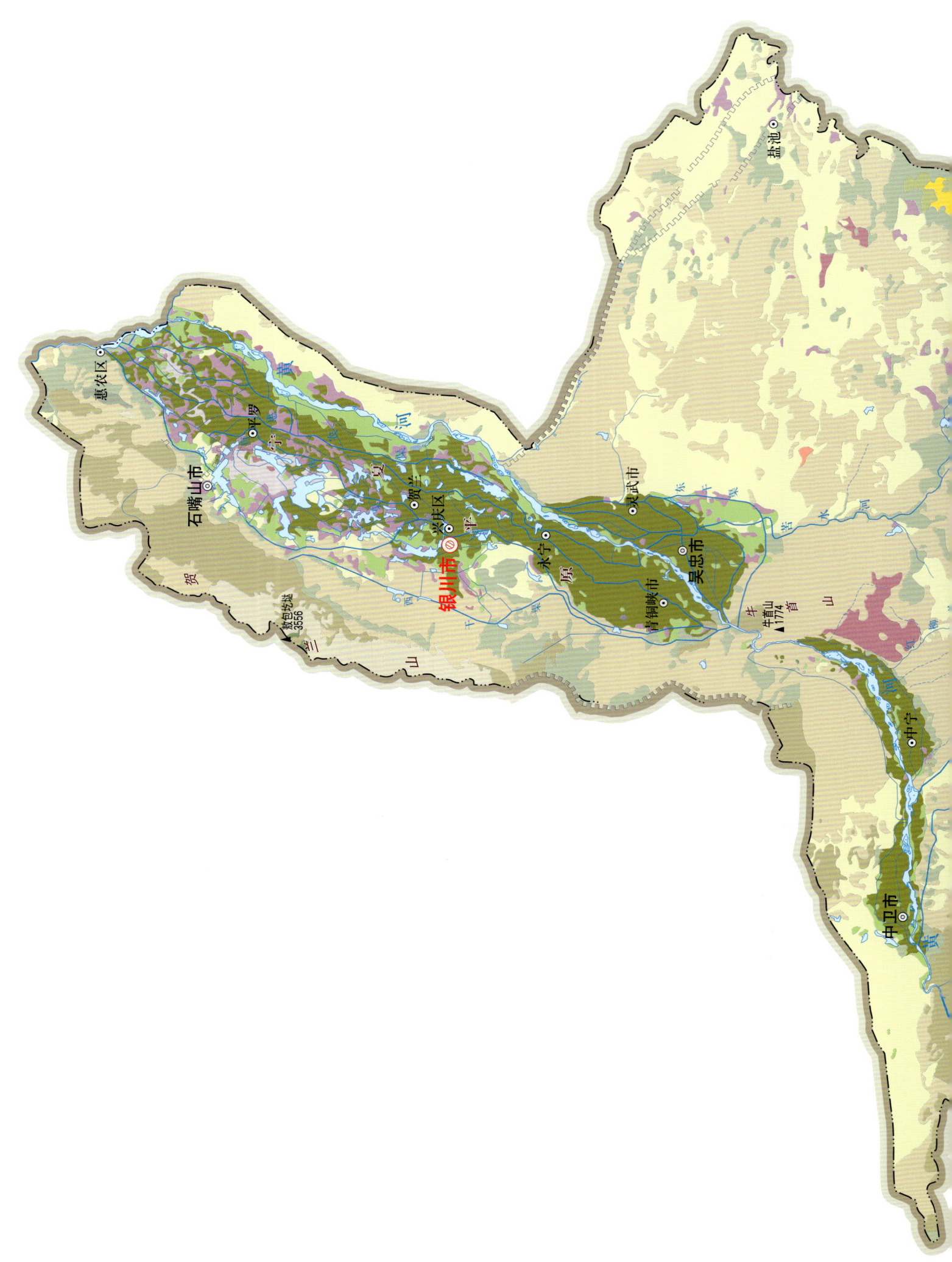

宁夏回族自治区土壤图
1∶1 100 000

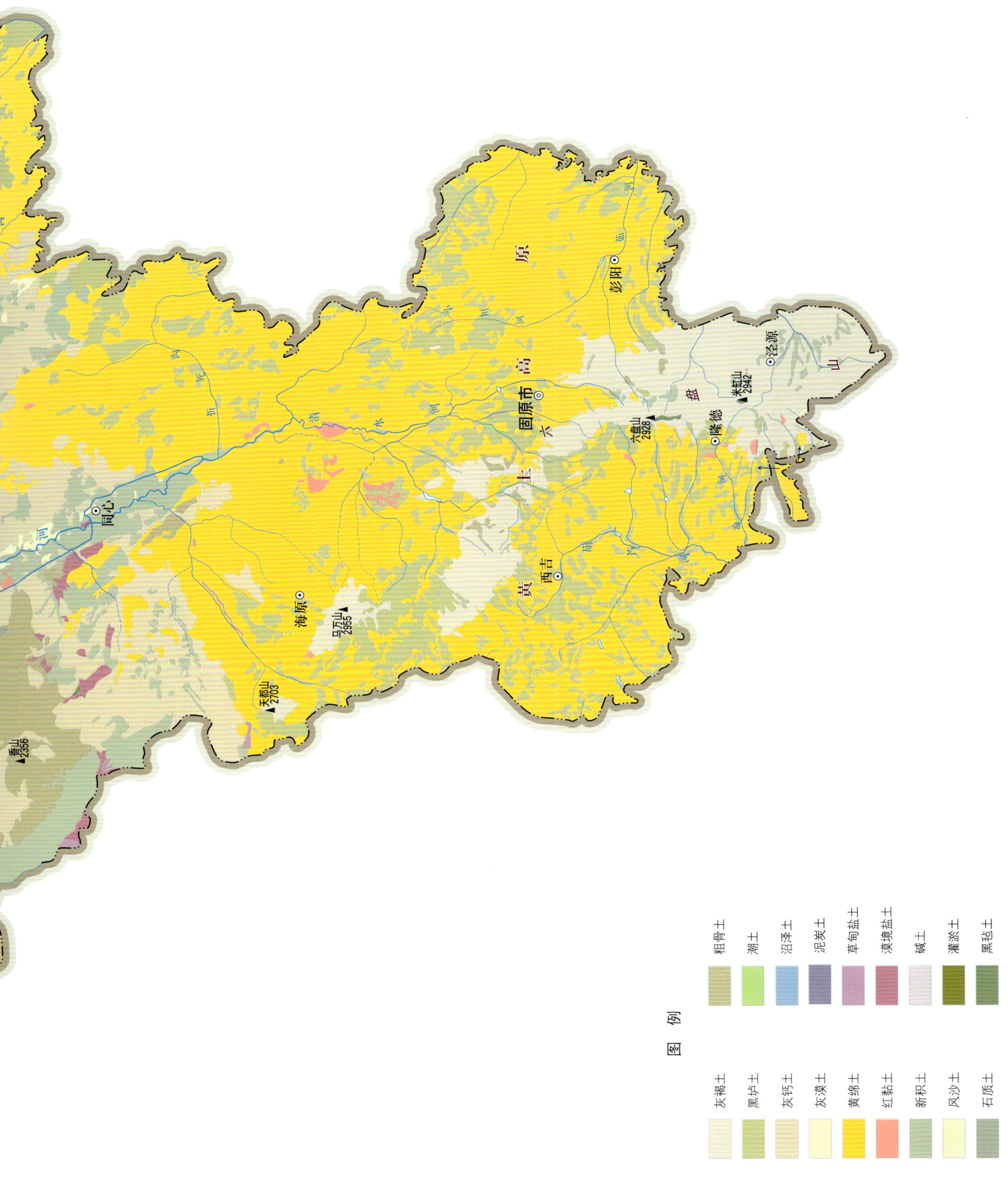

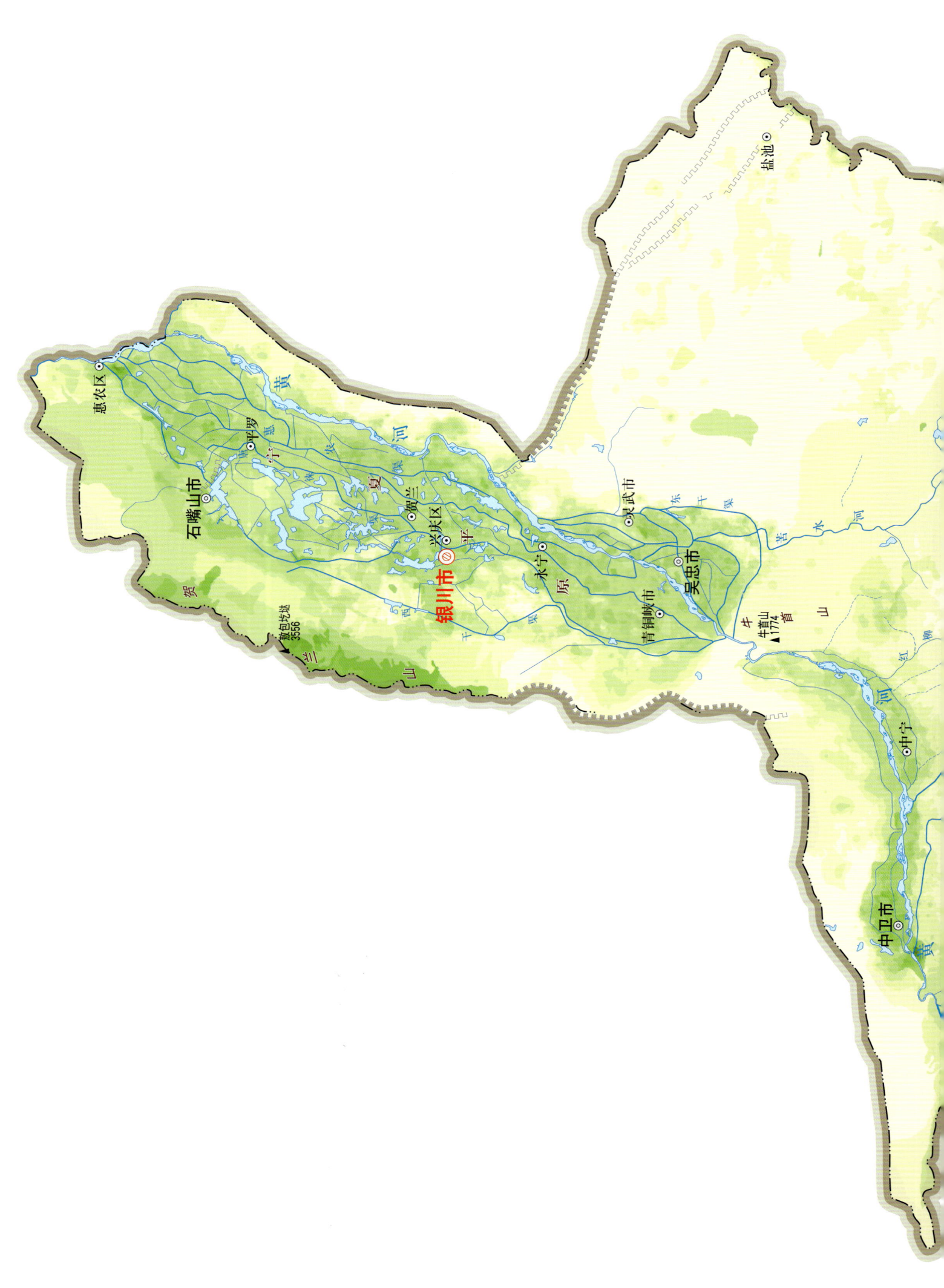

宁夏回族自治区土壤有机质含量图
1∶1 100 000

图 例

有机质含量 / (g/kg)

- ≤6
- 6—8(含)
- 8—10(含)
- 10—12(含)
- 12—14(含)
- 14—16(含)
- 16—18(含)
- 18—20(含)
- 20—22(含)
- 22—24(含)
- 24—26(含)
- 26—28(含)
- 28—30(含)
- >30

注：土层厚度为0—30cm。

宁夏回族自治区地势图
1∶1 100 000

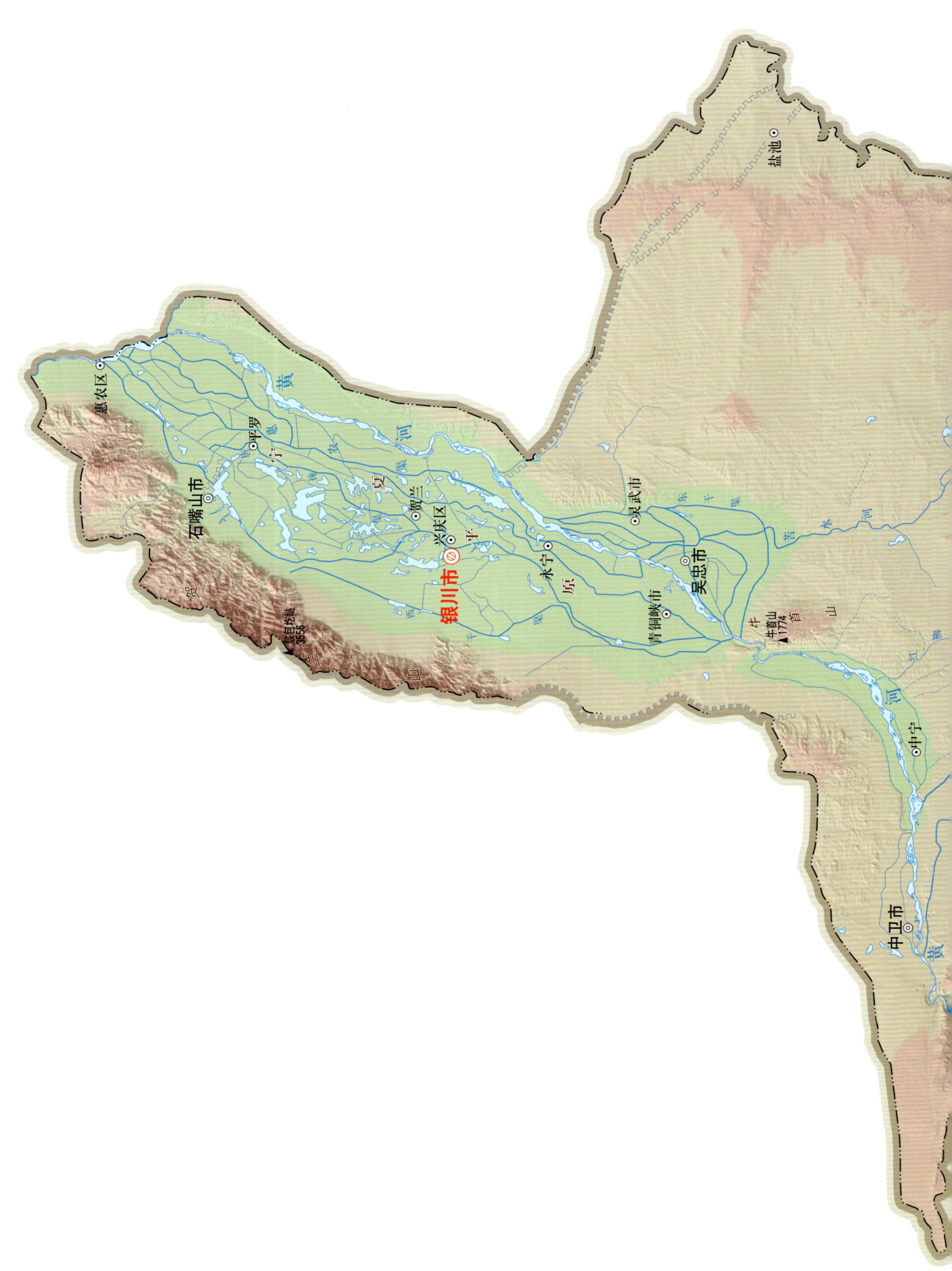

固原市
同心
海原
西吉
隆德
泾源
彭阳
六盘山
2928
米缸山
2942
马万山
2955
天都山
2703
香山
2356
高度表/m
3000
2000
1500
1200

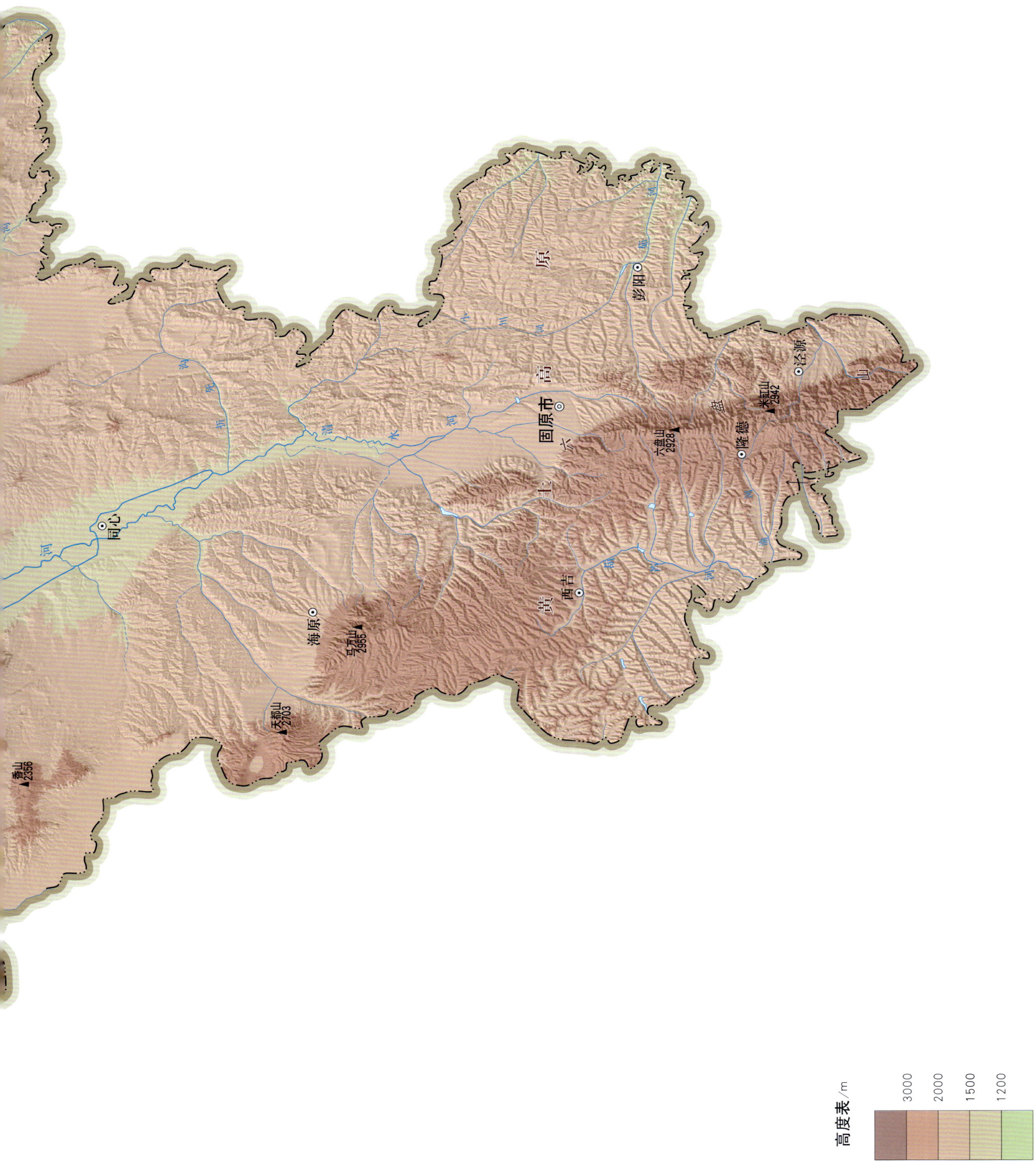

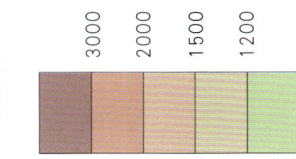

第二编 | 分县土壤图与土壤剖面数据

银 川 市

市 辖 区

主要土类说明

灰钙土是银川市主要土壤类型，占本市地域面积的45%，主要分布在贺兰山区、兴泾镇以及银川市园林场等地。灰钙土表层为有机质层，多呈浅灰棕色；其下为30cm左右的石灰淀积层，比表土层及底土层紧实。本市灰钙土分为淡灰钙土、始成淡灰钙土和山地灰钙土等亚类。

灌淤土是银川市第二大土壤类型，占本市地域面积的16%。灌淤熟化土层厚度在30cm以上，该土层以轻壤土和中壤土为主，土层松软、多孔，有机质含量较高，呈灰棕色或浅灰棕色，层次过渡不明显，矿质养分较丰富。本市灌淤土分为草甸灌淤土、潴育灌淤土、潜育灌淤土、盐化草甸灌淤土和盐化潴育灌淤土等亚类。

潮土是银川市第三大土壤类型，占本市地域面积的12%。潮土全剖面可分为表土层、锈土层和母质层。土壤以块状结构为多，部分呈片状。由于受地下水位季节性升降影响，土壤氧化还原作用交替进行，锈土层形成了明显的锈纹、锈斑。

草甸盐土占本市地域面积的6%。草甸盐土由各种类型的草甸土逐渐演变而成，成土过程以积盐过程为主。其表层有一定数量的有机质积累，底土有明显的锈色斑纹。

新积土占本市地域面积的6%，主要分布在丘陵间低地、山前洪积扇和河流两侧。新积土是在水力与重力迁移堆积或者人为扰动的物质上形成的。土壤质地较轻，以轻壤土和砂壤土为主。

灰褐土占本市地域面积的5%。其成土母质主要为砂岩、页岩和灰岩风化残积物、坡积物。灰褐土的典型发生层次有枯枝落叶层、暗褐色至暗灰色松软腐殖质层、矿质土有机质层、淀积层和母质层，土壤呈中性至碱性。本市灰褐土分为灰褐土、石灰性灰褐土和侵蚀灰褐土等亚类。

小于本市地域面积3%的土壤类型还有风沙土、粗骨土、沼泽土、碱土等。

本区域中心区气候特征

本区域中心区气候特征值
Regional climate characteristics in central area of the region

气候带：中温带干旱气候 Climate region: Mid temperate arid climate	
年平均气温 /℃ Annual average temperature /℃	8.9
年平均最高气温 /℃ Annual average maximum temperature /℃	15.9
年平均最低气温 /℃ Annual average minimum temperature /℃	2.9
年降水量 /mm Annual precipitation /mm	174
≥10℃的积温 /℃ Daily temperature accumulated in a year（≥10℃）/℃	3718
年日照时数 /h Annual sunshine /h	2955
年平均相对湿度 /% Annual average relative humidity /%	54
干燥度 Dryness	3.25

本区域中心区月平均气温与月平均降水量
Monthly temperature and precipitation in central area of the region

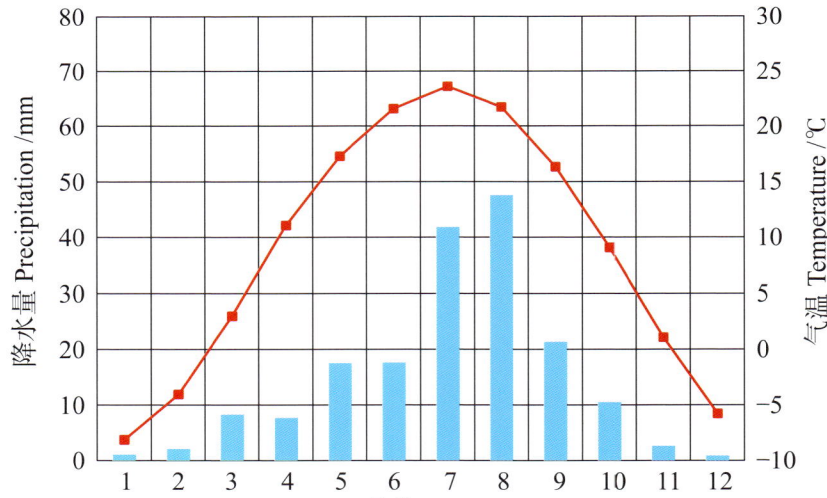

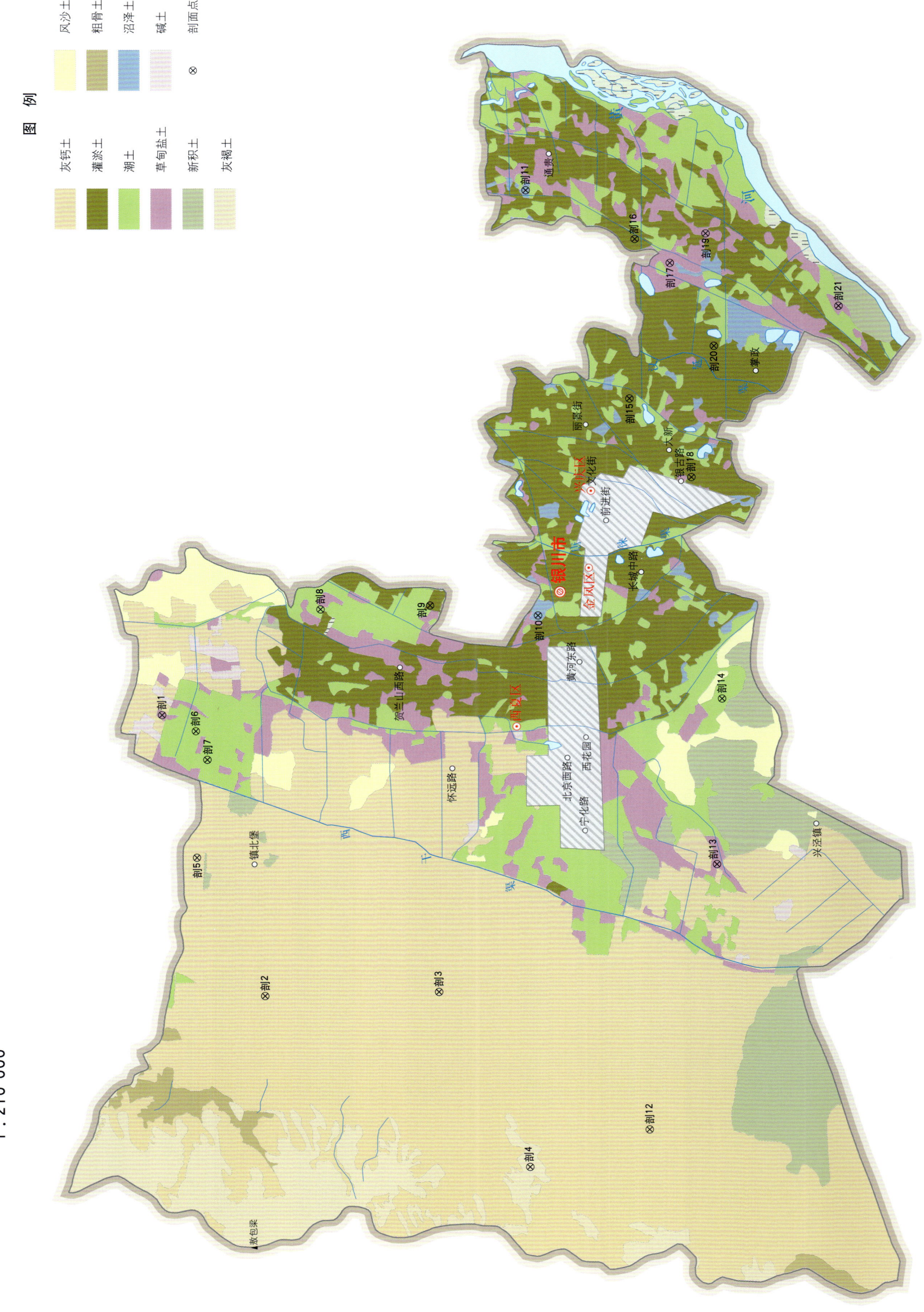

银川市土壤剖面理化性状表

剖面号 Soil profile	土纲 Soil order	土类 Soil great group	亚类 Soil subgroup	土属 Soil genus	土种 Soil species	土层码 Layer code	土层厚度 Depth/cm	颜色 Soil color	质地 Soil texture	土壤结构 Soil structure	pH	有机质 OM/(g/kg)	全氮 TN/(g/kg)	全磷 TP/(g/kg)	全钾 TK/(g/kg)	碱解氮 AN/(mg/kg)	有效磷 AP/(mg/kg)	速效钾 AK/(mg/kg)	阳离子交换量 CEC/(cmol/kg)	土壤母质 Parent material	剖面点坐标 Profile coordinate	匹配指数 Matching index/%
剖1	盐碱土	草甸盐土	草甸盐土	苏打盐土		1	0—0.3	棕黄色			9.5										E 106°09′31.0″ N 38°40′14.5″	70
						2	0.3—20	深灰棕色	中壤土	片状、块状	10.1	18.7				41	22.8					
						3	20—70	灰棕色	重壤土	片状、块状	9.9											
						4	70—110	浅灰棕色	砂壤土	块状	9.9											
						5	110—150	青灰棕色	砂壤土	块状	9.5											
剖2	干旱土	灰钙土	淡灰钙土	耕种淡灰钙土		1	0—20	浅灰棕色	轻壤土	块状										洪冲积物	E 105°59′33.7″ N 38°37′36.8″	76
						2	20—65	灰棕色	砂壤土	块状												
						3	65—100	灰白色	轻壤土	块状												
剖3	干旱土	灰钙土	淡灰钙土	耕种始成淡灰钙土		1	0—20	浅灰棕色	砂壤土	碎块状											E 105°59′37.0″ N 38°32′58.2″	79
						2	20—39	浅灰棕色	砂土	无明显结构												
						3	39—63	浅灰棕色	砂土													
						4	63—100	浅灰棕色	砂土													
剖4	半淋溶土	灰褐土	石灰性灰褐土	粗质石灰性灰褐土	贺兰山钙质黑土	1	0—10	灰黑色	轻壤土	粒状	8.0	139.0	5.40	0.81	15.6	342	11.8	368	45.1	岩石风化物	E 105°59′30.0″ N 38°30′36.7″	73
						2	10—34	棕灰色	中壤土	粒状	8.1	88.0	4.10	0.66	17.2	253	12.0	328	36.1			
						3	34—65	灰棕色	轻壤土	块状	8.2	42.0	2.00	0.45	16.2	114	3.5	235	24.3			
						4	65—90	灰棕色	砂土	块状	8.1	41.0	2.00	0.43	14.9	96	4.7	218	25.7			
剖5	干旱土	灰钙土	淡灰钙土	普通始成淡灰钙土	普通始成淡灰钙土	1	0—20				8.5	11.2	0.80	0.50	19.5	49	6.0	253			E 106°04′27.9″ N 38°39′22.1″	84
						2	20—45				9.4											
						3	45—85				9.1												
						4	85—110				9.4												
						5	110—150				9.3												
						6	150—180				9.2												
剖6	半水成土	潮土	潮土	灌淤潮土		1	0—20	浅灰棕色	砂壤土	块状	8.0	8.1	0.54	0.38	15.9	70	41.8		6.4	河流冲积物	E 106°08′55.6″ N 38°39′21.0″	74
						2	20—36	浅灰棕色	砂壤土	块状	8.1											
						3	36—46	浅黄色	砂土		8.2											
						4	46—60	浅黄棕色	砂土		8.1											
						5	60—73	浅棕色	砂土		8.5											
						6	73—100	青灰色	砂土		9.4											
						7	100—150	浅灰棕色	砂土		9.1											
剖7	半水成土	潮土	潮土	普通潮土		1	0—16	浅灰棕色	轻壤土	碎块状	8.9	7.5	0.60	0.61	17.0	32	5.5	250	9.6	河流冲积物	E 106°07′54.3″ N 38°39′03.1″	73
						2	16—56	浅灰棕色	重壤土	碎块状	9.0											
						3	56—110	浅灰棕色	中壤土	无明显结构	8.8											
						4	110—180	浅灰棕色	砂土	无明显结构	8.8											
剖8	半水成土	潮土	灌淤潮土	表锈淤潮土	潜育灌淤潮土	1	0—20	灰棕色	轻壤土	块状	8.3	13.4	0.97	0.59	17.4	66	10.5	260	14.0	河流冲积物	E 106°13′09.1″ N 38°35′58.2″	82
						2	20—37	棕色	重壤土	块状												
						3	37—66	浅灰棕色	轻壤土	块状												
						4	66—78	浅灰棕色	轻壤土	块状												
						5	78—102	浅灰棕色	轻壤土	块状												
						6	102—122	棕色	重壤土	片状												
						7	122—149	浅灰棕色														
						8	149—180	浅灰棕色	砂壤土	块状												

续表 Continued

剖面号 Soil profile	土纲 Soil order	土类 Soil great group	亚类 Soil subgroup	土属 Soil genus	土种 Soil species	土层码 Layer code	土层厚度 Depth/cm	颜色 Soil color	质地 Soil texture	土壤结构 Soil structure	pH	有机质 OM/(g/kg)	全氮 TN/(g/kg)	全磷 TP/(g/kg)	全钾 TK/(g/kg)	碱解氮 AN/(mg/kg)	有效磷 AP/(mg/kg)	速效钾 AK/(mg/kg)	阳离子交换量CEC/(cmol/kg)	土壤母质 Parent material	剖面点坐标 Profile coordinate	匹配指数 Matching index/%
剖9	人为土	灌淤土	表锈灌淤土	薄层潜育灌淤土	薄层潜育灌淤土	1	0—20	灰棕色	轻壤土	块状	8.3	16.5	1.05	0.65	18.6	75	27.1	284	17.8		E 106°13′13.8″ N 38°33′02.9″	79
						2	20—55	浅灰棕色	中壤土	块状	8.5											
						3	55—76	灰棕色	中壤土	块状	8.6											
						4	76—127	浅红棕色	重壤土	块状	8.5											
						5	127—140	浅棕色	中壤土	块状	8.6											
剖10	水成土	沼泽土	泥炭沼泽土	泥炭土		1	0—12	黑褐色	轻壤土	块状											E 106°12′49.4″ N 38°30′10.5″	84
						2	12—30	青灰色	重壤土	块状												
						3	30—50	青灰色	黏土	块状												
						4	50—110	浅红棕色	砂壤土	块状												
						5	110—150	浅灰棕色	中壤土	块状												
剖11	水成土	沼泽土	沼泽土			1	0—20	灰棕色	中壤土	块状											E 106°27′44.6″ N 38°30′18.4″	80
						2	20—44	蓝灰色	中壤土	块状												
						3	44—95	蓝灰色	中壤土	碎块状	8.2	20.1	1.30	0.41		78	1.8	140	10.1			
剖12	干旱土	灰钙土	灰钙土			1	0—13	灰棕色	砂壤土	块状	8.5	7.3	0.40	0.26		37	0.3	30	4.3	坡积物	E 105°54′45.4″ N 38°27′24.8″	75
						2	13—33	灰白色	中壤土	块状	8.5	5.2										
						3	33—57	灰白色	中壤土	块状	8.5	3.9										
						4	57—85	浅棕色	中壤土	棱块状	8.9	3.1										
						5	85—110	浅灰棕色	中壤土	块状	9.5											
剖13	盐碱土	草甸盐土	草甸盐土	钙型盐土		1	0—0.1	灰白色	轻壤土	块状	9.7										E 106°03′59.8″ N 38°25′30.7″	97
						2	0.1—15	浅白灰棕色	轻壤土	块状	9.3											
						3	15—55	青灰棕色	粗砂土		9.0											
						4	55—85	浅灰棕色	砂壤土	块状	9.3											
						5	85—130															
剖14	半水成土	潮土	潮土	钙层灌淤潮土	钙层灌淤潮土	1	0—18	浅灰棕色	砂壤土	块状	8.9	4.4	0.25	0.32	16.5	15	3.0	113	11.1	河流冲积物	E 106°09′49.0″ N 38°25′18.5″	83
						2	18—43	浅棕白色	砂壤土	块状	9.1											
						3	43—55	浅棕白色	砂壤土	块状	9.3											
						4	55—75	浅棕色	中壤土	块状	8.5											
						5	75—110	浅黄棕色	砂壤土	块状	8.6											
						6	110—135	浅黄棕色	砂壤土	块状	8.7											
						7	135—165	浅棕色	砂壤土	块状	8.8											
剖15	人为土	灌淤土	潮灌淤土	厚层潮灌淤土		1	0—20	灰棕色	轻壤土	块状	8.8	13.0	0.87	0.71	18.3	67	19.0	342	17.6		E 106°20′23.4″ N 38°27′38.5″	87
						2	20—39	灰棕色	中壤土	块状	8.5											
						3	39—76	浅灰棕色	砂壤土	块状	8.4											
						4	76—96	灰棕色	中壤土	块状	8.5											
						5	96—129	浅棕色	中壤土	块状	8.4											
						6	129—180	浅棕色	中壤土	块状	8.5	12.5	1.12	0.63	19.8		31.0	210	13.6			
剖16	人为土	灌淤土	潮灌淤土	薄层潮灌淤土		1	0—18	灰棕色	中壤土	块状	8.5										E 106°25′58.3″ N 38°27′25.6″	70
						2	18—40	浅灰棕色	中壤土	块状	8.7											
						3	40—55	灰棕色	砂壤土	块状	8.6											
						4	55—100	灰棕色	砂壤土	块状	8.7											
						5	100—140	青灰色	砂土													

续表 Continued

剖面号 Soil profile	土纲 Soil order	土类 Soil great group	亚类 Soil subgroup	土属 Soil genus	土种 Soil species	土层码 Layer code	土层厚度 Depth/cm	颜色 Soil color	质地 Soil texture	土壤结构 Soil structure	pH	有机质 OM/(g/kg)	全氮 TN/(g/kg)	全磷 TP/(g/kg)	全钾 TK/(g/kg)	碱解氮 AN/(mg/kg)	有效磷 AP/(mg/kg)	速效钾 AK/(mg/kg)	阳离子交换量CEC/(cmol/kg)	土壤母质 Parent material	剖面点坐标 Profile coordinate	匹配指数 Matching index/%
剖17	盐碱土	草甸盐土	草甸盐土	松盐土		1	0—0.5	白色			8.8										E 106°25′06.7″ N 38°26′30.0″	100
						2	0.5—5				8.5											
						3	5—30	浅灰棕色	砂壤土	块状	8.8	8.0	0.60	0.60	18.3	28	11.5		10.6			
						4	30—75	浅灰棕色	砂土	无明显结构	8.9											
						5	75—125	浅棕色	黏土		8.9											
						6	125—155	浅灰棕色	黏土		8.9											
						7	155—180	浅灰棕色	砂土		8.8											
剖18	人为土	灌淤土	表锈灌淤土	厚层潜育灌淤土	厚层潜育灌淤土	1	0—17	浅灰棕色	轻壤土	块状	8.4	10.1	0.74	0.64	18.1	61	12.0		12.8		E 106°17′36.2″ N 38°26′01.3″	98
						2	17—65	灰棕色	轻壤土	块状	8.5											
						3	65—104	浅棕色	轻壤土	块状	8.5											
						4	104—130	浅棕色	中壤土	块状	8.5											
						5	130—180	浅棕色	中壤土	块状	8.6											
剖19	盐碱土	草甸盐土	草甸盐土	白盐土		1	0—0.3	白色			8.2										E 106°26′07.8″ N 38°25′32.2″	83
						2	0.3—15	浅灰棕色	轻壤土	块状、核状	9.7	10.5										
						3	15—35	浅灰棕色	轻壤土	块状	9.0											
						4	35—78	浅红棕色	砂壤土	块状	9.1											
						5	78—110	浅红棕色	重壤土	块状	8.7											
						6	110—150	浅灰棕色	紧砂土		8.7											
						7	150—180	浅灰棕色			8.8											
剖20	人为土	灌淤土	表锈灌淤土	潜育灌淤土	潜育灌淤土	1	0—18	灰棕蓝色	中壤土	块状	8.2	19.0	1.34	0.73		78	3.5	259	14.9		E 106°22′10.6″ N 38°25′22.0″	74
						2	18—53	浅灰棕色	中壤土	块状	8.3											
						3	53—98	浅灰棕色	中壤土	块状	8.2											
						4	98—139	青灰色	重壤土	块状	8.5											
						5	139—180	浅灰棕色	砂壤土	块状	8.5											
剖21	盐碱土	草甸盐土	草甸盐土	黑油盐土		1	0—0.2	暗灰色			8.1										E 106°23′30.8″ N 38°22′01.6″	70
						2	0.2—30	浅灰棕色	砂壤土	块状	8.1											
						3	30—45	浅灰棕色	砂壤土	块状	8.0											
						4	45—75	浅灰棕色	砂壤土	块状	8.3											
						5	75—90	浅灰棕色	砂壤土		8.2											
						6	90—150	青灰色	流砂土		8.4											
						7	150—180	青灰色	流砂土		8.2											

永 宁 县

主要土类说明

灌淤土是永宁县主要土壤类型，占本县地域面积的39%。灌淤土是在长期灌淤、施肥、耕作等影响下形成的土壤。在土壤上层有厚超过30cm的灌淤熟化土层，质地以中壤土或轻壤土为主，疏松多孔，层次不明显，有机质及养分含量较高，有较多炭渣、砖末等侵入体和虫粪。灌淤土土壤肥力较高。

灰钙土是永宁县第二大土壤类型，占本县地域面积的23%，主要分布于黄土丘陵、低山石质丘陵、洪积扇及古老阶地。灰钙土是在干旱气候条件下形成的地带性土壤，表层一般形成有机质层，多呈浅灰棕色；其下一般为30cm左右的石灰淀积层，比表土层、底土层紧实，碳酸钙含量多为10%—30%。本县灰钙土划分为灰钙土、淡灰钙土、淡灰钙土性土、底盐灰钙土性土、侵蚀底盐灰钙土及山地灰钙土等亚类。

风沙土是永宁县第三大土壤类型，占本县地域面积的10%。风沙土分布区气候干旱，植被稀疏，成土母质质地沙性，极易起沙而形成风沙土。风沙土表土具有厚30cm或大于30cm的比较松散的沙土层，无结构或初具不稳定的块状结构。

新积土占本县地域面积的9%，主要分布在丘陵间低地、山前洪积扇和河流两侧。新积土是在水力与重力迁移堆积或者人为扰动的物质上形成的，其剖面中土层变化较大，没有明显的发育特征。部分新积土曾称为灰钙土性土或灰褐土性土，剖面没有明显的发育，洪积或冲积层次也不甚明显。新积土土壤质地较轻，以轻壤土和砂壤土为主。

粗骨土占本县地域面积的7%。粗骨土无明显的发育特征，或仅有初步形成的腐殖质层，厚5—10cm，再下为10—20cm的半风化状态的岩石碎屑与细土混合物。粗骨土砾石含量一般大于30%，保水性很差，土体经常呈干燥状态。粗骨土均有石灰反应，但石灰反应的强弱与母岩的性质有关，发育在石灰岩母质上的粗骨土，全剖面石灰反应均较强；发育在砂岩母质上的，石灰反应较弱。

潮土占本县地域面积的6%。潮土全剖面可分为表土层、锈土层和母质层。表土层颜色普遍较浅，以灰黄棕色为主色。土壤结构以块状为多，部分呈片状，植物根系多，土层稍紧实。由于受地下水位季节性不断升降影响，土壤氧化还原作用频繁交替，锈土层形成了明显的锈纹、锈斑，这是潮土的重要特征土层。

小于本县地域面积3%的土壤类型还有草甸盐土、沼泽土等。

本区域中心区气候特征

本区域中心区气候特征值
Regional climate characteristics in central area of the region

气候带：暖温带干旱气候 Climate region: Warm temperate arid climate	
年平均气温 /℃ Annual average temperature /℃	8.8
年平均最高气温 /℃ Annual average maximum temperature /℃	15.6
年平均最低气温 /℃ Annual average minimum temperature /℃	2.9
年降水量 /mm Annual precipitation /mm	199
≥10℃的积温 /℃ Daily temperature accumulated in a year (≥10℃) /℃	3340
年日照时数 /h Annual sunshine /h	2886
年平均相对湿度 /% Annual average relative humidity /%	56
干燥度 Dryness	2.81

本区域中心区月平均气温与月平均降水量
Monthly temperature and precipitation in central area of the region

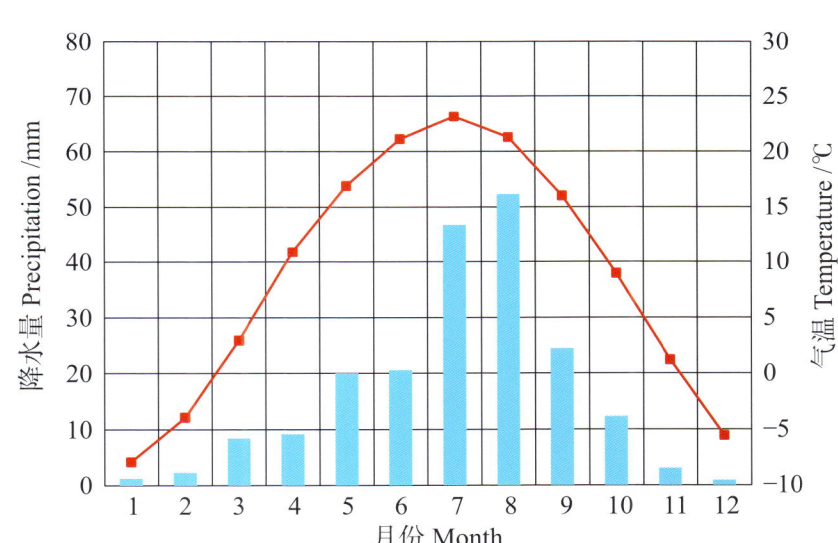

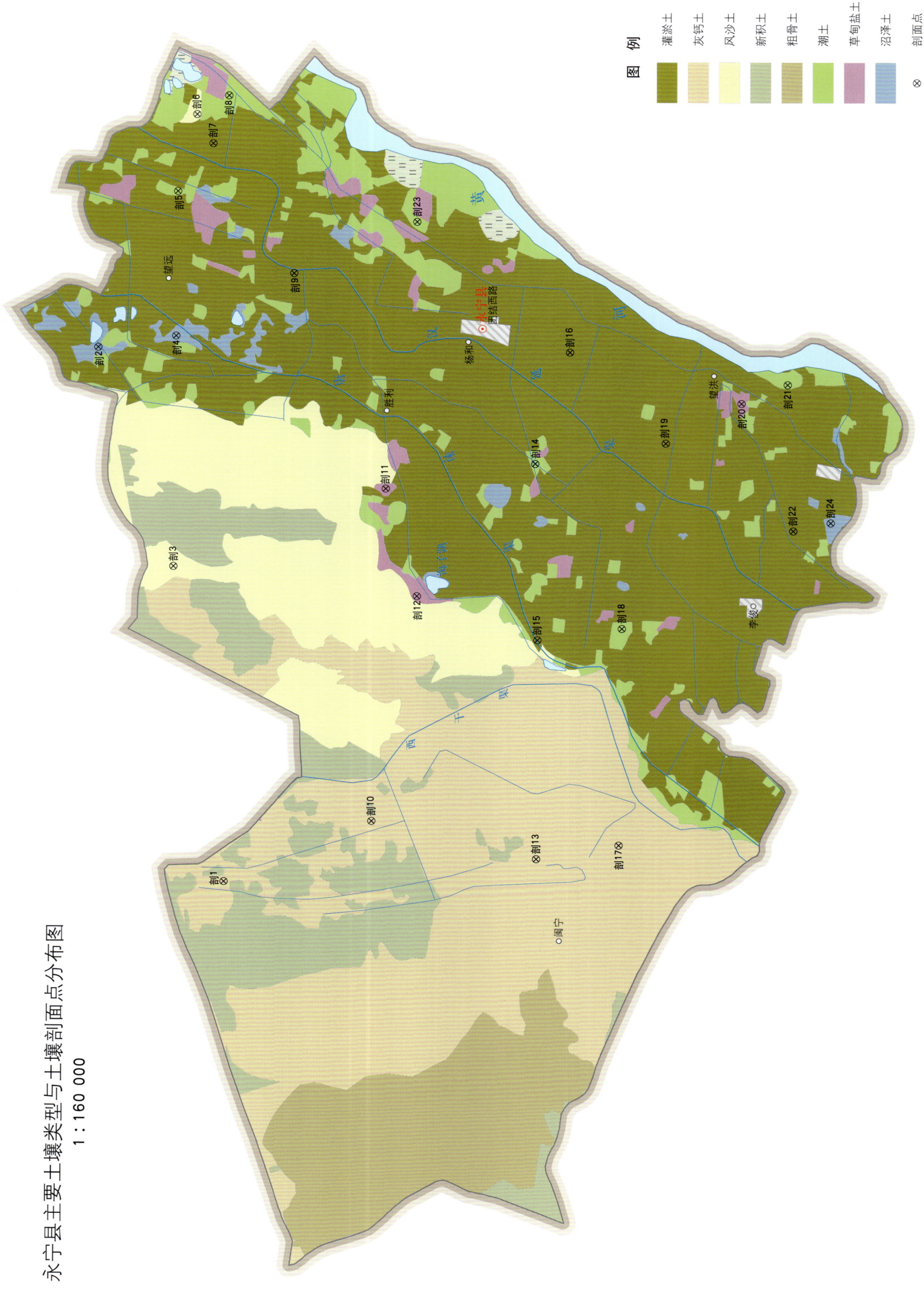

永宁县土壤剖面理化性状表

剖面号 Soil profile	土纲 Soil order	土类 Soil great group	亚类 Soil subgroup	土属 Soil genus	土种 Soil species	土层码 Layer code	土层厚度 Depth/cm	颜色 Soil color	质地 Soil texture	土壤结构 Soil structure	pH	有机质 OM/(g/kg)	全氮 TN/(g/kg)	全磷 TP/(g/kg)	碱解氮 AN/(mg/kg)	有效磷 AP/(mg/kg)	速效钾 AK/(mg/kg)	阳离子交换量CEC/(cmol/kg)	土壤母质 Parent material	剖面点坐标 Profile coordinate	匹配指数 Matching index/%
剖1	干旱土	灰钙土	淡灰钙土	淡灰潮土	耕种淡灰钙土	1	0–16	浅灰棕色	砂土	块状	8.3	2.3	0.18	0.17	4	2.5	26	5.5	洪冲积物	E 105°59′51.0″ N 38°22′11.9″	79
						2	16–50	浅灰棕色	砂土		8.5	0.4						7.0			
						3	50–73	浅棕夹灰白色	砂土		8.3	1.2						10.5			
						4	73–85	浅棕色	轻壤土		8.3	3.3						7.5			
						5	85–113	浅棕色	青砂土		8.4	0.2						6.5			
						6	113–165				8.3	10.3									
剖2	水成土	沼泽土	腐泥沼泽土			1	0–20	灰黑色	轻壤土		8.2	92.1	0.60	0.28	138	4.0				E 106°14′30.1″ N 38°24′42.1″	88
						2	20–70	青灰色	重壤土		8.6										
						3	70–110	棕色	黏土		8.8										
						4	110–140	棕色	黏土		8.8										
剖3	初育土	风沙土	草原风沙土			1	0–10	浅棕色	浮砂土		9.0	1.5			4	3.0			风积物	E 106°08′29.4″ N 38°23′11.4″	99
						2	10–30	浅棕色	砂土		8.8	2.4			4	2.7					
						3	30–55	浅棕带白色	砂土		8.6										
						4	55–180		青砂土		9.1										
剖4	水成土	沼泽土				1	0–18	青灰色	中壤土	块状	8.1	25.9			64	4.1				E 106°14′47.0″ N 38°23′04.9″	82
						2	18–35	灰蓝色	轻壤土		8.4										
						3	35–84	青灰色	砂壤土		8.6										
						4	84–130	青灰色	重壤土		8.6										
剖5	半水成土	潮土	盐化潮土			1	0–7	浅棕棕色	轻壤土	块状	8.4	11.6			68	3.5			河流冲积物	E 106°18′43.1″ N 38°23′00.5″	81
						2	7–20	浅棕色	砂壤土	块状	8.9	10.9			72	4.0					
						3	20–46	浅棕色	砂壤土	块状	8.4	8.2			12	5.3					
						4	46–80	浅棕色	砂壤土	块状	8.6										
						5	80–113	灰蓝色	中壤土	块状	8.4										
						6	113–135	浅棕色	中壤土	块状	8.4										
						7	135–180	浅灰棕色	重壤土	块状	8.6										
剖6	初育土	风沙土	草原风沙土	固定风沙土		1	0–20	浅灰棕色	砂土		8.8	1.3			4	2.8			风积物	E 106°20′49.2″ N 38°22′35.4″	87
						2	20–80	浅灰棕色	砂土		8.8										
						3	80–110	浅灰棕色	砂土		8.9										
						4	110–160	浅棕带青色	砂土		9.0										
剖7	人为土	灌淤土	灌淤土	厚层灌淤土		1	0–13	浅灰棕色	轻壤土	粒状、块状	8.3	12.8	0.80	0.62	75	30.7	217		河流冲积物	E 106°20′01.0″ N 38°22′15.6″	99
						2	13–28	浅灰棕色	中壤土	块状	8.6	11.6	0.70	0.65							
						3	28–48	浅灰棕色	中壤土	块状	8.6	9.1	0.60	0.54							
						4	48–72	浅红棕色	中壤土	块状	8.6	8.7	0.60	0.54							
						5	72–96	浅红棕色	中壤土	块状	8.6	7.6	0.60	0.68							
						6	96–126	浅红棕色	中壤土	块状	8.4	7.3	0.50	0.66							
						7	126–153	灰棕色	中壤土	块状	8.6	6.2	0.40	0.72							
						8	153–180	浅灰棕色	中壤土	块状	8.6	4.8	0.40	0.72							
剖8	半水成土	潮土	灌淤潮土	灌淤潮土	灌淤潮土	1	0–7	浅灰棕色	轻壤土	粒状、块状	8.8									E 106°21′19.6″ N 38°21′55.1″	96
						2	7–24	浅红棕色	轻壤土	块状	8.8										
						3	24–43	浅红棕带黄色	黏土	单粒状	8.9										
						4	43–60	浅红棕带黄色	砂壤土		9.0										
						5	60–108	浅灰棕色	砂土												
						6	108–180	浅灰带黄色	砂土												

续表 Continued

剖面号 Soil profile	土纲 Soil order	土类 Soil great group	亚类 Soil subgroup	土属 Soil genus	土种 Soil species	土层码 Layer code	土层厚度 Depth/cm	颜色 Soil color	质地 Soil texture	土壤结构 Soil structure	pH	有机质 OM/(g/kg)	全氮 TN/(g/kg)	全磷 TP/(g/kg)	碱解氮 AN/(mg/kg)	有效磷 AP/(mg/kg)	速效钾 AK/(mg/kg)	阳离子交换量CEC/(cmol/kg)	土壤母质 Parent material	剖面点坐标 Profile coordinate	匹配指数 Matching index/%
剖9	人为土	灌淤土	潮灌淤土	薄层潮灌淤土		1	0—16	浅灰棕色	轻壤土	粒状	8.4	12.9	0.80	0.62	110	7.1				E 106°16′27.0″ N 38°20′36.9″	77
						2	16—36	浅灰棕色	轻壤土	粒状、块状	8.5	10.5	0.60	0.56							
						3	36—51	浅灰棕色	轻壤土	块状	8.3	5.7	0.30	0.58							
						4	51—82	棕色	黏土	块状	8.5	8.5	0.70	0.52							
						5	82—130	浅棕色	砂土	无明显结构	8.4										
						6	130—180	浅灰棕色	砂壤土		8.6										
剖10	干旱土	灰钙土	草甸灰钙土			1	0—15	灰棕色	砂壤土	块状	8.8	7.9	0.40	0.32	30	6.2	56	7.5		E 106°01′28.6″ N 38°19′07.3″	72
						2	15—29	灰棕色	砂壤土	块状	9.0	6.2	0.41	0.3				5.5			
						3	29—46	浅灰棕色	砂壤土	块状	9.1	2.9	0.20	0.26				5.8			
						4	46—60	浅灰棕色	砂壤土	块状	9.0	2.1	0.23	0.16				5.0			
						5	60—98	浅灰棕色	砂土		9.2	0.2	0.01	0.10				5.5			
						6	98—160	浅棕带灰色	砂壤土												
						7	160—190	浅灰棕色	砂壤土												
剖11	盐碱土	草甸盐土	沼泽盐土	青盐土		1	0—0.5	灰白色	重壤土		9.0									E 106°10′32.5″ N 38°18′46.1″	78
						2	0.5—10	蓝灰色	重壤土	块状	9.4	16.6			42	11.1					
						3	10—30	灰棕色	中壤土	块状	9.3										
						4	30—70	灰灰棕色	中壤土	块状	9.3										
						5	70—110	浅灰棕色	黏土	块状	8.9										
						6	110—145	灰棕色	砂壤土		9.1										
						7	145—158	浅灰棕色	中壤土		10.1										
剖12	盐碱土	草甸盐土		白盐土		1	0—1	白色	中壤土	蜂窝状	10.1	12.2								E 106°07′36.5″ N 38°18′08.6″	87
						2	1—7	浅灰棕色	中壤土	块状、片状	9.0	12.2									
						3	7—20	灰棕色	中壤土	块状	9.2										
						4	20—50	灰灰棕色	中壤土	块状	8.6										
						5	50—73	浅灰棕色	中壤土	块状	8.9										
						6	73—120	棕色	砂土		8.0										
						7	120—180	灰棕色	砂壤土												
剖13	干旱土	灰钙土	淡灰钙土			1	0—9	浅棕带棕色	砂壤土	碎块状	8.6	5.7								E 106°00′24.5″ N 38°15′42.5″	70
						2	9—28	浅红棕色	重壤土	块状	9.4	3.9									
						3	28—52	红棕色	重壤土	棱状	8.4	2.1									
						4	52—80	红棕色	黏土	棱状	8.1										
						5	80—95	浅灰棕色	重壤土	块状	8.0										
剖14	半水成土	潮土	潮土			1	0—20	浅灰棕色	砂壤土	块状夹粒状									洪冲积物	E 106°11′10.2″ N 38°15′39.6″	100
						2	20—44	浅棕带棕色	轻壤土	块状											
						3	44—60	浅灰棕色	砂土夹黏土	块状											
						4	60—80	浅灰棕色	轻壤土	块状											
						5	80—108	浅棕带灰色	轻壤土	块状											
剖15	人为土	灌淤土	灌淤土	薄层普通灌淤土		1	0—20	浅灰棕色	轻壤土	块状		9.4			56	8.7			河流冲积物	E 106°06′22.3″ N 38°15′38.9″	95
						2	20—51	浅灰棕色	砂土	块状		6.7			44	2.0					
						3	51—72	浅灰棕色	轻壤土	块状											
						4	72—108	浅灰棕色	轻壤土	块状											
						5	108—137	浅灰棕色	轻壤土	块状											
						6	137—180	浅灰棕色	中壤土	块状											

续表 Continued

剖面号 Soil profile	土纲 Soil order	土类 Soil great group	亚类 Soil subgroup	土属 Soil genus	土种 Soil species	土层码 Layer code	土层厚度 Depth/cm	颜色 Soil color	质地 Soil texture	土壤结构 Soil structure	pH	有机质 OM/(g/kg)	全氮 TN/(g/kg)	全磷 TP/(g/kg)	碱解氮 AN/(mg/kg)	有效磷 AP/(mg/kg)	速效钾 AK/(mg/kg)	阳离子交换量CEC/(cmol/kg)	土壤母质 Parent material	剖面点坐标 Profile coordinate	匹配指数 Matching index/%
剖16	人为土	灌淤土	潮灌淤土	厚层潮灌淤土		1	0—17	浅灰棕色	轻壤土	粒状、块状	8.3	10.7	0.70	0.76	51	19.0	415			E 106°14′12.6″ N 38°14′54.7″	84
						2	17—36	浅灰棕色	中壤土	块状	8.4	7.2	0.40	0.64							
						3	36—70	浅灰棕色	中壤土	块状	8.5	6.2	0.30	0.62							
						4	70—101	浅灰棕色	轻壤土	块状	8.5	6.3	0.40	0.57							
						5	101—141	浅灰棕色	中壤土	块状	8.6										
						6	141—180	浅灰棕色	中壤土	碎块状	8.6										
剖17	干旱土	灰钙土	淡灰钙土	淡灰钙土		1	0—8	灰棕色	砂壤土	块状	8.8								洪积积物	E 106°00′46.1″ N 38°13′59.5″	98
						2	8—29	浅棕色	砂壤土	块状	8.9										
						3	29—50	浅棕色	砂壤土		9.1										
						4	50—60	浅棕色	砂壤土												
剖18	半水成土	潮土	灌淤潮土	表锈淤潮土	潜育灌淤潮土	1	0—12	浅灰棕色	轻壤土	块状	8.4	20.1			51	18.6		9.5	河流冲积物	E 106°06′40.0″ N 38°13′53.4″	84
						2	12—32	浅灰棕色	轻壤土	块状	8.5	17.0			42	5.2		9.5			
						3	32—50	浅棕色	砂壤土	片状	8.6	7.2			18	1.8		7.5			
						4	50—130	浅灰棕色	重壤土	块状	8.6	9.3			45	3.3		10.5			
剖19	人为土	灌淤土	表锈灌淤土			1	0—14	浅灰棕色	轻壤土	粒状、块状										E 106°11′41.2″ N 38°12′56.4″	90
						2	14—40	浅灰棕色	砂壤土	块状											
						3	40—73	灰棕色	中壤土	块状											
						4	73—115	浅棕色	砂壤土	块状											
						5	115—150	棕色	黏土												
剖20	盐碱土	草甸盐土		松盐土		1	0—0.5	白色		单粒状	9.4									E 106°12′45.4″ N 38°11′21.5″	89
						2	0.5—6	浅灰棕色	砂壤土	块状	9.1	17.9									
						3	6—24	浅灰棕色	砂壤土	块状	9.6	7.4									
						4	24—75	棕色	黏土	块状	8.0										
						5	75—85	暗棕色	中壤土	块状	8.6										
						6	85—96	蓝棕色	重壤土	块状	8.3										
						7	96—171	暗棕色	中壤土	块状	8.8										
						8	171—180	浅灰棕色	轻壤土	块状	8.5										
剖21	半水成土	潮土		耕种潮土		1	0—13	浅灰棕色	砂土	粒状、块状	8.4	4.9	0.20		11	2.5				E 106°13′15.5″ N 38°10′23.9″	87
						2	13—63	浅灰棕色	砂壤土	块状	8.5	3.0	0.10								
						3	63—100	浅灰棕色	砂壤土	块状	8.6	5.0	0.30								
						4	100—180														
剖22	人为土	灌淤土	表锈灌淤土			1	0—20	灰棕色	砂土	块状、粒状	8.4	6.7			34	25.3			河流冲积物	E 106°09′17.3″ N 38°10′18.8″	73
						2	20—30	浅灰棕色	砂土	块状	8.6										
						3	30—45	浅灰棕色	砂土	块状	8.5										
						4	45—80	青灰色	重壤土		8.1										
剖23	半水成土	潮土	灌淤潮土	表锈淤潮土	潜育灌淤潮土	1	0—14	浅灰棕色	中壤土	块状	8.8	12.2	0.80	0.53	52	13.0	119		河流冲积物	E 106°17′47.8″ N 38°18′03.2″	96
						2	14—29	浅灰棕色	轻壤土	块状	8.8	12.6	0.80	0.77	34	17.3					
						3	29—51	浅红棕色	重壤土	块状	9.2	4.5	0.10	0.50	9	3.0					
						4	51—86	灰棕色	重壤土	块状	8.9	6.2	0.40	0.56	24	3.1					
						5	86—122	灰红棕色	重壤土	块状	8.9										
						6	122—180	灰棕色	重壤土	块状	8.8										
剖24	水成土	沼泽土	泥炭沼泽土	泥炭土		1	0—10	黑褐色	轻壤土		8.6	197.5			152	8.1				E 106°09′29.6″ N 38°09′31.9″	85
						2	10—19	青灰色	轻壤土		8.8										
						3	19—52	青灰色	砂壤土		9.0										
						4	52—60	青灰色	砂壤土		8.7										

贺 兰 县

主要土类说明

灌淤土是贺兰县主要土壤类型，占本县地域面积的31%。灌淤土是在人为灌溉、施肥、耕作等农业措施综合影响下以灌淤熟化过程为主导形成的，其基本特征是具有厚度超过30cm的灌淤熟化土层。该土层的土质均匀适中，物理性质良好，有机质及矿质养分含量较高，适宜农作物的生长。本县灌淤土划分为灌淤土、草甸灌淤土、盐化草甸灌淤土、潴育灌淤土、盐化潴育灌淤土、潜育灌淤土、盐化潜育灌淤土等亚类。

灰钙土是贺兰县第二大土壤类型，占本县地域面积的20%，主要分布于黄土丘陵、低山石质丘陵、洪积扇及古老阶地。灰钙土表层一般为有机质层，多呈浅灰棕色；其下为30cm左右的石灰淀积层，较表土层、底土层紧实，碳酸钙含量多为10%—30%。

草甸盐土是贺兰县第三大土壤类型，占本县地域面积的13%。草甸盐土的形成受地下水活动的影响，成土过程以积盐过程为主。其表层有一定数量的有机质积累，底土有明显的锈色斑纹。草甸盐土的地面比降较小，地下水埋深较浅，多为0.5—1.5m，部分剖面达1.8m。地下水矿化度变化较大，为1—25g/L，以10—25g/L为多。

潮土占本县地域面积的11%。潮土全剖面可分为表土层、锈土层和母质层。表土层颜色普遍较浅，以灰黄棕色为主。土壤以块状结构为多，部分呈片状。由于受地下水位季节性不断升降影响，土壤氧化还原作用交替进行，锈土层形成了明显的锈纹、锈斑，这是潮土的重要特征土层。

灰褐土占本县地域面积的7%。灰褐土是在半干旱森林植被下形成的土壤，其成土母质为板岩和页岩风化物。海拔在2000—2600m，地面坡度大，一般为35°—45°。植被覆盖度在80%以上，土壤基本无侵蚀现象。本县灰褐土土层厚度多大于50cm，有的达100cm。地表有3—5cm厚的枯枝叶层，其下为厚30—50cm的有机质层（灌木林下较薄，为10—15cm）。pH为7.9—8.5。

风沙土占本县地域面积的7%。风沙土分布区气候干旱，植被稀疏，加以土壤和成土母质质地沙性，极易起沙而形成风沙土。风沙土表土具有厚30cm或大于30cm的比较松散的沙土层，无结构或初具不稳定的块状结构。

粗骨土占本县地域面积的6%。粗骨土无明显的发育特征，或仅有初步形成的腐殖质层，厚5—10cm，再下为10—20cm的半风化状态的岩石碎屑与细土混合物。粗骨土砾石含量一般大于30%，保水性很差，土体经常呈干燥状态。粗骨土均有石灰反应，但石灰反应的强弱与母岩的性质有关，发育在石灰岩母质上的粗骨土，全剖面石灰反应均较强；发育在砂岩母质上的，石灰反应较弱。

小于本县地域面积3%的土壤类型还有新积土、沼泽土、碱土、黑毡土等。

本区域中心区气候特征

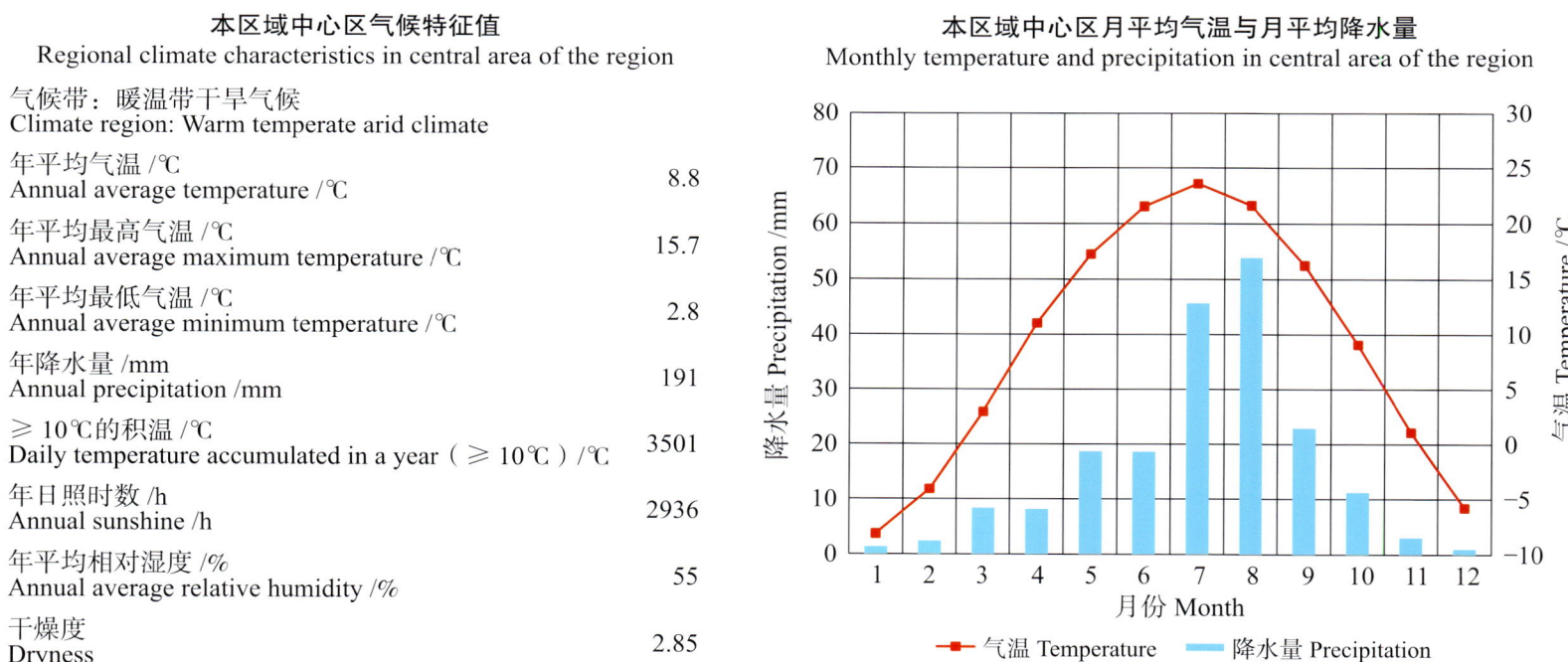

本区域中心区气候特征值
Regional climate characteristics in central area of the region

气候带：暖温带干旱气候
Climate region: Warm temperate arid climate

年平均气温 /℃ Annual average temperature /℃	8.8
年平均最高气温 /℃ Annual average maximum temperature /℃	15.7
年平均最低气温 /℃ Annual average minimum temperature /℃	2.8
年降水量 /mm Annual precipitation /mm	191
≥10℃的积温 /℃ Daily temperature accumulated in a year（≥10℃）/℃	3501
年日照时数 /h Annual sunshine /h	2936
年平均相对湿度 /% Annual average relative humidity /%	55
干燥度 Dryness	2.85

本区域中心区月平均气温与月平均降水量
Monthly temperature and precipitation in central area of the region

贺兰县主要土壤类型与土壤剖面点分布图

1∶210 000

图例

灌淤土 | 灰钙土 | 草甸盐土 | 潮土 | 灰褐土 | 风沙土 | 粗骨土 | 新积土 | 沼泽土 | 碱土 | 黑毡土 | 剖面点

贺兰县土壤剖面理化性状表

剖面号 Soil profile	土纲 Soil order	土类 Soil great group	亚类 Soil subgroup	土属 Soil genus	土种 Soil species	土层码 Layer code	土层厚度 Depth/cm	颜色 Soil color	质地 Soil texture	土壤结构 Soil structure	pH	有机质 OM/(g/kg)	全氮 TN/(g/kg)	全磷 TP/(g/kg)	全钾 TK/(g/kg)	碱解氮 AN/(mg/kg)	有效磷 AP/(mg/kg)	速效钾 AK/(mg/kg)	阳离子交换量 CEC/(cmol/kg)	土壤母质 Parent material	剖面点坐标 Profile coordinate	匹配指数 Matching index/%
剖1	干旱土	灰钙土	淡灰钙土	淡灰钙土	普通淡灰钙土	1	0—10	浅灰棕色	砂壤土	碎块状		7.0	0.49			31	5.0			洪冲积物	E 106°10′20.5″ N 38°45′55.7″	84
						2	10—38	浅灰棕色	砂壤土	块状		6.5	0.46									
						3	38—68	浅棕带灰白色	砂壤土	块状		2.0	0.17									
						4	68—87	浅棕带灰色	砂土	块状		2.6	0.20									
						5	87—100	浅棕带灰色	砂土	碎块状		1.3	0.11									
剖2	干旱土	灰钙土	草甸灰钙土	普通草甸淡灰钙土		1	0—15	浅棕色	砂壤土	块状											E 106°10′53.6″ N 38°42′24.0″	91
						2	15—27	浅棕色	砂壤土	块状												
						3	27—54	浅棕色	砂壤土	块状												
						4	54—106	浅棕色	砂土	无明显结构												
						5	106—146	浅灰棕色	砂壤土	块状												
剖3	盐碱土	碱土	龟裂碱土	龟裂碱土	轻碱化白垩土	1	0—5	灰棕色	中壤土	龟裂结壳状	9.9	5.0				38	8.5				E 106°05′43.5″ N 38°40′04.5″	88
						2	5—23	灰棕色	中壤土	棱块状	9.6											
						3	23—54	灰棕色	轻壤土	块状	9.6											
						4	54—77	灰棕色	砂壤土	块状	9.7											
						5	77—100	浅棕色	砂土	块状	9.5											
剖4	盐碱土	草甸盐土	沼泽盐土	青盐土		1	0—1				9.0										E 106°25′25.4″ N 38°41′29.3″	99
						2	1—18	灰蓝色	中壤土	碎块状	9.0	14.0				61	5.5					
						3	18—62	浅灰棕色	中壤土	块状	9.3											
剖5	半水成土	潮土	灌淤潮土	表锈淡潮土	灌淤灌潮土	1	0—20	灰棕色	中壤土	块状	8.4	14.1			19.4	104	19.7		12.9	河流冲积物	E 106°29′25.7″ N 38°40′12.2″	92
						2	20—32	灰棕色	中壤土	块状	8.7											
						3	32—81	浅灰棕色	砂壤土	块状	9.2		0.65									
						4	81—116	灰棕色	砂土	块状	9.2											
剖6	盐碱土	草甸盐土	沼泽盐土	缩泥盐土		1	0—1	青黑色	缩泥土	糊状											E 106°13′57.4″ N 38°31′50.2″	96
						2	1—20	蓝灰棕色	轻壤土	块状						153	4.5					
						3	20—50	棕色带灰棕色	轻壤土	粒状												
						4	50—85	浅灰棕色	轻壤土	核状												
						5	85—100	灰棕色	中壤土	块状												
剖7	水成土	沼泽土	腐泥沼泽土	腐泥土		1	0—31	黑色		糊状	8.2	46.2	2.58								E 106°14′10.0″ N 38°31′17.0″	84
						2	31—61	灰棕色	重壤土	块状		8.6	0.62									
						3	61—93	棕色带灰棕色	重壤土	块状		14.3	1.03									
						4	93—119	浅灰棕色	砂壤土	块状												
剖8	半水成土	潮土	盐化潮土	盐化潮土		1	0—20	浅灰棕色	轻壤土	糊状	8.0	6.3	0.44			31	2.5			河流冲积物	E 106°16′08.8″ N 38°37′44.4″	96
						2	20—35	浅灰棕色	轻壤土	块状	8.4	4.2										
						3	35—70	浅灰棕色	砂壤土	块状	8.4	2.9										
						4	70—93	浅灰棕色	砂壤土	块状	8.1	4.1										
						5	93—130	浅灰棕色	砂壤土	块状	8.2	2.5										
						6	130—180	浅灰棕色	砂壤土	块状	8.3	4.3										

续表 Continued

剖面号 Soil profile	土纲 Soil order	土类 Soil great group	亚类 Soil subgroup	土属 Soil genus	土种 Soil species	土层码 Layer code	土层厚度 Depth/cm	颜色 Soil color	质地 Soil texture	土壤结构 Soil structure	pH	有机质 OM/(g/kg)	全氮 TN/(g/kg)	全磷 TP/(g/kg)	全钾 TK/(g/kg)	碱解氮 AN/(mg/kg)	有效磷 AP/(mg/kg)	速效钾 AK/(mg/kg)	阳离子交换量 CEC/(cmol/kg)	土壤母质 Parent material	剖面点坐标 Profile coordinate	匹配指数 Matching index/%
剖9	盐碱土	草甸盐土	草甸盐土	松盐土	蓬松盐土	1	0—1			单粒状	9.7										E 106°24′47.1″ N 38°36′56.2″	71
						2	1—2.5				9.7											
						3	2.5—20	灰棕色	中壤土	块状	9.7	6.4				41	9.3		9.8			
						4	20—55	浅灰棕色	中壤土	块状	9.3											
						5	55—95	浅灰棕色	轻壤土	块状	8.9											
						6	95—120	浅灰棕色	轻壤土	块状	7.5											
						7	120—150	浅灰棕色	中壤土	块状	9.1											
剖10	盐碱土	草甸盐土	草甸盐土	白盐土		1	0—1				8.9										E 106°17′48.5″ N 38°36′26.3″	81
						2	1—7	浅灰棕色	中壤土	块状	9.0	5.5				49	3.5		15.3			
						3	7—20	浅灰棕色	中壤土	块状	9.0	5.5				35	4.0					
						4	20—42	浅灰棕色	中壤土	块状	8.8											
						5	42—77	浅灰棕色	中壤土	块状	9.0											
						6	77—119	浅灰棕色	中壤土	块状	7.6											
剖11	半水成土	潮土	潮土			1	0—1	浅灰棕色	轻壤土	块状										河流冲积物	E 106°22′17.8″ N 38°36′09.7″	100
						2	20—40	浅黄棕色	砂土	块状												
						3	40—100	黄棕色	砂土													
剖12	半水成土	潮土	灌淤潮土	表锈淤潮土	潜育灌淤潮土	1	0—20	棕灰色	中壤土	块状	8.7	13.5	0.83	1.41	18.8	72	7.0	177	8.8	河流冲积物	E 106°25′37.6″ N 38°34′12.6″	80
						2	20—43	灰棕色	中壤土	块状	8.9											
						3	43—72	浅灰棕色	中壤土	块状	8.8											
						4	72—87				8.9											
						5	87—104				8.8											
						6	104—130				8.9											
						7	130—180				8.0											
剖13	盐碱土	草甸盐土	草甸盐土	砂盖盐土		1	0—20		中壤土	块状	9.3	2.3				37	3.5				E 106°17′09.2″ N 38°34′01.2″	98
						2	20—82		中壤土	块状	9.3											
						3	82—135			碎块状	8.4											
						4	135—180				8.6											
剖14	水成土	沼泽土	泥炭沼泽土	泥炭土		1	0—16	蓝灰色			8.3	71.8				337	16.5				E 106°16′34.3″ N 38°33′19.1″	84
						2	16—34	灰棕色	中壤土	块状	8.9											
						3	34—49	浅灰棕色	轻壤土	碎块状	8.9											
剖15	半水成土	潮土	灌淤潮土	表锈淤潮土	普通灌淤潮土	1	0—20	浅灰棕色	中壤土	块状	8.6	10.7	0.60	1.39	19.0	45	6.5	180		河流冲积物	E 106°23′28.7″ N 38°32′33.7″	98
						2	20—58	浅灰棕色	中壤土	块状	9.1											
						3	58—91	蓝灰色	中壤土	块状	9.0											
						4	91—120															
						5	120—150															
						6	150—180				8.6											
剖16	人为土	灌淤土	表锈灌淤土	潜育灌淤土		1	0—20	灰色	中壤土	块状	9.0	3.2	0.36	1.42	18.0	47	15.0		9.6		E 106°22′17.4″ N 38°31′23.9″	72
						2	20—50	灰棕色	中壤土	块状	7.9	29.8	1.71	1.24			15.0		17.3			
						3	50—80	蓝灰色	中壤土	块状	8.1	5.2	0.39	1.32			5.0		13.8			
						4	80—110	灰棕色	轻壤土	块状	8.7	22.1	1.39				6.0		15.2			
剖17	水成土	沼泽土	沼泽土	沼泽土		1	0—20	蓝灰色	中壤土	块状	8.1	21.0	2.13			96	4.0				E 106°23′17.9″ N 38°30′55.1″	79
						2	20—52	灰蓝色	中壤土	块状	8.0	18.1	0.78									
						3	52—80	蓝灰色			8.5	13.6										
剖18	盐碱土	草甸盐土	草甸盐土	黑油盐土		1	0—1				8.2										E 106°30′10.8″ N 38°36′17.3″	72
						2	1—7				8.3											

续表 Continued

剖面号 Soil profile	土纲 Soil order	土类 Soil great group	亚类 Soil subgroup	土属 Soil genus	土种 Soil species	土层码 Layer code	土层厚度 Depth/cm	颜色 Soil color	质地 Soil texture	土壤结构 Soil structure	pH	有机质 OM/(g/kg)	全氮 TN/(g/kg)	全磷 TP/(g/kg)	全钾 TK/(g/kg)	碱解氮 AN/(mg/kg)	有效磷 AP/(mg/kg)	速效钾 AK/(mg/kg)	阳离子交换量CEC/(cmol/kg)	土壤母质 Parent material	剖面点坐标 Profile coordinate	匹配指数 Matching index/%
剖19	初育土	新积土	新积土	堆垫土		1	0—19	灰棕色	中壤土	块状		36.5	2.13			179	11.5	229			E 106°31′31.1″ N 38°35′05.5″	98
						2	19—39	浅灰棕色	中壤土	块状		16.2	1.07			72	7.0	148				
						3	39—63	浅棕色	中壤土	块状		8.5	0.64			49	5.5	180				
						4	63—115	浅棕色	轻壤土			8.9	0.67			52	4.5	239				
						5	115—															

灵 武 市

主要土类说明

灰钙土是灵武市主要土壤类型，占本市地域面积的52%，广泛分布于山区和灌区的东部边缘地区。其成土母质多为黄土，少数为冲积扇洪积物发育，是低含量腐殖质、具弱淋溶特征的土壤。土壤仅在夏季发生淋溶，易溶盐、碳酸钙、石膏弱度淋移，分层累积于15—30cm处。碳酸钙含量可达250g/kg，石膏聚积层含量可达25g/kg，在底部尚可见易溶盐累积，含量可达10g/kg。土壤pH为8.5—9.0。本市灰钙土分为灰钙土、淡灰钙土、底盐淡灰钙土、侵蚀淡灰钙土和淡灰钙土性土等亚类。本市植被中针茅、隐子草、麦秧子及牛枝子等细草多于猫头刺等小半灌木，植被覆盖度为35%—45%。

风沙土是灵武市第二大土壤类型，占本市地域面积的36%。风沙土是风沙移动堆积形成的多种形态的风沙沉积，由于成土时间短暂，无剖面发育，属C型、（A）-C型及A-C型土，这反映了风沙流动堆积与固定的不同阶段。流动风沙土主要分布在本市白芨芨滩、磁窑堡一带流动沙丘，特点是无发育，颗粒松散，无结构。固定风沙土有机质已有积累，养分含量稍有增加，颗粒组成中的细沙含量下降为67%—83%，物理性黏粒含量增至5%以上，故质地变细，多为紧沙土，并具有一定的结构，一般为块状，已有初步的土壤形成作用，具有一定的肥力。

灌淤土是灵武市第三大土壤类型，占本市地域面积的8%。灌淤土是在灌淤熟化过程中形成的耕种土壤，本市各个乡镇均有分布。灌淤土的基本特征是剖面中具有一定厚度（大于30cm）的灌淤熟化土层。全县灌淤土层的厚度平均为61.6cm。由于灌淤熟化土层质地均匀、适中，有机质和矿质养分含量较高，物理性状和生产性能较好，故灌淤土是发展农业生产的重要土壤资源。

小于本市地域面积3%的土壤类型还有潮土、草甸盐土、新积土、沼泽土等。

本区域中心区气候特征

本区域中心区气候特征值
Regional climate characteristics in central area of the region

气候带：中温带亚干旱气候 Climate region: Mid temperate sub arid climate	
年平均气温 /℃ Annual average temperature /℃	8.6
年平均最高气温 /℃ Annual average maximum temperature /℃	15.5
年平均最低气温 /℃ Annual average minimum temperature /℃	2.7
年降水量 /mm Annual precipitation /mm	248
≥10℃的积温 /℃ Daily temperature accumulated in a year（≥10℃）/℃	3110
年日照时数 /h Annual sunshine /h	2852
年平均相对湿度 /% Annual average relative humidity /%	54
干燥度 Dryness	2.20

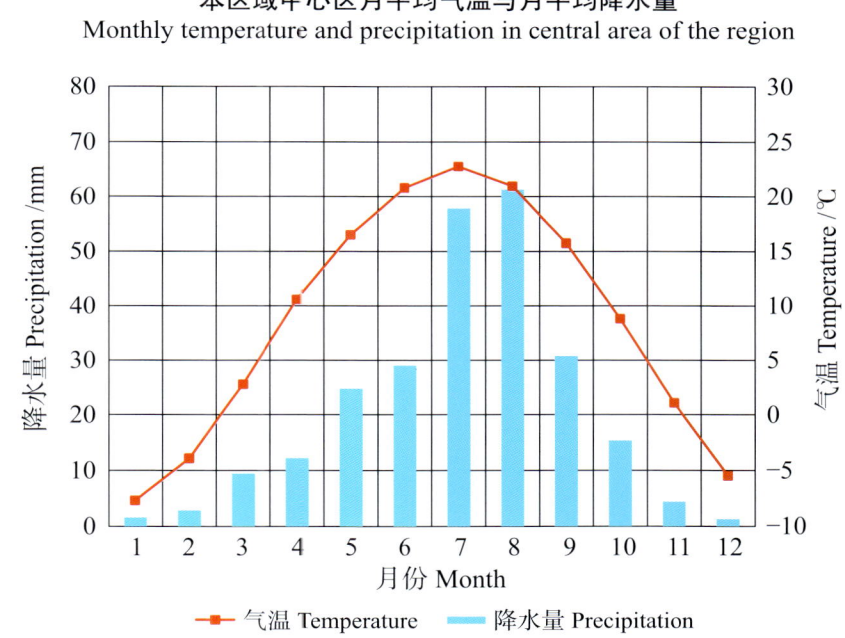

本区域中心区月平均气温与月平均降水量
Monthly temperature and precipitation in central area of the region

灵武县主要土壤类型与土壤剖面点分布图
1∶330 000

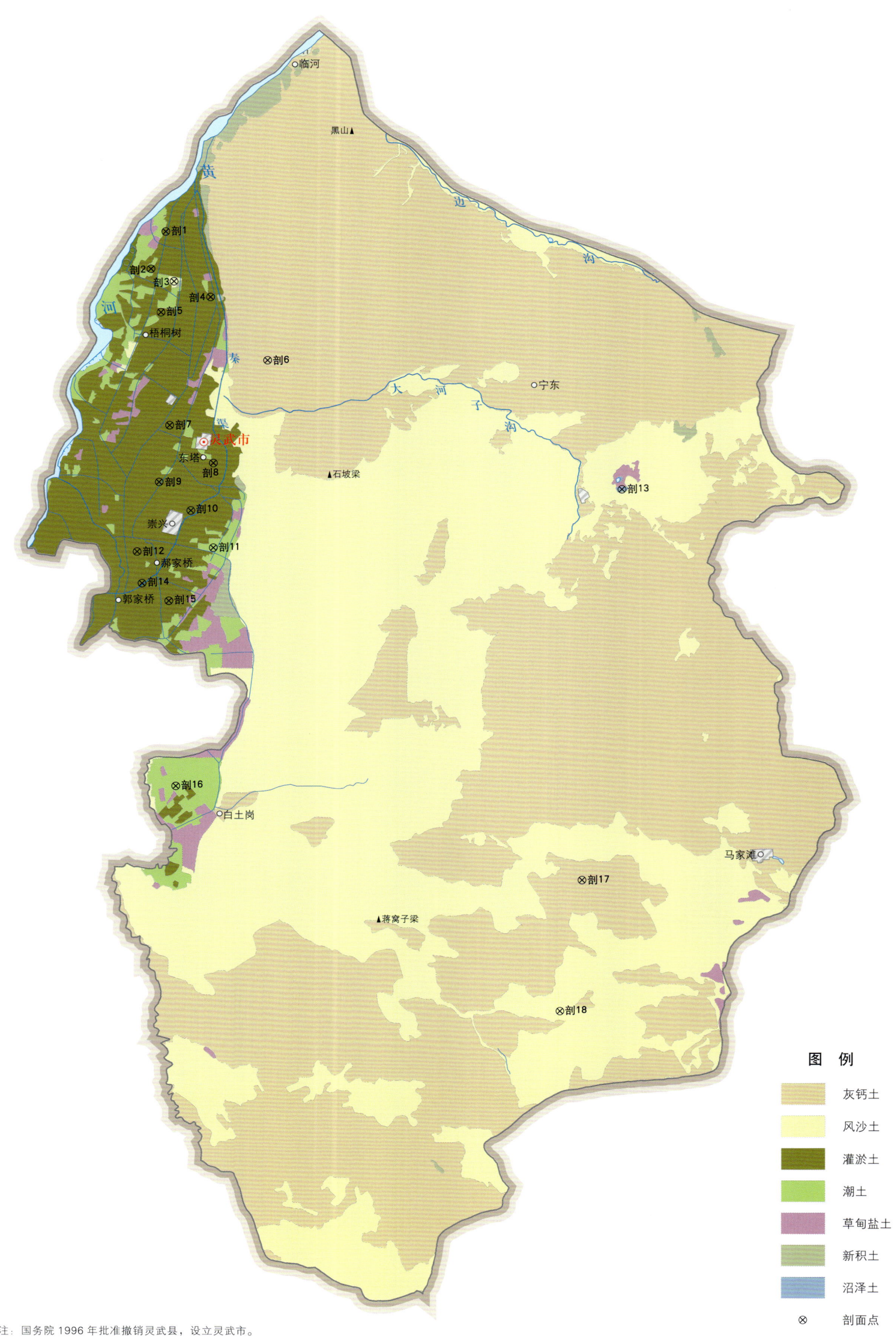

注：国务院1996年批准撤销灵武县，设立灵武市。

灵武市土壤剖面理化性状表

剖面号 Soil profile	土纲 Soil order	土类 Soil great group	亚类 Soil subgroup	土属 Soil genus	土种 Soil species	土层码 Layer code	土层厚度 Depth/cm	颜色 Soil color	质地 Soil texture	土壤结构 Soil structure	pH	有机质 OM/(g/kg)	全氮 TN/(g/kg)	全磷 TP/(g/kg)	碱解氮 AN/(mg/kg)	有效磷 AP/(mg/kg)	速效钾 AK/(mg/kg)	阳离子交换量CEC/(cmol/kg)	土壤母质 Parent material	剖面点坐标 Profile coordinate	匹配指数 Matching index/%
剖1	人为土	灌淤土	灌淤土	薄层普通灌淤土	薄层熟化普通灌淤土	1	0~20	灰棕色	轻壤土	粒状、块状	8.3	10.4			73	13.0				E 106°18′01.4″ N 38°14′18.2″	81
						2	20~38	浅灰棕色	轻壤土	块状											
						3	38~77	棕色带灰色	砂土	块状											
						4	77~108	棕色	黏土	核块状											
						5	108~150	棕色带灰色	砂土	块状											
剖2	人为土	灌淤土	表锈灌淤土			1	0~11	浅灰棕色	重壤土	粒状、块状	8.3	12.8	0.80	0.61	46	18.0	165	8.9		E 106°17′13.2″ N 38°12′44.6″	83
						2	11~44	棕色带灰色	重壤土	核块状	8.4	10.6	0.60	0.61	38	6.0	160	11.7			
						3	44~105	浅灰棕色	砂壤土	小块状	8.5	1.4									
剖3	初育土	风沙土	草原风沙土	固定风沙土	平铺沙地	1	0~14	浅棕色	松砂土	单粒状	9.1	3.7							风积物	E 106°18′23.4″ N 38°12′12.2″	96
						2	14~52	浅棕色	紧砂土	块状	8.9										
						3	52~86	浅棕色	砂土	核块状	9.3										
						4	86~119	棕色带灰白色	砂壤土	核块状	8.7										
						5	119~130	浅棕色	紧砂土	块状	9.2										
剖4	人为土	灌淤土	表锈灌淤土	薄层熟化潜育灌淤土	薄层熟化潜育灌淤土	1	0~20		轻壤土	碎块状	8.2	6.4			25	3.7				E 106°20′15.0″ N 38°11′31.2″	77
						2	20~38	灰棕色	砂壤土	块状	8.6										
						3	38~60				8.7										
						4	60~73				8.6										
						5	73~110				8.7										
剖5	人为土	灌淤土	潮灌淤土	薄层潮灌淤土	薄层熟化潮灌淤土	1	0~20	灰棕色	轻壤土	块状	8.8	12.5			79	15.0				E 106°17′42.0″ N 38°10′54.8″	70
						2	20~50	灰棕色	砂壤土	块状											
						3	50~90	棕色带灰色	砂土	块状											
						4	90~135	棕色带灰色	砂壤土	块状											
						5	135~180	棕色带灰色	砂壤土	块状											
剖6	干旱土	灰钙土	灰钙土			1	0~16	灰棕色	砂壤土	块状	8.9	12.0								E 106°23′07.1″ N 38°08′49.2″	81
						2	16~33	浅灰棕色	砂壤土	块状	8.8	14.5									
						3	33~54	浅灰棕色	砂土	块状	9.1										
						4	54~80	灰棕色	砂土	块状	8.9										
						5	120~158														
						6	158~180														
剖7	人为土	灌淤土	表锈灌淤土			1	0~18	灰棕色	中壤土	粒状	8.4	13.7	0.90	0.74	57	11.0	213	8.9		E 106°18′02.9″ N 38°06′11.5″	91
						2	18~49	浅灰棕色	中壤土	粒状、块状		9.6	0.70	0.66	52	2.0	99	9.0			
						3	49~73	棕色带灰色	轻壤土	块状		5.7	0.40	0.57	33	3.3	85	5.1			
						4	73~120	浅灰棕色	砂壤土	块状		3.3	0.20	0.48	7	2.5	58	2.5			
剖8	人为土	灌淤土	表锈灌淤土			1	0~13	浅灰棕色	重壤土	小块状	8.4	14.9	1.10		69	10.1				E 106°20′14.8″ N 38°04′34.8″	83
						2	13~35	棕色带灰色	重壤土	核块状	8.6	11.9	0.80		32	5.1					
						3	35~65	灰色带灰蓝色	中壤土	核块状	8.7										
						4	65~95	棕色带灰棕色	中壤土	块状	8.7										
						5	95~124	浅灰棕色	轻壤土	块状	8.7										
剖9	人为土	灌淤土	盐化灌淤土			1	0~10	灰棕色	中壤土	小块状										E 106°17′28.0″ N 38°03′49.7″	79
						2	10~44	浅灰棕色	砂壤土	粒状、块状											
						3	44~80	棕色带灰色	砂土	单粒状											
						4	80~150	黑灰色													

续表 Continued

剖面号 Soil profile	土纲 Soil order	土类 Soil great group	亚类 Soil subgroup	土属 Soil genus	土种 Soil species	土层码 Layer code	土层厚度 Depth/cm	颜色 Soil color	质地 Soil texture	土壤结构 Soil structure	pH	有机质 OM/(g/kg)	全氮 TN/(g/kg)	全磷 TP/(g/kg)	碱解氮 AN/(mg/kg)	有效磷 AP/(mg/kg)	速效钾 AK/(mg/kg)	阳离子交换量CEC/(cmol/kg)	土壤母质 Parent material	剖面点坐标 Profile coordinate	匹配指数 Matching index/%
剖10	人为土	灌淤土	灌淤土	厚层熟化普通灌淤土		1	0—20	灰棕色	中壤土	块状	8.7	10.8	0.80	0.70	75	20.6	210	9.2		E 106°19′03.2″ N 38°02′36.2″	87
						2	20—32	灰棕色	中壤土	块状	8.7										
						3	32—80	浅灰棕色	中壤土	块状	8.5										
						4	80—110	浅灰棕色	中壤土	块状	8.6										
						5	110—137	浅灰棕色	中壤土	块状	8.7										
						6	137—180	浅灰棕色	中壤土	块状											
剖11	半水成土	潮土	灌淤潮土	灌淤潮土		1	0—18	灰棕色	砂壤土	小块状	8.7	4.3			17	12.0			河流冲积物	E 106°20′10.3″ N 38°01′01.6″	82
						2	18—77	棕色带灰色	砂壤土	块状	9.6										
						3	77—115	棕色带灰色	砂壤土	片状	9.5										
						4	115—140	浅棕色	砂土	单粒状	9.3										
						5	140—155	浅棕带黄色	砂土	单粒状	8.8										
剖12	人为土	灌淤土	潮灌淤土	厚层潮灌淤土	厚层熟化潮灌淤土	1	0—19	灰棕色	轻壤土	块状	8.6	11.8	0.90		59	8.0	96	10.1		E 106°16′16.7″ N 38°00′54.7″	74
						2	19—38	灰棕色	轻壤土	块状	8.6	8.0	0.70		37	3.0	93	11.8			
						3	38—59	浅灰棕色	砂壤土	块状	8.6	8.1	0.50		34	3.0	109	8.4			
						4	59—92	浅灰棕色	轻壤土	块状	8.6	8.6	0.70		34	4.0	128	12.6			
						5	92—126	浅灰棕色	轻壤土	块状	8.6										
						6	126—142	棕色	砂壤土	块状											
						7	142—180	黑色	砂壤土												
剖13	水成土	沼泽土	沼泽土			1	0—2	灰白色	轻壤土	块状										E 106°41′05.6″ N 38°03′11.2″	76
						2	2—11	暗灰色	砂壤土	块状											
						3	11—30	暗灰色	砂壤土	块状											
						4	30—56	暗灰色	砂壤土												
						5	56—80		轻壤土	块状											
剖14	人为土	灌淤土	表锈灌淤土	埋藏熟化育灌淤土	埋藏熟化育灌淤土	1	0—11	浅灰棕色	砂壤土	粒状、块状	8.2									E 106°16′29.9″ N 37°59′34.8″	89
						2	11—24	棕色带灰色	砂土	单粒状	8.6										
						3	24—37	浅灰棕色	砂壤土	小块状	8.6										
						4	37—87	暗灰色	砂壤土	粒状、块状	8.6										
						5	87—137	浅灰棕色	轻壤土	块状											
剖15	人为土	灌淤土	表锈灌淤土	厚层熟化育灌淤土	厚层熟化育灌淤土	1	0—30	棕色带灰色	中壤土	块状	8.5	14.2			49	8.0				E 106°17′51.4″ N 37°58′49.4″	75
						2	30—50	红棕色	黏土	块状	8.6	11.5			37						
						3	50—86	暗棕色	砂壤土	片状	8.6										
						4	86—100	棕色	重壤土	片状	8.8										
剖16	半水成土	潮土	潮土			1	0—13	浅灰棕色	中壤土	块状	8.5	9.0			32	4.0			河流冲积物	E 106°18′04.2″ N 37°51′03.9″	93
						2	13—41	棕色	黏土	块状	8.6	9.1			24	3.0					
剖17	干旱土	灰钙土	淡灰钙土			3	41—62	浅灰棕色带白色	紫砂土	核块状	8.7								洪冲积物	E 106°38′41.0″ N 37°46′51.2″	97
						4	62—96	浅灰棕色	砂土	块状	8.7										
						5	96—134	浅棕色带白色	砂壤土	核块状											
						6	134—160	浅棕色	砂壤土	块状											

续表 Continued

剖面号 Soil profile	土纲 Soil order	土类 Soil great group	亚类 Soil subgroup	土属 Soil genus	土种 Soil species	土层码 Layer code	土层厚度 Depth/cm	颜色 Soil color	质地 Soil texture	土壤结构 Soil structure	pH	有机质 OM/(g/kg)	全氮 TN/(g/kg)	全磷 TP/(g/kg)	碱解氮 AN/(mg/kg)	有效磷 AP/(mg/kg)	速效钾 AK/(mg/kg)	阳离子交换量CEC/(cmol/kg)	土壤母质 Parent material	剖面点坐标 Profile coordinate	匹配指数 Matching index/%
剖18	初育土	风沙土	草原风沙土	固定风沙土	固定沙丘	1	0—8	浅灰棕色	紧砂土	块状	9.0	4.5							风积物	E 106°37′26.1″ N 37°41′21.4″	72
						2	8—30	浅灰棕色	紧砂土	小核块状	9.2	2.0									
						3	30—64	浅灰棕色	紧砂土	块状	8.8										
						4	64—103	浅棕色	紧砂土	块状	8.7										
						5	103—150	浅棕色	紧砂土	块状	8.5										

石 嘴 山 市

市 辖 区

主要土类说明

粗骨土是石嘴山市主要土壤类型，占本市地域面积的29%。粗骨土无明显的发育特征，或仅有初步形成的腐殖质层，厚5—10cm，再下为10—20cm的半风化状态的岩石碎屑与细土混合物。粗骨土砾石含量一般大于30%，保水性差，土体经常呈干燥状态。

灰钙土是石嘴山市第二大土壤类型，占本市地域面积的27%，主要分布于黄土丘陵、低山石质丘陵、洪积扇及古老阶地。灰钙土表层一般形成有机质层，多呈浅灰棕色；其下为30cm左右的石灰淀积层，比表土层及底土层紧实，碳酸钙含量多为10%—30%。

新积土是石嘴山市第三大土壤类型，占本市地域面积的14%，主要分布在丘陵间低地、山前洪积扇和河流两侧。其土壤养分含量不高，表层有机质含量平均为6.7g/kg，表层以下不足5g/kg。土壤质地较轻，以轻壤土和砂壤土为主。

灌淤土占本市地域面积的9%。灌淤土的主要特征是有一定厚度的灌淤熟化土层。由于引用含有大量泥沙的黄河水进行灌溉，在长期的灌水落淤与人为耕作施肥交叠作用下逐渐形成土体深厚，色泽、质地均一的灌淤土。

草甸盐土占本市地域面积的7%。草甸盐土由各种类型的草甸土逐渐演变而成。其形成受地下水常年上下活动的影响，成土过程以积盐过程为主。其表层有一定数量的有机质积累，底土有明显的锈色斑纹。

潮土占本市地域面积的6%。潮土全剖面可分为表土层、锈土层和母质层3个层段。表土层颜色普遍较浅，以灰黄棕色为主。土壤以块状结构为多，部分呈片状。由于受地下水位季节性不断升降影响，土壤氧化还原作用频繁交替，锈土层形成了明显的锈纹、锈斑。

小于本市地域面积3%的土壤类型还有风沙土、石质土、灰褐土、碱土、沼泽土等。

本区域中心区气候特征

本区域中心区气候特征值
Regional climate characteristics in central area of the region

气候带：中温带干旱气候 Climate region: Mid temperate arid climate	
年平均气温 /℃ Annual average temperature /℃	8.5
年平均最高气温 /℃ Annual average maximum temperature /℃	15.8
年平均最低气温 /℃ Annual average minimum temperature /℃	2.0
年降水量 /mm Annual precipitation /mm	170
≥10℃的积温 /℃ Daily temperature accumulated in a year（≥10℃）/℃	4363
年日照时数 /h Annual sunshine /h	3098
年平均相对湿度 /% Annual average relative humidity /%	47
干燥度 Dryness	3.39

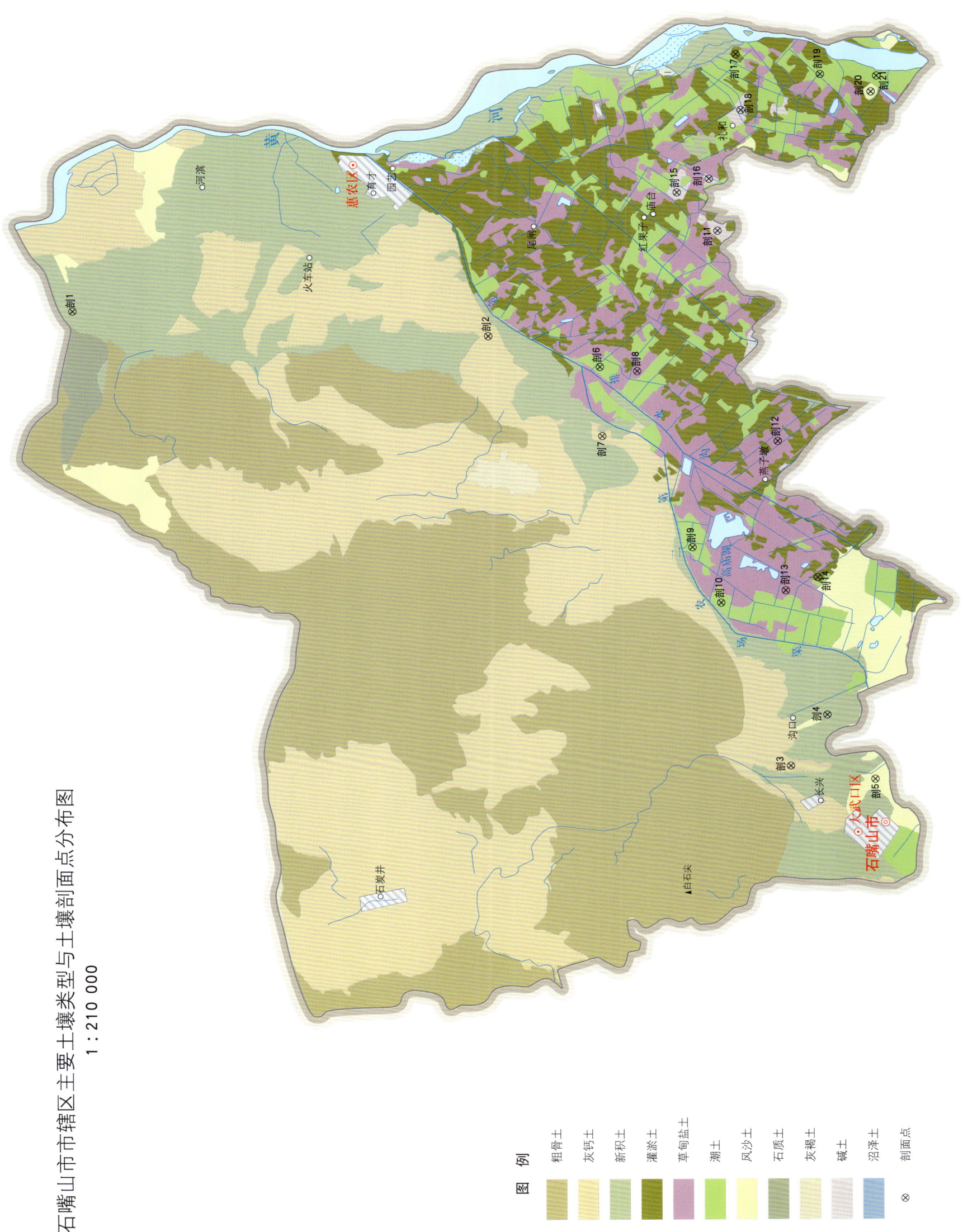

石嘴山市土壤剖面理化性状表

剖面号 Soil profile	土纲 Soil order	土类 Soil great group	亚类 Soil subgroup	土属 Soil genus	土种 Soil species	土层码 Layer code	土层厚度 Depth/cm	颜色 Soil color	质地 Soil texture	土壤结构 Soil structure	pH	有机质 OM/(g/kg)	全氮 TN/(g/kg)	全磷 TP/(g/kg)	全钾 TK/(g/kg)	碱解氮 AN/(mg/kg)	有效磷 AP/(mg/kg)	速效钾 AK/(mg/kg)	阳离子交换量CEC/(cmol/kg)	土壤母质 Parent material	剖面点坐标 Profile coordinate	匹配指数 Matching index/%
剖1	初育土	新积土	新积土	新积土		1	0—17	浅灰棕色	砂壤土	片状	7.8	7.8	0.42	0.72	16.3	30	5.0	205			E 106°41′33.0″ N 39°22′09.8″	79
						2	17—40	浅灰棕色	砂壤土	块状	8.0	7.6	0.40	0.78	19.2			95				
						3	40—55	浅灰棕色	重壤土	片状	7.9											
						4	55—69	棕色	黏土	片状	8.1											
						5	69—83	浅棕色	重壤土	片状	8.1											
						6	83—96	棕色	黏土	块状	8.3											
						7	96—130	浅棕色	重壤土	片状	8.4											
						8	130—150	浅棕色	重壤土	块状	8.2											
						9	150—180	浅灰棕色	砂壤土	块状	8.1											
剖2	干旱土	灰钙土	淡灰钙土	淡灰钙土		1	0—8	灰棕色	砂壤土	块状	7.9	10.9				28	6.0			洪冲积物	E 106°40′25.0″ N 39°11′00.6″	71
						2	8—27	棕灰色	轻壤土	块状	8.0											
						3	27—46	灰棕色	中壤土	块状	7.7											
						4	46—60	浅灰棕色	中壤土	块状	7.8											
						5	60—		粗砂土													
剖3	干旱土	灰钙土	淡灰钙土	淡灰钙土	淤漫耕种新积土	1	0—12	棕灰色	粗砂土	块状	7.9	7.0	0.41	0.44		21	4.0			洪冲积物	E 106°24′52.6″ N 39°03′06.5″	83
						2	12—21	棕色	砂土	块状	7.8	7.9	0.24	0.36								
						3	21—30	浅灰棕色	轻壤土		8.2											
						4	30—															
剖4	初育土	新积土	新积土	耕种新积土		1	0—20	棕灰色	黏土	块状、片状	7.7	8.2	0.42	0.74	18.7	52	6.0	155			E 106°26′42.0″ N 39°02′06.1″	87
						2	20—30	棕灰色	黏土	片状	8.1											
						3	30—70	浅灰棕色	砂壤土	块状	8.2											
						4	70—100	浅灰棕色	砂壤土	块状	8.0											
						5	100—130	浅灰棕色	黏土	块状	8.2											
						6	130—150	浅灰棕色	砂壤土	块状	8.8											
						7	150—180	灰棕色	轻壤土	片状、块状	8.3											
剖5	初育土	风沙土	草原风沙土	半固定风沙土	低缓半固定沙丘	1	0—20	浅灰棕色	砂土	块状	8.4	0.9				9	5.0			风积物	E 106°24′21.0″ N 39°00′50.4″	72
						2	20—65	灰棕色	轻壤土	片状	8.4											
						3	65—100	灰棕色	砂土	块状	7.3											
						4	100—120	棕色	黏土	块状	8.2											
						5	120—135	灰棕色	砂壤土	块状	8.0											
						6	135—180	灰棕色	黏土	块状	8.3											
剖6	半水成土	潮土	盐化潮土	盐化潮土		1	0—20	浅灰棕色	砂壤土	块状	8.1	10.3	0.60	0.58	18.7	25	7.0			河流冲积物	E 106°39′15.8″ N 39°08′01.7″	88
						2	20—40	灰棕灰色	中壤土	片状	8.1											
						3	40—76	棕色	砂土	块状	8.0											
						4	76—115	棕色	黏土	块状	7.8											
						5	115—160	棕色	黏土	块状	7.8											
剖7	干旱土	灰钙土	淡灰钙土	淡灰钙土	耕种淡灰钙土	1	0—5	浅灰棕色	砂壤土	块状	8.0	9.4				42	4.0		6.8	洪冲积物	E 106°36′47.5″ N 39°07′59.9″	89
						2	5—26	浅灰棕色	轻壤土	块状	8.0								9.2			
						3	26—43	灰棕色	轻壤土	块状	8.1								8.2			
						4	43—54	浅棕灰色	轻壤土	块状	8.2								8.7			
						5	54—60				8.0								5.3			
						6	60—			无明显结构												

续表 Continued

剖面号 Soil profile	土纲 Soil order	土类 Soil great group	亚类 Soil subgroup	土属 Soil genus	土种 Soil species	土层码 Layer code	土层厚度 Depth/cm	颜色 Soil color	质地 Soil texture	土壤结构 Soil structure	pH	有机质 OM/(g/kg)	全氮 TN/(g/kg)	全磷 TP/(g/kg)	全钾 TK/(g/kg)	碱解氮 AN/(mg/kg)	有效磷 AP/(mg/kg)	速效钾 AK/(mg/kg)	阳离子交换量CEC/(cmol/kg)	土壤母质 Parent material	剖面点坐标 Profile coordinate	匹配指数 Matching index/%
剖8	盐碱土	草甸盐土	草甸盐土	白盐土		1	0—1.2	灰棕色	轻壤土	块状	8.6								4.8		E 106°39′05.8″ N 39°07′01.6″	79
						2	1.2—19	浅灰棕色	砂壤土	块状	8.4	6.0	0.29	0.63	16.7	20	4.0		3.9			
						3	19—51	棕色	砂壤土	块状	8.4								3.4			
						4	51—74	棕色	黏壤土	块状	8.4								4.3			
						5	74—111				8.5											
剖9	半水成土	潮土	灌淤潮土	潮土型灌淤潮土	潮土型灌淤潮土	1	0—12	灰棕色	中壤土	小块状、粒状	8.3	11.7	0.76	0.58	15.0	65	9.0	147	3.4	河流冲积物	E 106°32′45.6″ N 39°05′38.1″	93
						2	12—18	棕夹灰棕色	中壤土	块状	8.4	16.5	0.96	0.75	18.0			220	3.9			
						3	18—33	棕色	重壤土	块状	8.2								5.8			
						4	33—47	浅灰棕色	砂壤土	块状	8.4								4.8			
						5	47—91	浅灰棕色	重壤土	块状	8.2								7.0			
						6	91—118	棕色	黏土	块状	8.2								11.2			
						7	118—150	棕色	黏土	块状	8.2											
剖10	半水成土	潮土	灌淤潮土	灌淤潮土		1	0—20	灰棕褐色	重壤土	小块状、粒状	8.4	9.8	0.69	0.62	17.5	60	74.0	153	9.6	河流冲积物	E 106°30′46.7″ N 39°04′53.5″	96
						2	20—29	浅灰棕色	中黏壤土	块状、核块状	8.3	9.3	0.57	0.48	23.0			150	6.7			
						3	29—70	棕色夹棕色	中黏壤土	片状、块状	8.2								6.7			
						4	70—118	浅灰棕色	重黏土	片状	8.5								5.8			
						5	118—149	棕色	重黏土	块状	8.8								4.4			
						6	149—180	棕色	砂壤土	无明显结构	8.2											
剖11	盐碱土	龟裂碱土	龟裂碱土	耕种白僵土		1	0—0.5			核状、小块状												E 106°44′02.7″ N 39°04′47.4″	91
						2	0.5—20	灰棕色	中壤土	核状、小块状	8.5	3.9	0.23	0.51	19.2		3.0		2.9			
						3	0—20	棕色	黏土	核块状	8.9								6.3			
						4	20—40	浅灰棕色	重壤土	块状	7.9								7.7			
						5	40—64	棕灰棕色	砂壤土	片状	8.1								5.8			
						6	64—114	浅灰棕色	重壤土	块状	8.5								5.3			
剖12	盐碱土	草甸盐土	草甸盐土	黑油盐土		1	0—0.5														E 106°36′30.6″ N 39°03′17.3″	86
						2	0.5—24	灰棕色	轻壤土	片状、块状	8.1								7.7			
						3	24—37	棕色	砂壤土	片状	8.1								7.9			
						4	37—65	浅灰棕色	重壤土	片状、块状	8.3											
						5	65—100	灰棕色	砂壤土	散粒状												
						6	100—140	浅灰棕色	重壤土	片状												
						7	140—188	浅灰棕色	重壤土	无明显结构												
剖13	盐碱土	草甸盐土	草甸盐土	松土		1	0—0.5	灰棕色	砂土夹黏土	粒状、块状	8.3	6.4	0.42	0.63	23.7	21	5.0	261	3.6		E 106°31′10.1″ N 39°03′09.3″	76
						2	0.5—2	浅灰棕色	重壤土	小块状	8.3	16.5	0.96	0.74	18.7	75	12.0	159	4.4			
						3	2—42	浅灰棕色	重壤土	块状	8.2	14.8	0.87	0.70	18.7				4.4			
						4	42—65	灰棕色	中壤土	块状	8.1								4.1			
						5	65—105	浅灰棕色	重壤土	鳞片状	8.2								6.9			
剖14	人为土	灌淤土	潮灌淤土	厚层潮灌淤土		1	0—20	浅灰带棕色	松砂土	无明显结构	8.0								3.7		E 106°31′36.9″ N 39°02′17.2″	100
						2	20—38												6.4			
						3	38—65												5.0			
						4	65—100												7.2			
						5	100—150												5.8			
						6	150—180															

剖面号 Soil profile	土纲 Soil order	土类 Soil great group	亚类 Soil subgroup	土属 Soil genus	土种 Soil species	土层码 Layer code	土层厚度 Depth/cm	颜色 Soil color	质地 Soil texture	土壤结构 Soil structure	pH	有机质 OM/(g/kg)	全氮 TN/(g/kg)	全磷 TP/(g/kg)	全钾 TK/(g/kg)	碱解氮 AN/(mg/kg)	有效磷 AP/(mg/kg)	速效钾 AK/(mg/kg)	阳离子交换量 CEC/(cmol/kg)	土壤母质 Parent material	剖面点坐标 Profile coordinate	匹配指数 Matching index/%
剖15	盐碱土	碱土	龟裂碱土	龟裂碱土	重白僵土	1	0—1	浅灰棕色	重壤土	厚片状	9.5								3.4		E 106°45′26.6″ N 39°05′52.1″	88
						2	1—5	棕色	黏土	鳞片状	9.6	4.1				7	14.0					
						3	5—20	棕色	重壤土	棱片状	9.6											
						4	20—38	浅棕褐色	中壤土	棱柱状	8.9								8.2			
						5	38—65	浅灰色	砂壤土	块状	8.9								6.3			
						6	65—95	浅灰棕色	重壤土	块状	9.9								5.3			
						7	95—120	浅灰棕色	重壤土	块状	9.5								8.2			
						8	120—150	浅灰棕色	轻壤土	片状	9.5								6.1			
剖16	盐碱土	碱土	龟裂碱土	龟裂碱土	轻白僵土	1	0—2	浅灰棕色	轻壤土	片状	9.4								4.4		E 106°45′54.4″ N 39°04′59.6″	94
						2	2—5	浅灰棕色	轻壤土	片状	9.2								4.4			
						3	5—24	浅灰色	轻壤土	棱柱状	9.5	4.6							5.3			
						4	24—54	浅灰棕色	砂壤土	块状	9.3								6.3			
						5	54—65	棕色	黏土	片状	8.9								10.6			
						6	65—76	棕色	黏土	片状	8.8								11.1			
						7	76—105	棕色	黏土	片状	9.0								6.3			
						8	105—135	浅灰棕色	重壤土	片状	8.8											
剖17	人为土	灌淤土	潮灌淤土	薄层潮灌淤		1	0—20	灰棕色	重壤土	粒状、小块状	8.5	12.9	0.81	0.67	24.7	52	10.0	225	7.2		E 106°50′19.0″ N 39°04′12.4″	97
						2	20—32	灰棕色	重壤土	粒状、块状	8.3								5.8			
						3	32—82	棕色带灰色	黏土	块状	8.5								12.0			
						4	82—108	浅灰棕色	黏土	无明显结构	8.6								3.9			
						5	108—140	棕色带灰色	黏土	块状	8.0								7.5			
剖18	盐碱土	碱土	龟裂碱土	龟裂碱土	盐渍白僵土	1	0—0.5				9.8								4.3		E 106°48′19.6″ N 39°04′06.2″	86
						2	0.5—20	灰棕色	中壤土	核块状	9.0	17.8	0.55	0.42	18.0	67	10.0	211	5.3			
						3	20—43	灰棕色	中壤土	片状	9.2	6.4	0.47	0.71					5.8			
						4	43—55	灰棕色	轻壤土	块状	9.5								4.6			
						5	55—65	灰棕色	重壤土	片状	7.7								12.0			
剖19	潮土	潮土	灌淤潮土	洪淤潮土		1	0—20	灰棕色	中壤土	小块状、粒状	8.0	36.5	1.36	0.60	16.7	85	9.0		14.0	河流冲积物	E 106°48′32.8″ N 39°01′57.1″	89
						2	20—43	灰棕色	砂壤土	块状	8.3								12.1			
						3	43—55	灰棕色	重壤土	片状	8.3								14.0			
						4	55—65	灰棕色	中壤土	片状	8.4								8.9			
						5	65—77	灰棕色	中壤土	片状、块状	8.3								9.2			
						6	77—107	灰棕色	砂壤土	片状、块状	8.3								12.3			
						7	107—130	灰棕色	重壤土	片状	8.3								12.5			
						8	130—163	浅灰棕色	中壤土	无明显结构	8.3											
						9	163—180	灰棕色	砂土	无明显结构	8.4	11.1				34	3.0					
剖20	初育土	风沙土	草原风沙土	流动风沙土	湿润流动沙丘	1	0—40	暗灰棕色	重壤土	块状	8.5										E 106°48′53.7″ N 39°00′35.9″	91
						2	40—70	浅灰棕色	轻壤土	小块状	8.5								7.7	风积物		
						3	70—100	棕色	黏土	块状	8.6	10.6	0.57	0.51	17.0	35	5.0		8.7			
剖21	半水成土	潮土	潮土	普通潮土		1	0—4	浅灰棕色	砂土	单粒状	8.7	8.3	0.59	0.44	21.3				4.4	河流冲积物	E 106°49′27.5″ N 39°00′26.6″	89
						2	4—41	浅灰棕色	砂壤土	块状	8.5								4.8			
						3	41—80	浅灰棕色	砂土	块状	8.7								6.3			
						4	80—101	浅灰棕色	砂壤土	片状	8.6								5.3			
						5	101—125	浅灰棕色	砂壤土	小块状	8.7								4.8			
						6	125—150	浅灰棕色	砂壤土	小块状	8.6											
						7	150—180	浅灰棕色	砂壤土		8.6											

平 罗 县

主要土类说明

灰钙土是平罗县主要土壤类型，占本县地域面积的29%。灰钙土是在干旱生物气候条件下形成的地带性土壤，分布在黄土丘陵、低山石质丘陵、洪积扇及古老阶地。本县生长有多年生的草本植物及部分小半灌木和灌木，组成荒漠草原植被。灰钙土表层一般形成有机质层，多呈浅灰棕色；其下为30cm左右的石灰淀积层，较表土层及底土层紧实，碳酸钙含量多为10%—30%。

灌淤土是平罗县第二大土壤类型，占本县地域面积的24%。灌淤土有一定厚度的灌淤熟化土层，由于引用高泥沙含量黄河水灌溉，该土层是在长期的灌水落淤与人为耕作施肥作用下逐渐形成的。其主要特点是全土层色泽、质地均一，有一定的熟化特征。

草甸盐土是平罗县第三大土壤类型，占本县地域面积的16%。草甸盐土由各种类型的草甸土逐渐演变而成，其形成受地下水常年上下活动的影响，积盐过程和草甸过程相伴进行，以积盐过程为主。土壤积盐状况各地差异很大，越干旱积盐越重，积盐层或盐壳越厚。土壤表层有一定数量的有机质积累，底土有明显的锈色斑纹。草甸盐土的地面比降较小，地下水埋深较浅，多为0.5—1.5m，部分剖面达1.8m。地下水矿化度变化较大，1—25g/L不等，以10—25g/L为多。本县主要植被有盐爪爪、碱蓬、花花柴等，植被覆盖度一般小于20%。

潮土占本县地域面积的10%，零星分布在唐徕渠和三排水沟两侧的积水湖泊洼地。本县地下水位浅，潜水参与成土过程，底土氧化还原作用交替，形成锈色斑纹和小型铁子。因长期耕作，表层有机质含量为10—15g/kg。

碱土占本县地域面积的7%。碱土分布区地形平坦，地面有蓝绿藻。土壤吸收性复合体中，交换性钠离子占阳离子总量的20%以上，属碱土，pH为9.0—10.0。由于黏粒下移累积，土壤坚实板结，表层质地变轻，且见蜂窝状孔隙。

风沙土占本县地域面积的4%。风沙土地区气候干旱，植被稀疏，加以土壤和成土母质质地沙性，极易起沙而形成风沙土。其表土具有30cm或大于30cm的比较松散的沙土层，无结构或初具不稳定的块状结构。

灰褐土占本县地域面积的4%。灰褐土是在半干旱森林植被下形成的土壤，其成土母质为板岩和页岩风化物。灰褐土土层厚多大于50cm，有的达100cm。灰褐土的地表有3—5cm厚的枯枝叶层，其下为厚30—50cm的有机质层（灌木林下较薄，为10—15cm），有机质含量一般为48%，高的达15%。土壤pH为7.9—8.5。

小于本县地域面积3%的土壤类型还有新积土、沼泽土、黄绵土、黑垆土等。

本区域中心区气候特征

本区域中心区气候特征值
Regional climate characteristics in central area of the region

气候带：中温带干旱气候 Climate region: Mid temperate arid climate	
年平均气温 /℃ Annual average temperature /℃	8.7
年平均最高气温 /℃ Annual average maximum temperature /℃	15.8
年平均最低气温 /℃ Annual average minimum temperature /℃	2.5
年降水量 /mm Annual precipitation /mm	179
≥10℃的积温 /℃ Daily temperature accumulated in a year (≥10℃) /℃	3882
年日照时数 /h Annual sunshine /h	3007
年平均相对湿度 /% Annual average relative humidity /%	51
干燥度 Dryness	3.15

本区域中心区月平均气温与月平均降水量
Monthly temperature and precipitation in central area of the region

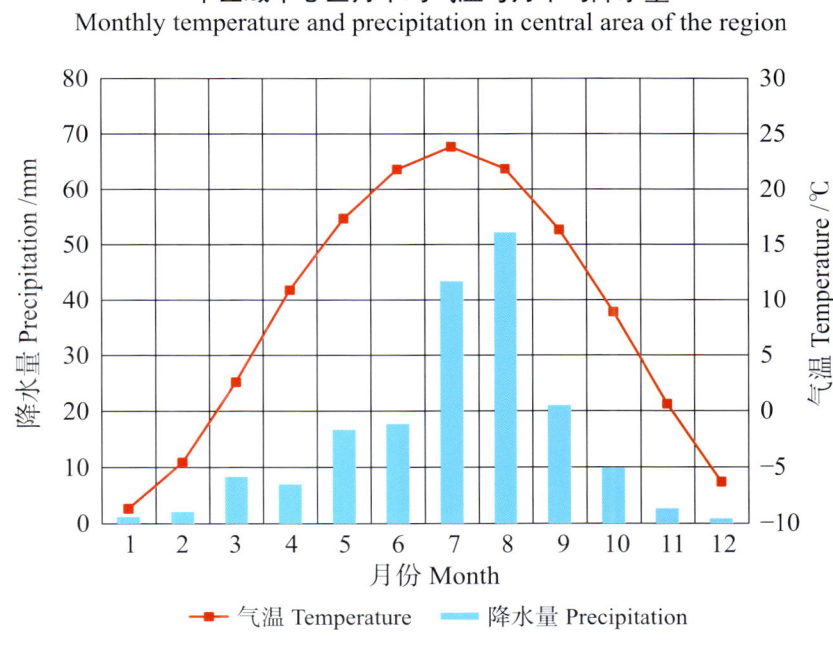

平罗县主要土壤类型与土壤剖面点分布图

1:250 000

图例

- 灰钙土
- 灌淤土
- 草甸盐土
- 湖土
- 碱土
- 风沙土
- 灰褐土
- 新积土
- 沼泽土
- 黄绵土
- 黑垆土
- ⊗ 剖面点

平罗县土壤剖面理化性状表

剖面号 Soil profile	土纲 Soil order	土类 Soil great group	亚类 Soil subgroup	土属 Soil genus	土种 Soil species	土层码 Layer code	土层厚度 Depth/cm	颜色 Soil color	质地 Soil texture	土壤结构 Soil structure	pH	有机质 OM/(g/kg)	全氮 TN/(g/kg)	全磷 TP/(g/kg)	碱解氮 AN/(mg/kg)	有效磷 AP/(mg/kg)	速效钾 AK/(mg/kg)	阳离子交换量CEC/(cmol/kg)	土壤母质 Parent material	剖面点坐标 Profile coordinate	匹配指数 Matching index/%
剖1	初育土	风沙土	草原风沙土	耕种浮沙地	耕种浮沙地	1	0—20	深灰色	砂土	状	7.5	9.9			26	4.2			风积物	E 106°25′51.2″ N 39°01′01.2″	91
						2	20—36	灰棕色	砂土	状	8.2										
						3	36—60	灰色	砂土	块状	8.5										
						4	60—80	棕灰色	轻壤土	块状	8.5										
						5	80—104	棕灰色	紧砂土	块状	7.9										
						6	104—115	灰棕色	轻砂土	块状	8.3										
						7	115—130	灰棕色	砂壤土	块状	8.0										
						8	130—180	灰带棕色	砂土	块状	8.2										
剖2	半水成土	潮土	灌淤潮土	表锈潮潮土	潜育灌淤潮土	1	0—20	青灰棕色	中壤土	碎块状	7.9	10.6	0.57	0.59	29	88.0	177		河流冲积物	E 106°45′04.1″ N 39°04′11.3″	80
						2	20—45	浅红棕色	重壤土	块状	8.2										
						3	45—60	灰棕色	轻壤土	块状	8.0										
						4	60—82	浅红棕色	黏土	块状	8.0										
						5	82—110	青灰色	重壤土	片状	7.5										
剖3	初育土	风沙土	草原风沙土	流动风沙土	湿润流动沙丘	1	0—20	浅带棕色	砂土		8.4	1.5			8	4.6			风积物	E 106°46′18.8″ N 39°00′28.4″	98
						2	20—30	红棕色	黏土	块状	8.4										
						3	30—35	灰棕色	砂土		8.0										
						4	35—47	浅红棕色	轻壤土	块状	8.1										
						5	47—76	青灰色	重壤土		8.3										
剖4	初育土	新积土	新积土			1	0—20	暗棕色	轻壤土	碎块状										E 106°14′08.5″ N 38°51′09.2″	100
						2	20—40	棕灰色	轻壤土	块状	8.4										
						3	40—94	灰棕色	重壤土	块状	8.0										
						4	94—124	青灰色	砂壤土	块状	8.1										
						5	124—165	棕灰色	重壤土	块状	8.3										
剖5	盐碱土	草甸盐土		白盐土	固定沙丘丘间地	1	0—0.2				8.2								风积物	E 106°11′35.5″ N 38°50′06.7″	93
						2	0.2—4	棕灰色	砂壤土	块状	8.3										
						3	4—19	灰棕色	轻壤土	状	8.6										
						4	19—28	青灰色	重壤土	状	8.0										
						5	28—47	棕灰色	砂壤土	状	8.2				32	7.5					
						6	47—67	浅棕灰色		块状	8.4										
						7	67—110	红棕夹浅棕色		状	8.0										
						8	110—148	灰棕色	砂壤土	块状	8.2										
剖6	初育土	风沙土	草原风沙土	固定风沙土		1	0—20	灰棕色	紧砂土	块状	9.4	4.5							风积物	E 106°18′20.5″ N 38°57′21.5″	93
						2	20—50	青灰色	轻壤土	块状	8.6										
						3	50—59	棕灰色	轻砂土	块状	8.8										
剖7	半水成土	潮土	灌淤潮土	潴育灌淤潮土		1	0—20	浅灰棕色	中壤土	碎块状	8.1	11.8			35	12.5			河流冲积物	E 106°20′02.1″ N 38°53′50.9″	71
						2	20—30	棕色	中壤土	块状	8.2										
						3	30—54	浅棕色	重壤土	片状	9.0										
						4	54—69	浅棕色	砂壤土	块状	9.0										
						5	69—115	浅棕色	砂壤土	块状	8.8										
剖8	人为土	灌淤土	表锈灌淤土			1	0—20	棕灰色	轻壤土	碎块状	8.1	13.3			64	7.5				E 106°29′38.4″ N 38°53′24.0″	79
						2	20—40	浅灰棕色	重壤土	块状	8.7										
						3	40—70	浅棕色	轻壤土	块状	8.5										
						4	70—135	浅棕色	砂壤土	状	8.8										

续表 Continued

剖面号 Soil profile	土纲 Soil order	土类 Soil great group	亚类 Soil subgroup	土属 Soil genus	土种 Soil species	土层码 Layer code	土层厚度 Depth/cm	颜色 Soil color	质地 Soil texture	土壤结构 Soil structure	pH	有机质 OM/(g/kg)	全氮 TN/(g/kg)	全磷 TP/(g/kg)	碱解氮 AN/(mg/kg)	有效磷 AP/(mg/kg)	速效钾 AK/(mg/kg)	阳离子交换量CEC/(cmol/kg)	土壤母质 Parent material	剖面点坐标 Profile coordinate	匹配指数 Matching index/%
剖9	盐碱土	碱土	龟裂碱土	龟裂碱土	盐化耕种轻白碱土	1	0—20				8.8	11.8				22.6	13			E 106°16′37.2″ N 38°52′48.0″	78
						2	20—40				8.7										
						3	40—80				8.4										
						4	80—120				8.2										
						5	120—140				8.3										
剖10	半水成土	潮土	灌淤潮土			1	0—20	棕灰色	砂壤土	块状	8.7	6.2	0.40	0.60	22	2.3	231		河流冲积物	E 106°17′16.4″ N 38°51′37.4″	91
						2	20—58	浅灰棕色	砂壤土	块状	8.4										
						3	58—110	浅灰棕色	砂土	块状	8.4										
						4	110—150	浅棕色	砂土	无明显结构	8.5										
						5	150—180	浅棕色	砂土	无明显结构	8.8										
剖11	盐碱土	草甸盐土	草甸盐土	松盐土		1	0—20	棕灰色	轻壤土	单粒状	8.6									E 106°18′54.7″ N 38°51′18.9″	91
						2	0.2—1.7	灰灰色	轻壤土	碎块状	8.9										
						3	1.7—20	棕灰色	轻壤土	块状	9.2										
						4	20—55	棕红色	中壤土	块状	8.7										
						5	55—80	浅棕灰色	砂壤土	块状	8.9										
						6	80—133	棕灰色	砂壤土	块状	8.4										
剖12	初育土	风沙土	草原风沙土	固定风沙土		1	0—20	浅灰色		无明显结构									风积物	E 106°30′10.8″ N 38°59′10.9″	76
						2	20—44	灰色	细砾土	无明显结构											
						3	44—88	灰色夹白色	砾质土	无明显结构											
						4	88—100	灰色夹白色	细砾土												
						5	100—149														
						6	149—160														
						7	160—180														
剖13	盐碱土	草甸盐土	草甸盐土	黑油盐土		1	0—0.2	灰色	轻壤土	棱块状	7.7									E 106°36′23.0″ N 38°54′24.1″	94
						2	0.2—4	灰棕色	轻壤土	片状、块状	8.8	5.9			16	6.8					
						3	4—14	灰棕色	轻壤土	鳞片状	8.0										
						4	14—34	浅棕色	轻壤土	鳞片状	8.1										
						5	34—48	浅灰棕色	砂壤土	片状	8.5										
						6	48—60	浅灰棕色	轻壤土	块状	8.4										
						7	60—80	浅灰棕色	砂壤土	片状	8.4										
						8	80—105	浅灰棕色	砂土	片状	8.4										
						9	105—140	浅灰棕色	砂土	片状	8.3										
剖14	人为土	灌淤土	潮灌淤土	薄层潮灌淤土		1	0—20	浅灰棕色	中壤土	屑粒状	8.1	12.9	0.77	0.90	53	10.3	328	8.9		E 106°40′00.5″ N 38°52′04.3″	74
						2	20—54	棕棕色	中壤土	鳞片状	8.5	16.1						8.4			
						3	54—70	暗棕色	重壤土	块状	8.5	7.7						10.7			
						4	70—104	浅灰棕色	砂壤土	鳞片状	8.6										
						5	104—160	灰灰色	砂壤土	块状	8.6										
						6	160—180	棕棕色	轻壤土	片状	8.7										
剖15	半水成土	潮土	潮土	耕种潮土		1	0—20	浅棕色	砂壤土	片状、块状	7.8	5.6			35	6.5			河流冲积物	E 106°38′43.0″ N 38°51′00.7″	91
						2	20—62	浅棕色	砂壤土	片状、块状	8.5										
						3	62—95	浅灰棕色	砂土		8.2										
						4	95—150	棕灰色	砂土		8.5										

续表 Continued

剖面号 Soil profile	土纲 Soil order	土类 Soil great group	亚类 Soil subgroup	土属 Soil genus	土种 Soil species	土层码 Layer code	土层厚度 Depth/cm	颜色 Soil color	质地 Soil texture	土壤结构 Soil structure	pH	有机质 OM/(g/kg)	全氮 TN/(g/kg)	全磷 TP/(g/kg)	碱解氮 AN/(mg/kg)	有效磷 AP/(mg/kg)	速效钾 AK/(mg/kg)	阳离子交换量 CEC/(cmol/kg)	土壤母质 Parent material	剖面点坐标 Profile coordinate	匹配指数 Matching index/%
剖16	人为土	灌淤土	潮灌淤	厚层潮灌淤土		1	0—20	浅灰棕色	轻壤土	块状	8.0	10.7	1.96	0.57	73	23.5	406	7.6		E 106°31′47.5″ N 38°50′56.5″	73
						2	20—70	棕灰色	中壤土	块状	8.4	9.6	0.58	0.93			261	8.8			
						3	70—115	棕色	中壤土	块状	8.5	10.6	0.61	0.74			362	9.9			
						4	115—148	棕色	中壤土	块状	8.6										
						5	148—190	灰色	轻壤土	块状	8.5										
剖17	初育土	风沙土	草原风沙土	浮沙地	浮沙地	1	0—20	浅灰棕色	砂土		8.7	5.1			24	3.0			风积物	E 106°46′33.2″ N 38°59′32.3″	90
						2	20—43	棕灰色	砂壤土	块状	8.7										
						3	43—60	浅棕色	砂壤土	块状	8.4										
						4	60—140	棕灰色	黏土	片状	8.3										
剖18	盐碱土	碱土	龟裂碱土	龟裂碱土	轻白碱土	1	0—27	灰棕色	中壤土	梭块状	9.7	0.5			9	8.6				E 106°27′16.5″ N 38°49′53.7″	94
						2	27—37	浅棕色	砂壤土	块状	9.6	1.9									
						3	37—43	棕色	黏土	梭块状	9.5	2.1									
						4	43—57	灰棕色	砂壤土	片状	9.4	1.9									
						5	57—68	棕色	黏土	梭块状	9.3	1.8									
						6	68—83	浅棕色	砂壤土	梭块状	9.4	1.5									
						7	83—118	红棕色	黏土	块状	9.3	1.9									
						8	118—166	浅棕色	砂壤土	块状	9.3	1.3									
剖19	人为土	灌淤土	表锈灌淤土	薄层潴育灌淤土	薄层潴育灌淤土	1	0—20	棕灰色	中壤土	块状、粒状	8.1	12.5	0.59	0.83	29	9.3	205			E 106°15′31.5″ N 38°48′44.0″	96
						2	20—54	棕灰色	轻壤土	粒状、块状	8.4	2.4									
						3	54—88	浅棕色	轻壤土	片状、块状	8.4	2.1									
						4	88—127	浅棕色	轻壤土	块状	8.4	3.5									
						5	127—190	浅棕灰色	轻壤土	块状	8.4	1.2									
剖20	水成土	沼泽土	沼泽土			1	0—20	青灰色			8.7	0.9			13	7.0				E 106°28′41.1″ N 38°46′55.6″	80
						2	20—43	浅灰棕色			8.6	0.9									
						3	43—84	灰棕色			8.4	0.8									
剖21	盐碱土	碱土	龟裂碱土	龟裂碱土	重白碱土	1	0—0.5			碎块状	9.2	0.9								E 106°26′29.0″ N 38°46′31.8″	71
						2	0.5—6	棕灰色	中壤土	块状	9.1	0.8									
						3	6—25	灰棕色	砂壤土	块状	9.1	0.9									
						4	25—42	棕色	砂壤土	块状	9.1	1.1									
						5	42—58	浅棕色	重壤土	块状	9.1	0.9									
						6	58—75	灰棕色	中壤土	块状	9.0	1.1									
						7	75—92	浅灰棕色	轻壤土	块状	9.0	0.8									
						8	92—113				9.2	0.7									
						9	113—128	浅灰棕色	中壤土	片状	8.5	0.7									
剖22	盐碱土	碱土	龟裂碱土	耕种轻白碱土	耕种轻白碱土	1	0—20	灰棕色	中壤土	块状	8.8	1.0			22	19.0				E 106°24′51.8″ N 38°46′12.0″	81
						2	20—50	浅灰棕色	砂壤土	块状	8.5	0.7									
						3	50—100	棕色	中壤土	块状	8.6	0.6									
						4	100—125	灰棕色	黏土	片状	8.7										
						5	125—170														
剖23	盐碱土	草甸盐土	沼泽盐土	埋藏绣泥盐土		J	0—0.2				9.1	6.8			58					E 106°27′24.5″ N 38°43′11.1″	74
						2	0.2—44	浅棕色	中壤土	块状	8.4										
						3	44—45	灰色	中壤土	块状	8.8										
						4	45—57	灰棕色	中壤土	块状	8.6										
						5	57—92	浅棕色	重壤土	块状	8.6										
						6	92—112	灰棕色	中壤土	梭块状	8.5										
						7	112—157	浅棕色	轻壤土	梭块状	8.4										

续表 Continued

剖面号 Soil profile	土纲 Soil order	土类 Soil great group	亚类 Soil subgroup	土属 Soil genus	土种 Soil species	土层码 Layer code	土层厚度 Depth/cm	颜色 Soil color	质地 Soil texture	土壤结构 Soil structure	pH	有机质 OM/(g/kg)	全氮 TN/(g/kg)	全磷 TP/(g/kg)	碱解氮 AN/(mg/kg)	有效磷 AP/(mg/kg)	速效钾 AK/(mg/kg)	阳离子交换量CEC/(cmol/kg)	土壤母质 Parent material	剖面点坐标 Profile coordinate	匹配指数 Matching index/%
剖24	人为土	灌淤土	表锈灌淤土	厚层潴育灌淤土	厚层潴育灌淤土	1	0—20	浅灰棕色	重壤土	块状	8.8	11.1	0.70	0.69	37	7.5	305			E 106°33′48.2″ N 38°48′42.1″	87
						2	20—48	灰棕色	轻壤土	块状	8.3	8.4						7.1			
						3	48—70	浅棕色	重壤土	块状	8.6							7.6			
						4	70—96	棕色	砂壤土		8.6										
						5	96—121	灰棕灰色	黏土		8.4										
						6	121—150	浅棕灰色	砂壤土		8.5										
剖25	半水成土	潮土	潮土	普通潮土		1	0—20	浅灰棕色	轻壤土	块状、粒状	9.0	7.3	0.42	0.80	57	10.8	188	10.4	河流冲积物	E 106°35′39.5″ N 38°47′07.1″	86
						2	20—60	浅灰棕色	砂壤土	块状、片状	8.2	6.3	0.46	0.86			88	8.6			
						3	60—110	浅棕色	砂壤土	块状	8.8	2.6						4.8			
						4	110—150	浅棕色	砂壤土	碎块状	8.7										
						5	150—175	浅灰色	砂土	无明显结构	8.3										

陶 乐 县

主要土类说明

风沙土是陶乐县主要土壤类型，占本县地域面积的 49%。风沙土质地粗，细砂粒占土壤矿质部分重量的 80% 以上，粗砂粒、粉砂粒及黏粒的含量甚微。土壤表层多为干沙层，厚度不一，通常在 10—20cm，其下含水率为 2%—3%。

灰钙土是陶乐县第二大土壤类型，占本县地域面积的 23%，分布在鄂尔多斯台地和冲积、洪积平原上，是本县中北部的地带性土壤。其成土母质多为黄土，少数为冲积扇洪积物发育。仅夏季土壤发生淋溶，易溶盐、碳酸钙、石膏弱度淋移，分层累积于 15—30cm 处。土壤碳酸钙含量可达 120—250g/kg，在底部尚可见易溶盐累积，含量可达 10g/kg。土壤 pH 为 8.5—9.0，表层初显结皮。本县灰钙土分为淡灰钙土、草甸淡灰钙土和淡灰钙性土等亚类。

草甸盐土是陶乐县第三大土壤类型，占本县地域面积的 8%。草甸盐土所处的地形比较低洼，地下水位较高，地表和地下径流条件差，土壤中可溶盐分随着大气降水下淋到一定部位，随着水分的蒸发又上升到地表和表土层。聚集在地表或表土层的盐分，主要以盐结皮和粉末状结晶形态存在。盐土是具有强烈盐化过程的土壤，积盐层的盐含量平均在 2% 以上，其中松盐土的含盐量平均达 4.4%。由于土壤中可溶盐的含量很高，一般植物无法生长，盐土上的主要植被是盐爪爪和小芦草，植被覆盖度一般在 30% 左右。

潮土占本县地域面积的 7%。潮土全剖面可分为表土层、锈土层和母质层 3 个层段。表土层颜色普遍较浅，以灰黄棕色为主。土壤以块状结构为多，部分呈片状，植物根系多，土层稍紧实。锈土层厚约 69cm。由于受地下水位季节性不断升降影响，土壤氧化还原作用频繁交替，形成了明显的锈纹、锈斑。这是潮土的重要特征土层。母质层为原沉积的土层，基本没有扰动和发育。

新积土占本县地域面积的 4%，主要分布在丘陵间低地、山前洪积扇和河流两侧。新积土是在水力与重力迁移堆积或者人为扰动的物质上形成的。部分新积土曾称为灰钙土性土或灰褐土性土，剖面没有明显的发育，洪积或冲积层次也不甚明显。土壤质地较轻，以轻壤土和砂壤土为主。

灌淤土占本县地域面积的 4%。灌淤土是长期引用高泥沙含量灌溉水淤灌，在落淤后即行翻耕，土层逐渐加厚，原来土壤的层次包括表土及其他土层均作为埋藏层，从而形成的土体深厚、色泽、质地均一、土壤水分物理性状良好的土壤类型。本县灌淤土的熟化土层厚 40cm 左右。本县灌淤土基本上是在草甸土的基础上形成的，剖面中常形成锈纹、锈斑。在地下水位高和排水困难的地区，土壤还有较强的盐化过程。本县灌淤土分为草甸灌淤土和盐化草甸灌淤土等亚类。

小于本县地域面积 3% 的土壤类型还有漠境盐土、碱土等。

本区域中心区气候特征

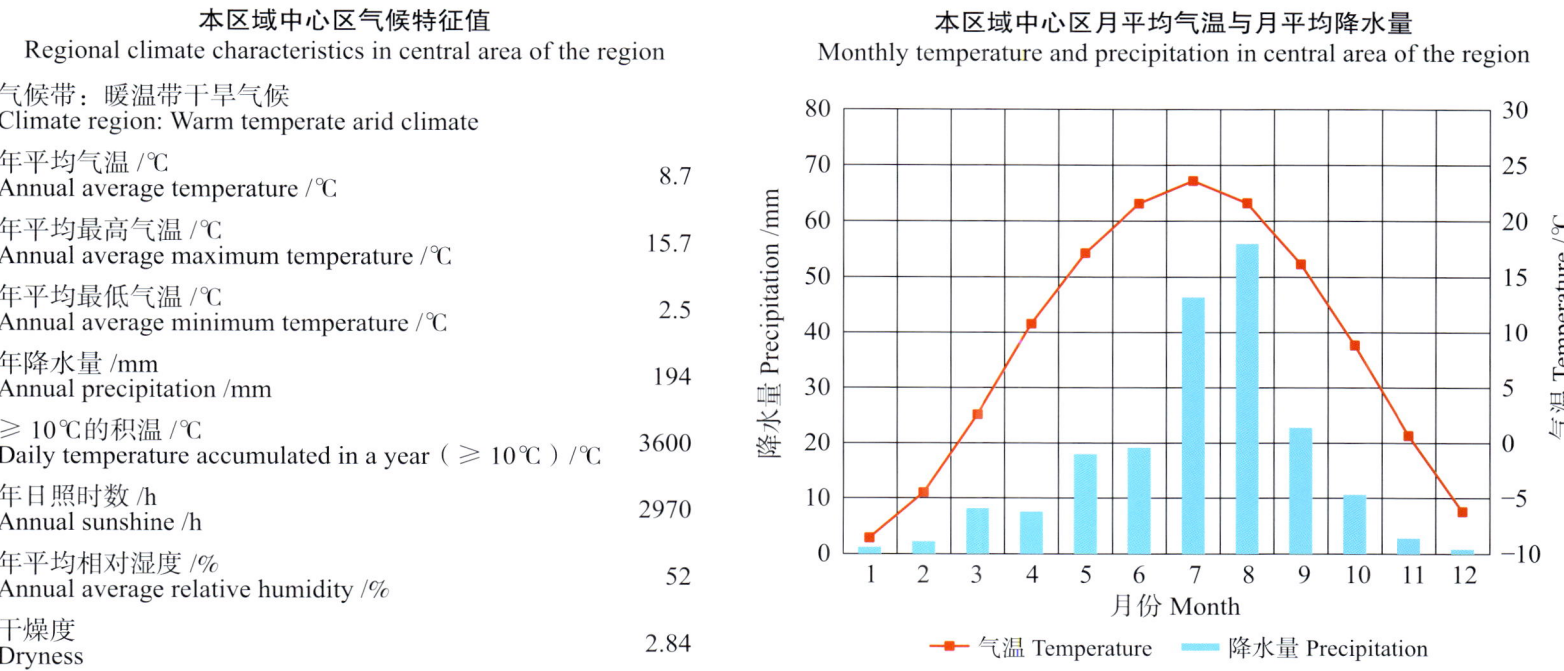

本区域中心区气候特征值
Regional climate characteristics in central area of the region

气候带：暖温带干旱气候 Climate region: Warm temperate arid climate	
年平均气温 /℃ Annual average temperature /℃	8.7
年平均最高气温 /℃ Annual average maximum temperature /℃	15.7
年平均最低气温 /℃ Annual average minimum temperature /℃	2.5
年降水量 /mm Annual precipitation /mm	194
≥ 10℃的积温 /℃ Daily temperature accumulated in a year（≥ 10℃）/℃	3600
年日照时数 /h Annual sunshine /h	2970
年平均相对湿度 /% Annual average relative humidity /%	52
干燥度 Dryness	2.84

本区域中心区月平均气温与月平均降水量
Monthly temperature and precipitation in central area of the region

陶乐县主要土壤类型与土壤剖面点分布图
1 : 300 000

注：国务院 2003 年批准撤销陶乐县，改为陶乐镇。将陶乐镇、红崖子乡和高仁乡划归平罗县管辖，月牙湖乡划归兴庆区管辖。

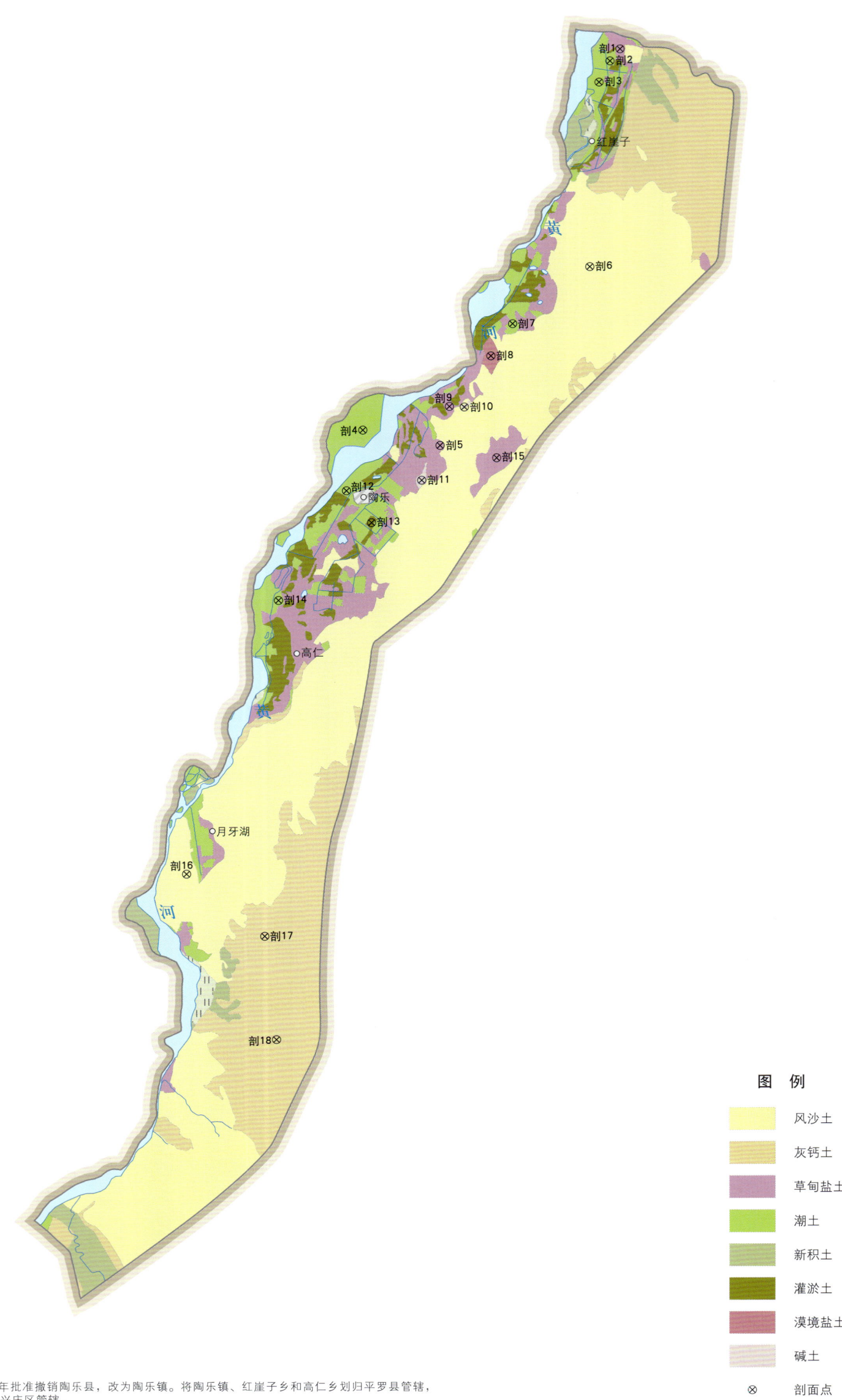

陶乐县土壤剖面理化性状表

剖面号 Soil profile	土纲 Soil order	土类 Soil great group	亚类 Soil subgroup	土属 Soil genus	土种 Soil species	土层码 Layer code	土层厚度 Depth/cm	颜色 Soil color	质地 Soil texture	土壤结构 Soil structure	pH	有机质 OM/(g/kg)	全氮 TN/(g/kg)	全磷 TP/(g/kg)	碱解氮 AN/(mg/kg)	有效磷 AP/(mg/kg)	速效钾 AK/(mg/kg)	阳离子交换量CEC/(cmol/kg)	土壤母质 Parent material	剖面点坐标 Profile coordinate	匹配指数 Matching index/%
剖1	盐碱土	草甸盐土	草甸盐土	白盐土		J	0~0.5	灰白色			7.9									E 106°53′22.6″ N 39°04′38.6″	90
						2	0.5~15	浅灰棕色	轻壤土	块状	8.7	8.0	0.48	0.63	35	8.5	255				
						3	15~33	浅灰棕色	轻壤土	块状	7.8										
						4	33~48	浅棕灰色	砂壤土	块状	8.6										
						5	48~59	浅棕灰色	重壤土	块状、粒状	8.6										
						6	59~105	浅灰棕色	砂壤土	小块状	8.6										
						7	106~145	灰棕色	砂壤土	小块状	8.6										
剖2	半水成土	潮土	盐化潮土	耕种盐化潮土		1	0~15	浅灰棕色	轻壤土	块状	8.4	9.8	0.50	0.74	38	3.3	191	5.0	河流冲积物	E 106°52′54.6″ N 39°04′12.7″	88
						2	15~39	浅灰棕色	轻壤土	块状	8.4	8.4						6.2			
						3	39~89	浅红棕色	中壤土	块状	8.4										
						4	89~122	浅棕黄色	砂土	单粒状	8.6										
						5	122~148	浅灰棕色	砂壤土	块状	8.5										
						6	148~180	浅灰棕色	砂土	单粒状	8.5										
剖3	半水成土	潮土	潮土	荒地潮土		1	0~18	灰棕色	砂壤土	片状、块状	8.5	4.4	0.32	0.54	21	2.5	68		河流冲积物	E 106°52′24.2″ N 39°03′27.3″	80
						2	18~29	浅灰棕色	中壤土	粒状、块状	8.8	7.8			42	2.0					
						3	29~78	浅灰棕色	砂壤土	块状、片状	8.4	5.2									
						4	78~112	浅灰棕色	砂土	块状	8.5										
						5	112~140	灰棕色	砂土	小块状	9.0										
剖4	半水成土	潮土	盐化潮土	荒地盐化潮土		1	0~20	灰棕色	轻壤土	小块状、粒状	8.3	8.3	0.70	0.65	40	4.3			河流冲积物	E 106°41′26.6″ N 38°51′02.2″	85
						2	20~36	浅灰棕色	砂壤土	块状、片状	8.3										
						3	36~60	浅灰棕色	砂壤土	片状	8.3										
						4	60~88	浅灰棕色	砂壤土	片状、块状	8.4										
						5	88~103	浅灰棕色	砂壤土	块状、粒状	8.5										
						6	103~130	浅灰棕色	砂壤土	块状	8.6										
						7	130~180	浅灰棕色	砂土	块状	8.1										
						8	180~														
剖5	盐碱土	草甸盐土	草甸盐土	黑油盐土		J	0~0.5	黑灰色			7.4										
						2	0.5~3	灰灰色	砂壤土	粒状	7.6										
						3	3~17	浅灰棕色	砂壤土	块状	7.5	5.2			19	5.3					
						4	17~42	浅灰棕色	砂壤土	块状	7.5										
						5	42~72	浅灰棕色	砂壤土	块状	7.8										
						6	72~110	浅灰棕色	砂土	块状	8.1										
						7	110~138	浅灰棕色	砂土	单粒状	7.8										
剖6	初育土	风沙土	草原风沙土			1	0~20	浅灰棕色	紧砂土	块状	8.9	3.9			19	6.5			风积物	E 106°41′53.2″ N 38°50′25.8″	75
						2	20~40	浅灰棕色	松砂土	块状	9.0	3.0									
						3	40~60	浅灰棕色	松砂土	块状	9.0	2.0									
						4	60~80	浅灰棕色	松砂土		9.0										
						5	80~100		松砂土		9.0										
剖7	半水成土	潮土		耕种潮土		1	0~12	浅灰棕色	砂壤土	粒状、小块状	8.3	4.8	0.50	0.68	24	2.4	103	5.0	河流冲积物	E 106°51′46.8″ N 38°56′47.0″	81
						2	12~22	浅灰棕色	砂壤土	块状	8.2	4.0			23	2.4		4.4		E 106°48′15.8″ N 38°54′46.4″	95
						3	22~51	灰灰棕色	中壤土	片状、块状	8.5	2.5			18	2.4					
						4	51~95	浅灰棕色	砂壤土	块状	8.4										
						5	95~145	棕色带灰色	砂土	小块状	8.8										

续表 Continued

剖面号 Soil profile	土纲 Soil order	土类 Soil great group	亚类 Soil subgroup	土属 Soil genus	土种 Soil species	土层码 Layer code	土层厚度 Depth/cm	颜色 Soil color	质地 Soil texture	土壤结构 Soil structure	pH	有机质 OM/(g/kg)	全氮 TN/(g/kg)	全磷 TP/(g/kg)	碱解氮 AN/(mg/kg)	有效磷 AP/(mg/kg)	速效钾 AK/(mg/kg)	阳离子交换量CEC/(cmol/kg)	土壤母质 Parent material	剖面点坐标 Profile coordinate	匹配指数 Matching index/%
剖8	盐碱土	漠境盐土	残余盐土	干盐土		1	0—19	浅灰棕色	紧砂土	块状、单粒状	7.3	6.9	0.36	0.32	34	8.8	112			E 106°47′15.0″ N 38°53′37.3″	87
						2	19—37	浅棕灰色	紧砂土	块状	7.3	4.2									
						3	37—56	浅棕色	紧砂土	块状	7.6										
						4	56—83	浅棕色	紧砂土	块状	7.9										
						5	83—102	灰棕色	轻壤土	块状	7.5										
						6	102—130	棕灰色	中壤土	块状	7.5										
剖9	盐碱土	草甸盐土	草甸盐土	松盐土		1	0—1	白色			7.9	6.3								E 106°45′20.6″ N 38°51′49.6″	94
						2	1—9	浅灰棕色	中壤土	粒状	8.7	5.5	0.16	0.42	32	6.0	255				
						3	9—17	棕色	重壤土	小块状、小粒状	8.2	6.0	0.28	0.39	23	4.5					
						4	17—32	浅棕灰色	砂壤土	片状、粒状	8.8										
						5	32—70	浅棕灰色	轻壤土	小块状	9.2										
						6	70—88	棕灰色	中黏土	块状、小块状	8.5										
						7	88—110	灰棕色	重壤土	片状、小块状	9.2										
剖10	盐碱土		龟裂碱土	龟裂碱土	盐渍白僵土	1	0—5	浅灰棕色	砂土	块状	8.8	6.0	0.49		45	5.5		8.1		E 106°46′00.5″ N 38°51′47.5″	79
						2	5—52	灰棕色	中壤土	单粒状	9.6	2.5	0.18		13	1.0		8.4			
						3	52—83	浅灰棕色	砂土	块状	9.2										
						4	83—115	浅棕灰色	砂土	单粒状	9.4										
						5	115—125	浅棕灰色	砂土	块状	9.4										
剖11	盐碱土		龟裂碱土	龟裂碱土	轻碱化白僵土	1	0—15	浅灰棕色	轻壤土	块状	10.1	2.9			24	9.0					77
						2	15—34	浅灰棕色	砂土	块状	10.2										
						3	34—58	棕灰色	砂壤土	单粒状	10.3										
						4	58—106	浅棕灰色	砂土	单粒状	10.2										
						5	106—125	灰棕色	砂土	粒状、块状	10.2										
						6	125—150	浅棕黄色	砂土	粒状、块状	9.9										
						7	150—180	浅灰棕色	砂壤土	单粒状	9.8										
剖12	半水成土	潮土	灌淤潮土	灌淤潮土		1	0—20	浅红棕色	中壤土	块状、片状	8.7	11.7	0.57	0.66	53	6.3	188	7.3		E 106°40′39.2″ N 38°48′51.8″	77
						2	20—45	浅红棕色	砂壤土	块状、片状	8.9	8.7			53	1.3	258	9.5			
						3	45—61	浅棕色	砂壤土	块状	9.1										
						4	61—90	棕灰色	砂土	块状	9.0										
						5	90—132	浅棕灰色	砂土	块状	9.3										
						6	132—180	浅棕灰色	砂土	块状	9.8										
剖13	人为土	灌淤土	灌淤土	薄层潮灌淤土		1	0—16	棕色	轻壤土	块状	7.9	12.9	0.70	0.76	75	25.0	315	8.1	河流冲积物	E 106°41′44.4″ N 38°47′41.3″	92
						2	16—39	浅灰棕色	轻壤土	块状	8.3	7.6			47	1.5	85	7.0			
						3	39—80	浅灰棕色	轻壤土	块状	7.9										
						4	80—117	浅棕灰色	砂壤土		8.4										
						5	117—140	浅棕灰色	砂土	块状	8.1										
						6	140—180	棕色	砂土	块状、粒状	8.0										
剖14	半水成土	潮土	盐化潮土	灌淤盐化潮土		1	0—17	浅灰棕色	轻壤土	块状	8.3	7.2	0.40	0.63	46	2.7	170	6.3	河流冲积物	E 106°37′30.0″ N 38°44′55.3″	79
						2	17—40	浅灰棕色	轻壤土	块状	8.4	7.8	0.34	0.62	36	2.0	180	6.3			
						3	40—73	红棕色	黏土	片状	8.3										
						4	73—92	浅灰棕色	中壤土	片状、块状	8.2										
						5	92—125				8.3										
						6	125—														

续表 Continued

剖面号 Soil profile	土纲 Soil order	土类 Soil great group	亚类 Soil subgroup	土属 Soil genus	土种 Soil species	土层码 Layer code	土层厚度 Depth/cm	颜色 Soil color	质地 Soil texture	土壤结构 Soil structure	pH	有机质 OM/(g/kg)	全氮 TN/(g/kg)	全磷 TP/(g/kg)	碱解氮 AN/(mg/kg)	有效磷 AP/(mg/kg)	速效钾 AK/(mg/kg)	阳离子交换量 CEC/(cmol/kg)	土壤母质 Parent material	剖面点坐标 Profile coordinate	匹配指数 Matching index/%
剖15	盐碱土	草甸盐土	草甸盐土	砂盖盐土		1	0–3	灰棕色	松砂土	片状	7.5	6.3			47					E 106°47′24.4″ N 38°49′56.6″	96
						2	3–16	浅灰棕色	砂壤土	片状、块状	8.1	6.1			35	17.3					
						3	16–52	浅灰棕色	砂土		7.9										
						4	52–90	浅灰棕色	砂壤土	块状	7.5										
						5	90–113	浅灰棕色	轻壤土	块状	8.0										
						6	113–140	灰棕色	砂壤土	块状、片状	7.8										
						7	140–180	浅棕色	重壤土	块状、片状	8.0										
剖16	初育土	风沙土	草原风沙土	固定风沙土		1	0–10		松砂土		8.5	3.5			34	7.7			风积物	E 106°33′08.6″ N 38°35′03.0″	79
						2	10–20		松砂土		8.8	1.4			16	3.7					
						3	20–40		紧砂土		8.8	2.0									
						4	40–60		松砂土		8.6										
						5	60–80		紧砂土		8.6										
						6	80–100				8.4										
剖17	干旱土	灰钙土	淡灰钙土	淡灰钙土	丘陵淡灰钙土	1	0–12	浅棕灰色	砂壤土	碎块状	8.5	6.5	0.41	0.24	28	3.0	135		洪冲积物	E 106°36′34.5″ N 38°32′45.0″	71
						2	12–23	浅棕灰色	砂壤土	碎块状	8.4	6.0									
						3	23–41	棕灰色	轻壤土	棱块状	8.8										
						4	41–60	红棕色	砂壤土	棱块状	8.6										
						5	60–80	红棕色	砂壤土		8.8										
剖18	干旱土	灰钙土	淡灰钙土	淡灰钙土	普通淡灰钙土	1	0–17	浅棕灰色	砂壤土	碎块状	8.8	5.2	0.41	0.24	23	1.0	43	4.6	洪冲积物	E 106°37′00.2″ N 38°28′58.8″	89
						2	17–31	浅灰棕色	轻壤土	块状	8.7	4.5			25	1.0		4.4			
						3	31–51	灰白色	重壤土	块状	8.6	3.6									
						4	51–70	浅灰白色	中壤土	棱块状	8.7	2.3									
						5	70–95	浅棕灰色	中壤土	块状、棱块状	8.7										
						6	95–120	浅棕灰色	砂壤土	棱块状	8.9										

吴忠市

市辖区

主要土类说明

灰钙土是吴忠市主要土壤类型，占本市地域面积的53%。灰钙土是在干旱生物气候条件下形成的地带性土壤，植被覆盖度多为20%—30%。由于雨水的淋洗，在有机质层以下一般都淀积有厚30cm左右的石灰淀积层，比表土层及底土层紧实，碳酸钙含量多为100—300g/kg。

灌淤土是吴忠市第二大土壤类型，占本市地域面积的23%。灌淤土是在长期灌溉、施肥、耕作和种植作物等作用下，形成的具一定厚度熟化土层的农田土壤类型。灌淤熟化土层的土质适中，多为轻壤土，含有一定的有机质和矿质养分，孔隙和保水保肥状况良好。

潮土是吴忠市第三大土壤类型，占本市地域面积的11%。潮土全剖面可分为表土层、锈土层和母质层3个层段。表土层颜色普遍较浅，以灰黄棕色为主，土壤以块状结构为多，部分呈片状。锈土层由于受地下水位季节性不断升降影响，土壤氧化还原作用频繁交替，形成了明显的锈纹、锈斑，这是潮土的重要特征土层。母质层为原沉积的土层，基本没有扰动和发育。

新积土占本市地域面积的3%，主要分布在丘陵间低地、山前洪积扇和河流两侧。新积土是在水力与重力迁移堆积或者人为扰动的物质上形成的，剖面中土层变化较大，没有明显的发育特征。土壤有机质及养分含量不高，表层有机质平均含量为6.7g/kg，表层以下不足5g/kg。土壤质地较轻，以轻壤土和砂壤土为主。

风沙土占本市地域面积的3%。风沙土地区气候干旱，植被稀疏，加上土壤和成土母质质地沙性，极易起沙而形成风沙土。风沙土表土具有30cm或大于30cm的比较松散的沙土层，无结构或初具不稳定的块状结构。

小于本市地域面积3%的土壤类型还有草甸盐土、漠境盐土、沼泽土。

本区域中心区气候特征

本区域中心区气候特征值
Regional climate characteristics in central area of the region

气候带：暖温带干旱气候 Climate region: Warm temperate arid climate	
年平均气温 /℃ Annual average temperature /℃	8.5
年平均最高气温 /℃ Annual average maximum temperature /℃	15.4
年平均最低气温 /℃ Annual average minimum temperature /℃	2.7
年降水量 /mm Annual precipitation /mm	249
≥10℃的积温 /℃ Daily temperature accumulated in a year (≥10℃) /℃	3100
年日照时数 /h Annual sunshine /h	2812
年平均相对湿度 /% Annual average relative humidity /%	56
干燥度 Dryness	2.32

吴忠市市辖区（部分）主要土壤类型与土壤剖面点分布图
1∶240 000

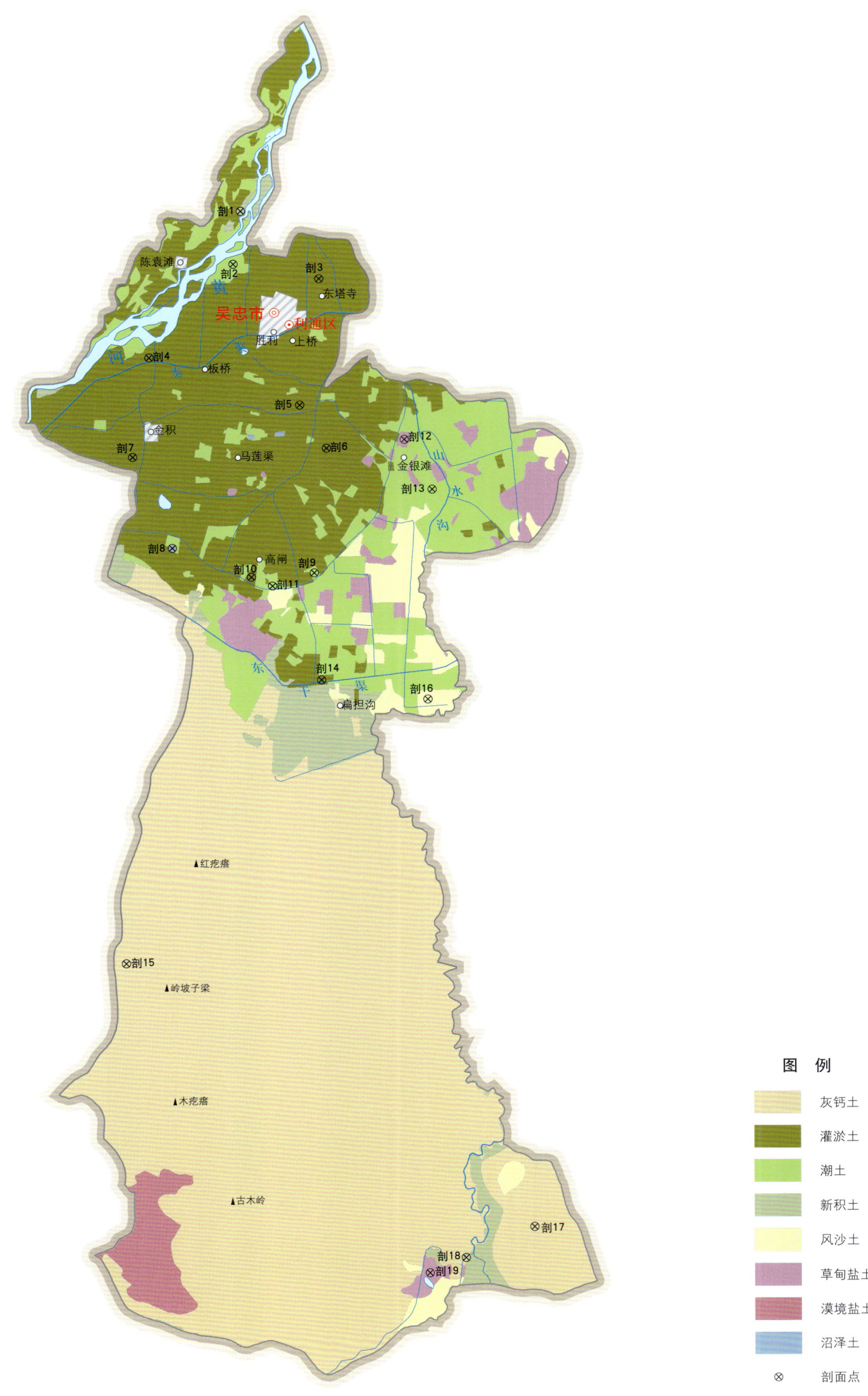

吴忠市土壤剖面理化性状表

剖面号 Soil profile	土纲 Soil order	土类 Soil great group	亚类 Soil subgroup	土属 Soil genus	土种 Soil species	土层码 Layer code	土层厚度 Depth/cm	颜色 Soil color	质地 Soil texture	土壤结构 Soil structure	pH	有机质 OM/(g/kg)	全氮 TN/(g/kg)	全磷 TP/(g/kg)	碱解氮 AN/(mg/kg)	有效磷 AP/(mg/kg)	速效钾 AK/(mg/kg)	阳离子交换量CEC/(cmol/kg)	土壤母质 Parent material	剖面点坐标 Profile coordinate	匹配指数 Matching index/%
剖1	初育土	新积土	冲积土	冲积新积土		1	0—14	浅棕色	砂土	块状	8.6	3.6			16	1.6				E 106°10′27.7″ N 38°02′06.2″	91
						2	14—56	浅棕色	砂壤土	块状											
						3	56—66	灰棕色	重壤土	块状											
						4	66—115	浅棕色	砂壤土												
						5	115—150	浅棕色	砂壤土												
剖2	半水成土	潮土	灌淤潮土	表锈潮灌土	潜育灌淤潮土	1	0—15	灰棕色	中壤土	粒状、块状		18.4			64	4.8			河流冲积物	E 106°10′11.0″ N 38°00′36.0″	82
						2	15—29	灰棕色	中壤土	块状											
						3	29—44	灰红棕色	重壤土	块状											
						4	44—64	蓝灰色	夹砂黏土												
						5	64—108	蓝灰色	中壤土	块状											
						6	108—154	蓝灰色	中壤土	块状											
						7	154—180	蓝灰色	砂壤土	块状											
剖3	人为土	灌淤土	表锈灌淤土	厚层潜育灌淤土	厚层潜育灌淤土	1	0—20	浅灰棕色	中壤土	粒状	8.2	11.5	0.75	1.86	63	21.3	186	10.4		E 106°13′09.8″ N 38°00′09.5″	71
						2	20—57	浅灰棕色	中壤土	块状	8.4	9.8	0.66		51	3.6		9.0			
						3	57—95	浅灰棕色	中壤土	块状	8.5	7.9	0.55		34	1.9		8.7			
						4	95—140	浅灰棕色	中壤土	块状	8.2	6.1									
						5	140—180	浅红棕色	砂壤土	块状	8.5	3.8									
剖4	人为土	灌淤土	灌淤土	厚层普通灌淤土		1	0—20	浅灰棕色	轻壤土	粒状、块状	8.2	14.3		1.92	121					E 106°07′12.4″ N 37°57′56.5″	83
						2	20—40	浅灰棕色	中壤土	块状	8.5	10.0									
						3	40—75	浅灰棕色	中壤土	块状	8.4	7.0									
						4	75—127	浅灰棕色	中壤土	块状	8.3	9.8									
						5	127—180	浅灰棕色	重壤土	块状	8.4	7.9									
剖5	人为土	灌淤土	表锈灌淤土	潜育灌淤土	潜育灌淤土	1	0—20	浅灰棕色	中壤土	块状		11.9	0.79		34	3.0	90	10.4		E 106°12′26.2″ N 37°56′32.3″	73
						2	20—42	浅灰棕色	重壤土	块状		9.6			40	4.6					
						3	42—80	红棕色	黏土	块状		9.9			38	6.1					
						4	80—132	浅棕色	重壤土	块状		7.6									
						5	132—156	浅灰棕色	重壤土	块状		7.1									
						6	156—														
剖6	人为土	灌淤土	表锈灌淤土	薄层潜育灌淤土	薄层潜育灌淤土	1	0—20	浅灰棕色	中壤土	块状		16.4	0.85	1.55	56	11.5	149			E 106°13′20.6″ N 37°55′18.1″	83
						2	20—34	浅灰棕色	轻壤土	块状		10.0									
						3	34—50	浅棕色	轻壤土	块状		5.7									
						4	50—62	浅棕色	中壤土	块状		4.6									
						5	62—84	浅棕色	中壤土	块状		3.4									
						6	84—150	浅灰棕色	轻壤土	块状											
剖7	人为土	灌淤土	表锈灌淤土	淹育灌淤土	淹育灌淤土	1	0—12	浅棕灰色	轻壤土	块状	8.2	11.4		1.48	47	6.0				E 106°06′35.7″ N 37°55′06.5″	73
						2	12—48	浅棕灰色	轻壤土	块状											
						3	48—100	浅棕灰色	中壤土	块状											
						4	100—150	浅棕灰色	中壤土												
剖8	水成土	沼泽土	泥炭沼泽土	草炭土		1	0—5	棕色												E 106°07′55.6″ N 37°52′30.4″	70
						2	5—50	蓝灰色	中壤土												
						3	50—80	蓝灰色	砂壤土												
						4	80—100														
						5	100—														

续表 Continued

剖面号 Soil profile	土纲 Soil order	土类 Soil great group	亚类 Soil subgroup	土属 Soil genus	土种 Soil species	土层码 Layer code	土层厚度 Depth/cm	颜色 Soil color	质地 Soil texture	土壤结构 Soil structure	pH	有机质 OM/(g/kg)	全氮 TN/(g/kg)	全磷 TP/(g/kg)	碱解氮 AN/(mg/kg)	有效磷 AP/(mg/kg)	速效钾 AK/(mg/kg)	阳离子交换量CEC/(cmol/kg)	土壤母质 Parent material	剖面点坐标 Profile coordinate	匹配指数 Matching index/%
剖9	半水成土	潮土	灌淤潮土	普通潮淤土	普通灌淤潮土	1	0—20	浅灰棕色	砂壤土	块状		7.9			37	5.6			河流冲积物	E 106°12′50.9″ N 37°51′45.4″	89
						2	20—53	浅灰棕色	砂土	块状											
						3	53—81	浅灰棕色	砂土	块状											
						4	81—94	棕红色	黏土	块状											
						5	94—153	浅灰棕色	粗砂土												
						6	153—190	浅灰棕色	砂土												
剖10	人为土	灌淤土	潮灌淤土	厚层潮灌淤土		1	0—20	浅灰棕色	轻壤土	块状、粒状	8.5	10.8			51	4.3				E 106°10′40.1″ N 37°51′39.2″	89
						2	20—36	浅灰棕色	中壤土	块状	8.6	9.3			40						
						3	36—52	浅灰棕色	中壤土	块状	8.4	8.3			37						
						4	52—99	浅灰棕色	轻壤土	块状	8.5	5.5			25						
						5	99—127	浅灰棕色	中壤土	块状	8.4	5.4									
						6	127—145	浅灰棕色	中壤土	块状		5.9									
						7	145—180	浅灰棕色	重壤土	块状		6.9									
剖11	半水成土	潮土	灌淤潮土	表锈潮淤土	潜育灌淤潮土	1	0—20	棕色	重壤土	块状	8.4	16.3			48	6.8			河流冲积物	E 106°11′24.0″ N 37°51′23.4″	80
						2	20—40	浅灰棕色	中壤土	块状	8.6										
						3	40—50	棕红色	重壤土	块状	8.4										
						4	50—95	浅灰棕色	重壤土	块状	8.5										
						5	95—150	浅灰棕色	砂土		8.4										
						6	150—														
剖12	盐碱土	草甸盐土	草甸盐土	松盐土		1	0—0.5				8.6									E 106°16′03.7″ N 37°55′31.8″	91
						2	0.5—7	浅灰棕色	砂壤土	块状	8.7										
						3	7—12	黄灰棕色	砂壤土	块状	9.1										
						4	12—44	浅灰棕色	砂壤土	块状	9.1										
						5	44—74	灰棕色	砂土	块状	9.1										
						6	74—94	灰棕色	砂壤土	块状	9.1										
						7	94—112	浅灰棕色	砂壤土	块状	8.6										
						8	112—				7.0										
剖13	盐碱土	盐化潮土	盐化潮土			1	0—20	浅灰棕色	砂壤土	块状										E 106°16′60.0″ N 37°54′06.5″	90
						2	20—70	浅黄黄色	砂壤土	块状											
						3	70—110	浅灰棕色	砂土	块状											
						4	110—150	浅灰棕色	中壤土	块状、粒状											
剖14	人为土	灌淤土	潮灌淤土	薄层潮灌淤土		1	0—20	浅灰棕色	中壤土	块状										E 106°13′03.0″ N 37°48′41.0″	90
						2	20—40	浅灰棕色	中壤土	块状											
						3	40—60	浅棕灰色	砂壤土	块状											
						4	60—113	灰棕带灰色	轻壤土	块状											
						5	113—160	灰棕色	砂壤土	块状											
						6	160—180	浅灰黄色	中壤土	碎块状	8.4	7.0									
剖15	干旱土	灰钙土	淡灰钙土	底盐淡灰钙土		1	0—8	浅灰棕色	砂壤土	块状	8.7	7.1			4					E 106°06′07.5″ N 37°40′38.2″	91
						2	8—34	红棕色	黏土	小核状	8.5										
						3	34—52	浅红棕色	黏土	棱块状	8.2										
						4	52—84	浅红棕色		棱块状	8.6										
						5	84—120	浅黄棕色	细砂土	无明显结构	8.4										
剖16	初育土	风沙土	草原风沙土	浮沙地	浮沙地	1	0—20	浅灰棕色	砂土	块状	8.7								风积物	E 106°16′44.2″ N 37°48′06.0″	85
						2	20—70	浅灰棕色	砂土	块状	8.7										
						3	70—120	浅黄棕色	砂土	块状	8.7										
						4	120—180	浅黄色	砂土	块状											

续表 Continued

剖面号 Soil profile	土纲 Soil order	土类 Soil great group	亚类 Soil subgroup	土属 Soil genus	土种 Soil species	土层码 Layer code	土层厚度 Depth/cm	颜色 Soil color	质地 Soil texture	土壤结构 Soil structure	pH	有机质 OM/(g/kg)	全氮 TN/(g/kg)	全磷 TP/(g/kg)	碱解氮 AN/(mg/kg)	有效磷 AP/(mg/kg)	速效钾 AK/(mg/kg)	阳离子交换量CEC/(cmol/kg)	土壤母质 Parent material	剖面点坐标 Profile coordinate	匹配指数 Matching index/%
剖17	干旱土	灰钙土	淡灰钙土	淡灰钙土		1	0—12	浅灰棕色	细砂土	块状	8.3	4.3								E 106°20′07.1″ N 37°33′01.1″	81
						2	12—31	浅棕色	砂壤土	块状	8.4	6.5									
						3	31—65	浅棕灰色	砂壤土	棱块状	8.6										
						4	65—89	浅棕色	砂土	块状	8.6										
						5	89—115	浅棕色	砂土	块状	8.8										
						6	115—130	浅棕色	细砂土												
剖18	干旱土	灰钙土	淡灰钙土	耕种淡灰钙土		1	0—18	浅棕色	砂壤土	块状	8.4	5.8	0.42	1.16	18	3.5				E 106°17′43.4″ N 37°32′11.0″	79
						2	18—48	浅棕色	砂壤土	块状	8.7	4.9					89				
						3	48—91	浅棕色	砂壤土	块状	9.3										
						4	91—118	浅棕色	轻壤土	块状	9.1										
						5	118—147	浅棕色	轻壤土	块状	8.8										
剖19	盐碱土	草甸盐土	草甸盐土	白盐土		1	0—0.1	浅棕灰色		块状										E 106°16′27.8″ N 37°31′46.0″	86
						2	0.1—20	浅棕色		块状		3.0									
						3	20—70	浅棕色		块状											
						4	70—150	浅棕色													

盐 池 县

主要土类说明

风沙土是盐池县主要土壤类型，占本县地域面积的38%。风沙土地区气候干旱，植被稀疏，加上土壤和成土母质质地沙性，极易起沙而形成风沙土。流动风沙土主要分布在盐池县高沙窝、苏步井及哈巴湖周围，盐池县城郊大墩梁及青山乡猫头梁一带为半固定浮沙地。固定风沙土主要分布在盐池内，其形态以固定沙丘为主，丘形低矮浑圆，坡度缓，部分为固定浮沙地，地面略有起伏，地表已形成1—2cm厚的沙质结皮，但易被破坏。固定风沙土有机质已有积累，养分含量稍有增加。固定风沙土中的细沙含量已减至67%—83%，物理性黏粒含量增至5%以上，故质地变细，多为紧沙土，并具有一定的结构，一般为块状，具有一定的肥力。

灰钙土是盐池县第二大土壤类型，占本县地域面积的33%，广泛分布于本县中部和北部的鄂尔多斯缓坡丘陵地上。其为荒漠草原生物气候带环境下形成的地带性土壤，生长草原和荒漠草原植被。本县南部、东部、中部为灰钙土分布，向西、向北则为淡灰钙土分布，其间都有大面积的灰钙土性土分布。灰钙土的成土母质主要为第四纪洪冲积物，质地较粗，细砂颗粒多，多为砂壤土、砂土和轻壤土。南部黄土丘陵区的灰钙土，质地较细，多为以粗粉砂颗粒为主的轻壤土，部分也为砂壤土。

黄绵土是盐池县第三大土壤类型，占本县地域面积的15%，分布在宁夏境内的黄土高原，盐池的麻黄山、红井子、萌城、后垇也有分布，与黑垆土及灰钙土呈插花分布。其成土母质属于第四纪风积黄土，川地、涧地为次生黄土。黄绵土色泽很浅，一般为浅棕色，土体松软深厚。

新积土占本县地域面积的7%，城郊、王乐井、马儿、青山、红井子、大水坑和惠安堡等地皆有分布。新积土是近期洪积、冲积和风积而形成的土壤。由于沉积时间短，基本上保持沉积时的母质特征。表土pH为0—8.5。新积土剖面层次比较明显，土壤无明显的发育。

黑垆土占本县地域面积的5%，分布于萌城、麻黄山、后垇及大水坑、惠安堡、红井子乡镇南部的黄土丘陵地区。黑垆土是本县干草原（半干旱地区）生物气候带条件下形成的地带性土壤，其成土母质为第四纪黄土。黑垆土土层深厚，以粗粉砂为主（粒径为0.01—0.05mm），占颗粒组成的35%—60%；细沙较多（粒径为0.05—0.25mm），占颗粒组成的15%—40%。土壤物理性能好，保水保肥，自然肥力较高。完整的黑垆土剖面具有较厚的有机质层（即黑垆土层），并具有较明显的石灰质网点状及少量条纹状淀积。但由于过度开垦，大部分的黑垆土已无完整的黑垆土层剖面，呈现侵蚀黑垆土（细黄土）特征。黑垆土的有机质、全氮含量低，并呈土层越下含量越低的趋势。土壤全磷和全钾含量较多，剖面内上下土层基本同量。

小于本县地域面积3%的土壤类型还有草甸盐土、潮土、碱土。

本区域中心区气候特征

本区域中心区气候特征值
Regional climate characteristics in central area of the region

气候带：中温带亚干旱气候 Climate region: Mid temperate sub arid climate	
年平均气温 /℃ Annual average temperature /℃	8.5
年平均最高气温 /℃ Annual average maximum temperature /℃	15.6
年平均最低气温 /℃ Annual average minimum temperature /℃	2.5
年降水量 /mm Annual precipitation /mm	289
≥10℃的积温 /℃ Daily temperature accumulated in a year（≥10℃）/℃	3033
年日照时数 /h Annual sunshine /h	2830
年平均相对湿度 /% Annual average relative humidity /%	52
干燥度 Dryness	1.82

本区域中心区月平均气温与月平均降水量
Monthly temperature and precipitation in central area of the region

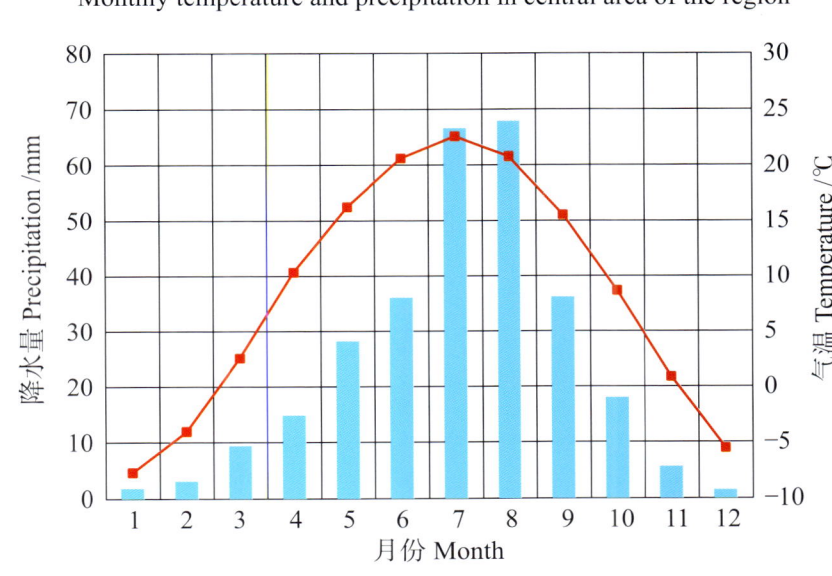

盐池县主要土壤类型与土壤剖面点分布图
1:450 000

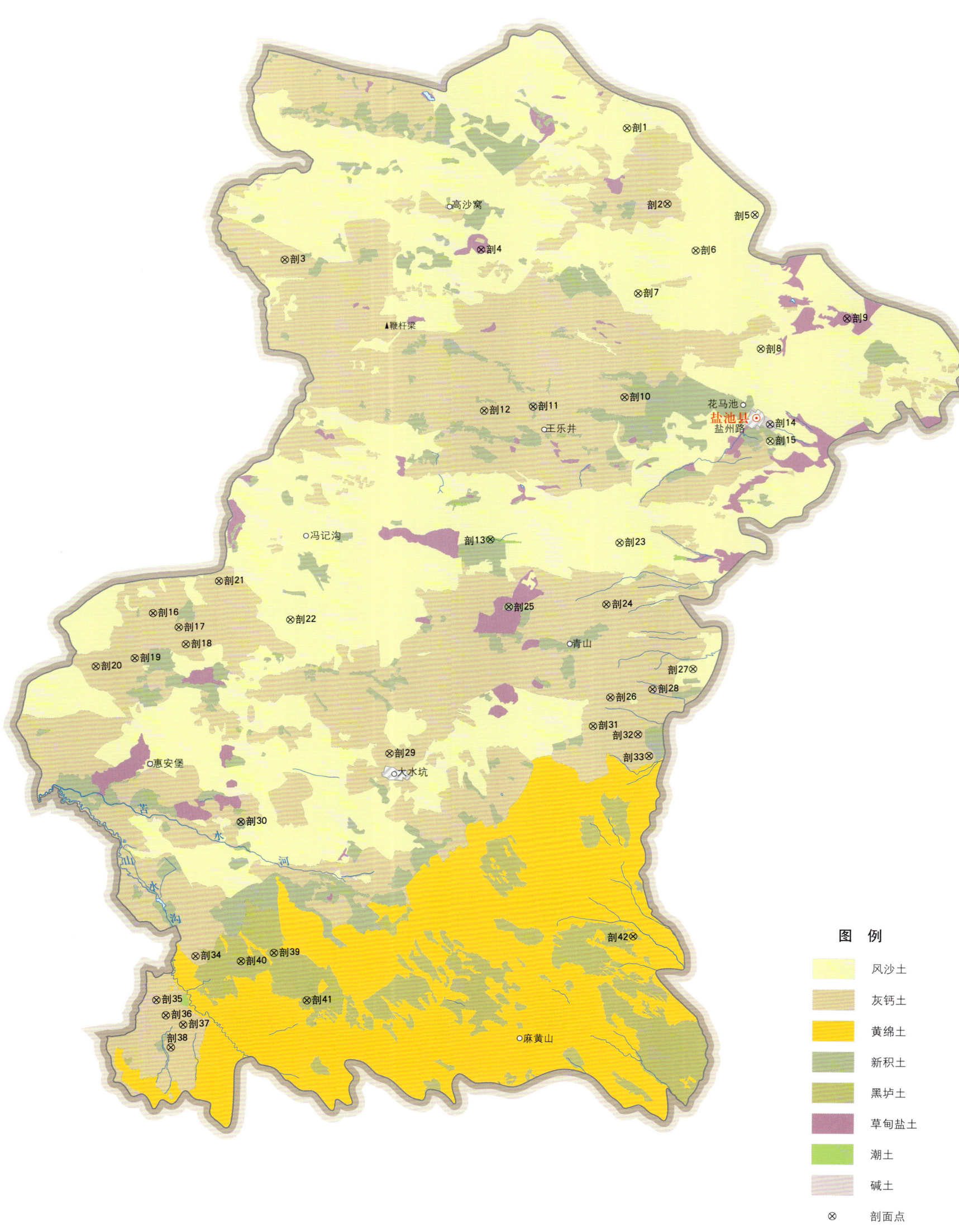

盐池县土壤剖面理化性状表

剖面号 Soil profile	土纲 Soil order	土类 Soil great group	亚类 Soil subgroup	土属 Soil genus	土种 Soil species	土层码 Layer code	土层厚度 Depth/cm	颜色 Soil color	质地 Soil texture	土壤结构 Soil structure	pH	有机质 OM/(g/kg)	全氮 TN/(g/kg)	全磷 TP/(g/kg)	全钾 TK/(g/kg)	碱解氮 AN/(mg/kg)	有效磷 AP/(mg/kg)	速效钾 AK/(mg/kg)	阳离子交换量 CEC/(cmol/kg)	土壤母质 Parent material	剖面点坐标 Profile coordinate	匹配指数 Matching index/%
剖1	初育土	风沙土	草原风沙土	流动风沙土	流动浮沙地	1	0—7	浅棕灰色	浮砂土	无明显结构	8.5	1.3	0.21	0.33	18.7	16	0.9	52		风积物	E 107°15′22.7″ N 38°04′40.1″	97
						2	7—30	浅棕灰色	紧砂土	块状	8.4	5.1	0.17	0.40	20.7	56	1.6	59				
						3	30—55	浅棕灰色	紧砂土	块状	8.2	3.2	0.16	0.94	18.3	64	1.7	40				
						4	55—100	浅棕灰色	紧砂土	块状	8.3	3.1	0.10	0.63	19.0	23	0.8	36				
剖2	干旱土	灰钙土	灰钙土	荒地普通灰钙土	砂质荒地普通灰钙土	1	0—12	浅灰棕红色	砂土	松散状	8.6	3.7				21	0.5				E 107°18′10.4″ N 38°00′05.4″	70
						2	12—27	灰棕红色	砂土	块状	8.5	5.2				39	2.0					
						3	27—53	浅灰棕色	砂壤土	块状	8.5											
						4	53—100	浅灰棕色	砂壤土	块状	8.5											
剖3	干旱土	灰钙土	淡灰钙土	荒地淡灰钙土	夹壤层砂质荒地淡灰钙土	1	0—20	浅灰棕色	紧砂土	块状	8.2	5.3	0.10			43	1.4			洪冲积物	E 106°50′15.3″ N 37°57′12.3″	70
						2	20—37	浅棕灰色	轻壤土	块状	8.3											
						3	37—69	浅灰棕色	砂壤土	块状	8.8											
剖4	盐碱土	草甸盐土	草甸盐土	白盐土	干燥固定浮沙地	1	0—0.3	浅灰棕色	砂土		8.6	4.6				36	8.4				E 107°04′33.2″ N 37°57′34.9″	78
						2	0.3—34	浅棕灰色	松砂土	块状	8.3	2.8	0.11	1.43	25.2	31	5.5					
						3	34—76	浅棕灰色	紧砂土	块状	8.3	4.8										
						4	76—86	浅棕灰色	紧砂土	块状	7.9	4.8										
剖5	初育土	风沙土	草原风沙土	固定风沙土	干燥固定浮沙地	1	0—24	浅棕灰色	砂壤土	块状	8.5	3.9		0.62	21.0	11	3.5	143		风积物	E 107°24′32.0″ N 37°59′19.1″	71
						2	24—39	浅棕灰色	紧砂土	块状	8.5	1.8										
						3	39—62	浅棕灰色	砂壤土	块状	8.4	3.2	0.11									
						4	62—80	浅红棕色	中壤土	块状	8.4	3.7										
						5	80—100		中壤土	块状	8.4	2.1										
剖6	初育土	风沙土	草原风沙土	流动风沙土	低矮流动沙丘	1	0—20		砂壤土	小块状	8.6	1.9	0.03	0.87	20.7	29	3.2	82	3.7	风积物	E 107°20′10.3″ N 37°57′14.9″	85
						2	0—9	浅棕灰色	紧砂土	小块状	8.8	4.5	0.28	0.57		41	4.3					
						3	9—20	灰棕色	紧砂土	块状	8.1	6.5	0.28	0.65		72	8.0					
剖7	初育土	风沙土	草原风沙土	固定风沙土	高大流动沙丘	1	0—20	灰棕色	轻壤土	块状	8.3	4.5								风积物	E 107°15′54.7″ N 37°54′47.5″	94
						2	20—39	浅棕灰色	轻壤土	块状	8.2	3.3										
						3	39—71	浅棕灰色	砂壤土	块状	8.1	5.1										
						4	71—110	浅棕灰色	紧砂土	块状	8.1	4.3										
						5	110—150	浅棕色	紧砂土	块状												
剖8	初育土	风沙土	草原风沙土	流动风沙土		1	0—20		松砂土	块状	8.2	0.8	0.03	0.80	23.2	10	2.9			风积物	E 107°24′43.7″ N 37°51′20.5″	84
						2	0—0.3				8.8											
						3	0.3—2				9.0											
						4	2—27	浅棕灰色	砂壤土	块状	8.9	7.7	0.27	1.04	30.4	28	2.0					
剖9	盐碱土	草甸盐土	草甸盐土	松盐土		5	27—47	灰棕色	轻壤土	块状	8.2	6.6						98			E 107°31′03.4″ N 37°53′01.0″	96
						6	47—70	浅棕灰色	轻壤土	块状	7.9	2.8										
						7	70—120	浅棕灰色	细砂土	块状	8.1	4.2										
						8	120—140	浅灰棕色	细砂土	块状	7.9	2.4										
							140—165	浅灰棕色	砂壤土	块状	8.2	1.0										
剖10	干旱土	灰钙土	侵蚀灰钙土	荒地侵蚀灰钙土		1	0—19	浅灰棕色	黏土	块状	8.5	5.1	0.52	0.52	20.2	25	0.5				E 107°14′44.4″ N 37°48′38.9″	73
						2	19—44	棕色	黏土	块状	8.3	2.4										
						3	44—66	棕色	黏土	块状	8.1	3.2										
						4	66—100	棕褐绿色	黏土	块状	8.1	3.0										

续表 Continued

剖面号 Soil profile	土纲 Soil order	土类 Soil great group	亚类 Soil subgroup	土属 Soil genus	土种 Soil species	土层码 Layer code	土层厚度 Depth/cm	颜色 Soil color	质地 Soil texture	土壤结构 Soil structure	pH	有机质 OM/(g/kg)	全氮 TN/(g/kg)	全磷 TP/(g/kg)	全钾 TK/(g/kg)	碱解氮 AN/(mg/kg)	有效磷 AP/(mg/kg)	速效钾 AK/(mg/kg)	阳离子交换量CEC/(cmol/kg)	土壤母质 Parent material	剖面点坐标 Profile coordinate	匹配指数 Matching index/%
剖11	初育土	新积土	新积土	堆垫土		1	0–22	浅灰棕色	砂壤土	小块状	8.5	5.0	0.23	1.25	25.2	30	6.1				E 107°08′05.5″ N 37°48′11.3″	79
						2	22–40	浅棕色	砂壤土	块状	8.4	3.6										
						3	40–70	浅棕灰色	砂壤土	块状	8.0	2.5										
						4	70–112	浅棕色	砂壤土	块状	8.4	2.0										
						5	112–150	浅棕色	砂壤土	小块状	8.9	2.2										
剖12	干旱土	灰钙土	灰钙土	耕种普通灰钙土		1	0–20	浅棕色	轻壤土	块状	8.6	5.5	0.06	1.23	23.0	24	4.0				E 107°04′32.4″ N 37°48′00.2″	86
						2	20–50	浅棕灰色	轻壤土	块状	8.5											
						3	50–96	浅棕色	轻壤土	块状												
						4	96–150	浅棕色	轻壤土	块状												
剖13	半水成土	潮土	盐化潮土	盐化潮土		1	0–15	黑褐色	轻壤土	块状	8.8	21.2	1.18	0.56	18.3	79	2.0	652	7.8	河流冲积物	E 107°04′46.4″ N 37°40′18.9″	73
						2	15–32	灰棕色	轻壤土	块状	8.7	9.6	0.73	0.45	21.5	19	0.8	393	6.9			
						3	32–56	灰棕色	轻壤土	块状	8.8	4.9							7.2			
						4	56–90	灰棕色	轻壤土	块状	8.6	5.2							10.8			
						5	90–120	浅棕灰色	轻壤土	块状	8.1	4.2							5.6			
						6	120–150	浅棕灰色	轻壤土	块状	8.1	3.6							4.4			
剖14	盐碱土	碱土	龟裂碱土	龟裂碱土	轻白僵土	1	0–2	浅灰棕色	中壤土	龟裂块状	9.9	3.9	0.13	0.78	19.0	36	14.0	284	6.0		E 107°25′15.4″ N 37°46′49.6″	75
						2	2–3.5	棕灰色	砂壤土		10.1	4.8	0.13	0.57	16.6	106	18.3	154	3.6			
						3	3.5–16	棕灰色	中壤土	片状	10.0	4.4	0.17	0.87	19.0	40	4.3	164	5.3			
						4	16–34	棕色	重壤土	片状	9.0	3.8	0.13	0.76	19.5			126	6.2			
						5	34–45	棕色	轻壤土	片状	9.6	2.1							5.0			
						6	45–55	棕色	轻壤土	块状	9.6	3.3							4.3			
						7	55–68	棕灰色	轻壤土	块状	9.6	3.3							4.0			
						8	68–110	红棕色	紧砂土	块状	10.0	1.2							4.8			
剖15	初育土	风沙土	草原风沙土	半固定风沙土	干燥半固定浮沙地	1	0–25	浅灰棕色	紧砂土	块状	8.7	2.8	0.13	0.53	18.3	16	3.0		3.9	风积物	E 107°25′14.9″ N 37°45′50.0″	72
						2	25–48	浅棕灰色	紧砂土	块状	8.5	4.0	0.38	0.22	17.8				3.0			
						3	48–90	浅棕灰色	紧砂土	块状	8.5	4.5	0.40	0.53	17.8				6.3			
						4	90–130	浅棕灰色	紧砂土	块状	8.3	0.9	0.43	0.67	19.5				3.0			
						5	130–150	浅棕灰色	浮砂土	块状	8.4	3.9	0.29	0.70	17.8				4.7			
剖16	干旱土	灰钙土	淡灰钙土	荒地淡灰钙土	砂壤质荒地淡灰钙土	1	0–5	浅棕灰色	紧砂土	块状	8.5									洪冲积物	E 106°40′15.7″ N 37°36′16.6″	96
						2	5–26	浅棕灰色	轻壤土	块状	8.5	6.5	0.22	1.14	24.2	30	微量	78	2.6			
						3	26–60	浅棕灰色	砂壤土	块状		3.4										
						4	60–100	浅棕灰色	砂壤土	块状		3.5										
剖17	干旱土	灰钙土	淡灰钙土	荒地淡灰钙土	夹霜层砂壤质荒地淡灰钙土	1	0–5	浅棕灰色	紧砂土	块状	8.4	9.0								洪冲积物	E 106°42′06.8″ N 37°35′24.4″	84
						2	5–23	浅棕灰色	轻壤土	块状	8.4	5.9	0.23	0.67	19.0	32	2.0	68	4.4			
						3	23–38	浅棕灰色	轻壤土	块状	8.5	2.0							4.6			
						4	38–60	浅棕灰色	砂壤土	块状	8.7	2.0							4.2			
						5	60–100	浅棕灰色	砂壤土	块状	8.5	7.1							4.1			
剖18	干旱土	灰钙土	淡灰钙土	耕种淡灰钙土	砂壤质耕种淡灰钙土	1	0–20	浅棕白色	砂壤土	块状	8.4	3.9	0.26	1.04	23.7	35	16.0			洪冲积物	E 106°42′36.4″ N 37°34′22.4″	100
						2	20–42	浅棕灰色	砂壤土	块状	8.5	3.1										
						3	42–68	浅灰色	砂壤土	块状	9.0	1.5										
						4	68–106	浅灰色	砂壤土	块状												
						5	106–150	浅棕色	砂壤土	块状	8.8	1.4										

续表 Continued

剖面号 Soil profile	土纲 Soil order	土类 Soil great group	亚类 Soil subgroup	土属 Soil genus	土种 Soil species	土层码 Layer code	土层厚度 Depth/cm	颜色 Soil color	质地 Soil texture	土壤结构 Soil structure	pH	有机质 OM/(g/kg)	全氮 TN/(g/kg)	全磷 TP/(g/kg)	全钾 TK/(g/kg)	碱解氮 AN/(mg/kg)	有效磷 AP/(mg/kg)	速效钾 AK/(mg/kg)	阳离子交换量 CEC/(cmol/kg)	土壤母质 Parent material	剖面点坐标 Profile coordinate	匹配指数 Matching index/%
剖19	干旱土	灰钙土	淡灰钙土	耕种淡灰钙土	夹壤层砂壤质耕种淡灰钙土	1	0—20	浅棕色	砂壤土	块状	8.4	4.6	0.30	1.16	23.7	24	4.4		6.0	洪冲积物	E 106°38′53.2″ N 37°33′34.9″	86
						2	20—40	浅棕色	轻壤土	块状	8.4	4.9	0.49	0.65	23.0				3.9			
						3	40—59	浅棕色	砂壤土	块状	8.5	3.1	0.49	0.84	18.7				3.4			
						4	59—80	棕红色	轻壤土	块状	8.8	2.6	0.38	1.19	20.7				3.1			
						5	80—130	棕红色	中壤土	块状	8.9	3.1	0.42	1.06	15.3				2.9			
						6	130—150	浅棕棕色	轻壤土	小块状	8.8	2.9	0.19	0.86	14.5				1.8			
剖20	干旱土	灰钙土	淡灰钙土	耕种淡灰钙土	夹壤层砂壤质耕种淡灰钙土	1	0—20	浅灰棕色	砂土	块状	8.6	5.8	0.18	0.72	19.5	29	16.0			洪冲积物	E 106°36′04.0″ N 37°33′07.6″	78
						2	20—41	浅灰白色	砂壤土	块状	8.7	3.7	0.05	1.00	20.0							
						3	41—70	灰棕色	轻壤土	块状	8.8	4.1										
						4	70—100	棕灰色	中壤土	块状	8.7	3.6										
剖21	干旱土	灰钙土	淡灰钙土	荒地淡灰钙土	轻壤质荒地淡灰钙土	1	0—7		浮砂土		8.5									洪冲积物	E 106°45′04.5″ N 37°38′07.8″	88
						2	7—26	浅棕色	轻壤土	块状	8.3	7.1				32	微量					
						3	26—38	浅棕色	砂壤土	块状	8.4											
						4	38—53	浅棕色	砂壤土	块状	8.6											
						5	53—100	浅棕色	轻壤土	小块状	8.8											
剖22	初育土	风沙土	草原风沙土	半固定风沙土		1	0—19	浅灰棕色	紧砂土	块状	8.5	0.7			23.2	10	1.5		6.6	风积物	E 106°50′11.4″ N 37°35′45.2″	99
						2	19—47	浅棕色	松砂土	块状	8.4	1.3							7.1			
						3	47—88	浅棕色	松砂土	块状	8.3	0.8							7.1			
						4	88—115	浅棕色	紧砂土	块状	8.1	2.9							10.2			
剖23	初育土	风沙土	草原风沙土	流动风沙土		1	0—20	浅棕色	砂土	块状	9.0	2.5								风积物	E 107°14′08.5″ N 37°39′58.0″	78
						2	20—58	棕灰色	砂土	块状	8.5					12	3.9					
						3	58—110		砂土	块状	7.9											
剖24	干旱土	灰钙土	侵蚀灰钙土	耕种侵蚀灰钙土	砂壤质耕种侵蚀灰钙土	1	0—23	浅棕红色	砂壤土	块状	8.3	3.5				22	7.3				E 107°13′05.8″ N 37°36′19.8″	81
						2	23—37	浅红棕色	砂壤土	块状	9.6											
						3	37—66	浅红棕色	重壤土	块状	8.6											
						4	66—83	浅白棕色	重壤土	块状	9.2											
						5	83—95	红棕色	黏土	片状, 块状	8.9											
剖25	初育土	新积土	冲积土	耕种冲积新积土		1	0—20	浅灰棕色	浮砂土	块状	8.2	6.9				29	11.8				E 107°06′01.6″ N 37°36′17.7″	100
						2	20—35	浅棕色	砂壤土	块状	8.4											
						3	35—63	青灰色	中壤土	块状	8.6											
						4	63—90	青灰色	重壤土	块状	8.5											
						5	90—140	青灰色	黏土	块状	8.6											
剖26	干旱土	灰钙土	侵蚀灰钙土	耕种侵蚀灰钙土		1	0—1	浅棕色	浮砂土	块状	8.7	3.0				29	8.4				E 107°13′15.2″ N 37°30′44.6″	78
						2	1—20	浅棕色	砂壤土	块状	8.7	7.1				69	16.0					
						3	20—48	浅棕红色	轻壤土	块状	8.6											
						4	48—80	浅棕红色	轻壤土	块状	8.5											
						5	80—100	浅棕红色	轻壤土	块状	8.6											
						6	100—150	浅棕色	轻壤土	块状	8.7											
剖27	初育土	风沙土	草原风沙土	流动风沙土	中等高流动沙丘	1	0—20	浅棕黄色	松砂土	小块状	8.3	4.0	0.64	0.69	18.7	22	3.8	101		风积物	E 107°19′16.0″ N 37°32′21.1″	84
剖28	干旱土	灰钙土	侵蚀灰钙土	耕种侵蚀灰钙土	轻壤质耕种侵蚀灰钙土	1	0—20	浅棕色	轻壤土	块状	8.5	2.7				33	3.4				E 107°16′17.8″ N 37°31′10.9″	75
						2	20—44	浅棕色	轻壤土	块状	8.8	1.0				45	1.0					
						3	44—69	浅棕色	轻壤土	块状	8.6											
						4	69—100	浅棕色	轻壤土	块状	9.0											
						5	100—150	浅棕色	轻壤土	块状	8.7											

续表 Continued

剖面号 Soil profile	土纲 Soil order	土类 Soil great group	亚类 Soil subgroup	土属 Soil genus	土种 Soil species	土层码 Layer code	土层厚度 Depth/cm	颜色 Soil color	质地 Soil texture	土壤结构 Soil structure	pH	有机质 OM/(g/kg)	全氮 TN/(g/kg)	全磷 TP/(g/kg)	全钾 TK/(g/kg)	碱解氮 AN/(mg/kg)	有效磷 AP/(mg/kg)	速效钾 AK/(mg/kg)	阳离子交换量CEC/(cmol/kg)	土壤母质 Parent material	剖面点坐标 Profile coordinate	匹配指数 Matching index/%
剖29	干旱土	灰钙土	灰钙土	耕种普通灰钙土	夹黏层砂质耕种普通灰钙土	1	0—20	浅灰棕色	紧砂土	小块状	8.2	4.3	0.31	0.55	20.0	55	3.3	80			E 106°57′12.9″ N 37°27′37.6″	93
						2	20—55	浅灰棕色	轻壤土	块状	7.9	6.7	0.17	0.91	17.8	17	2.0	29				
						3	55—85	浅棕红色	砂壤土	块状	7.8	2.9	0.03	0.50	12.1	28	3.8	99				
						4	85—110	浅棕红色	砂壤土	块状	7.8	0.9	0.01	0.50	14.2	16	1.7	48				
						5	110—150	浅棕红色	砂壤土	块状	7.8	0.8	0.01	0.55	9.3	11	6.5	45				
						6	150—															
剖30	初育土	新积土	新积土	耕种洪积新积土		1	0—23	浅棕色	砂壤土	屑粒状	8.5	4.6	0.18	1.07	28.0	9	6.8		7.1		E 106°46′22.9″ N 37°23′42.6″	74
						2	23—46	浅棕灰色	轻壤土	片状	8.5	6.3							7.4			
						3	46—70	浅棕灰色	轻壤土	块状	8.4	4.8							7.1			
						4	70—105	浅棕灰色	砂壤土	块状	8.7	4.2							6.6			
						5	105—150	浅棕灰色	砂壤土	块状	8.8	3.7							7.7			
剖31	干旱土	灰钙土	侵蚀灰钙土	耕种侵蚀灰钙土	夹黏层砂质耕种侵蚀灰钙土	1	0—20	浅棕红色	砂土	小核状	8.8	5.6				27	10.8				E 107°11′56.4″ N 37°29′03.1″	93
						2	20—37	红棕色	轻壤土	片状	7.4											
						3	37—50	红棕色	中壤土	片状	8.5											
						4	50—70	红棕色	重壤土	片状	8.5											
						5	70—120	红棕色	黏土	厚片状	8.3											
剖32	干旱土	灰钙土	侵蚀灰钙土	荒地侵蚀灰钙土	砂岩砂壤质荒地侵蚀灰钙土	1	0—16	浅棕红色	砂壤土	块状	8.4	3.1				19	0.5				E 107°15′10.8″ N 37°28′30.0″	79
						2	16—43	浅红棕色	砂壤土	块状	8.4											
						3	43—55	浅红棕色	砂壤土	块状	8.4											
						4	55—78	浅红棕色	砂壤土	块状	8.4											
						5	78—100	红棕色	砂土	块状	8.4											
剖33	干旱土	灰钙土	侵蚀灰钙土	荒地侵蚀灰钙土	中壤质荒地侵蚀灰钙土	1	0—18	浅棕灰色	中壤土	块状	8.5	10.4				34	3.9				E 107°15′56.9″ N 37°27′13.0″	83
						2	18—35			厚片状	8.6											
						3	35—66	浅棕灰色		厚片状	9.5											
剖34	干旱土	灰钙土	侵蚀灰钙土	耕种侵蚀灰钙土	砂质耕种侵蚀灰钙土	1	0—20	浅棕色	砂土	小块状	8.2	6.9	0.26	0.56	18.7	36	18.4	257			E 106°42′58.7″ N 37°15′38.5″	79
						2	20—50	浅棕色	砂壤土	块状	8.4	4.0				39	3.4	359				
						3	50—70	浅棕色	砂壤土	块状	8.4	3.8				23	2.4	228				
						4	70—100	浅棕色	砂壤土	块状	8.2	2.4				18	1.6	37				
						5	100—150	浅棕色	砂壤土	块状	8.3	2.4				11	3.0	103				
剖35	干旱土	灰钙土	侵蚀灰钙土	耕种侵蚀灰钙土		1	0—20	浅棕灰色	砂壤土	小块状	8.1	6.5	0.36	0.59	20.0	46	1.3	111			E 107°15′56.9″ N 37°27′13.0″	77
						2	20—37	浅绿棕色	砂壤土	块状	7.8	13.5										
						3	37—50	灰白色	砂壤土	块状	7.7	4.7										
						4	50—															
剖36	干旱土	灰钙土	侵蚀灰钙土	荒地侵蚀灰钙土	轻壤质荒地侵蚀灰钙土	1	0—25	浅棕灰色	轻壤土	块状	8.4	3.0				21	7.5				E 106°40′07.7″ N 37°13′05.2″	88
						2	25—70	浅红棕色	轻壤土	块状	8.3	7.9				25	3.5					
						3	70—100	浅红棕色	砂壤土	块状	8.5											
剖37	干旱土	灰钙土	侵蚀灰钙土	荒地侵蚀灰钙土	砂质荒地侵蚀灰钙土	1	0—36	浅灰棕色	砂土	小块状	8.5	3.4				16	2.1				E 106°40′46.9″ N 37°11′37.0″	94
剖38	干旱土	灰钙土	侵蚀灰钙土			2	36—56	浅灰棕色	砂土	小块状	8.7										E 106°42′01.4″ N 37°11′37.0″	70
						3	56—105	浅灰棕色	砂壤土	片状、块状	8.7											
						4	105—150	浅灰棕色	砂壤土	块状	8.8											

续表 Continued

剖面号 Soil profile	土纲 Soil order	土类 Soil great group	亚类 Soil subgroup	土属 Soil genus	土种 Soil species	土层码 Layer code	土层厚度 Depth/cm	颜色 Soil color	质地 Soil texture	土壤结构 Soil structure	pH	有机质 OM/(g/kg)	全氮 TN/(g/kg)	全磷 TP/(g/kg)	全钾 TK/(g/kg)	碱解氮 AN/(mg/kg)	有效磷 AP/(mg/kg)	速效钾 AK/(mg/kg)	阳离子交换量CEC/(cmol/kg)	土壤母质 Parent material	剖面点坐标 Profile coordinate	匹配指数 Matching index/%
剖39	钙层土	黑垆土	黑垆土	侵蚀黑垆土	砂壤质耕种侵蚀黑垆土	1	0—20	浅棕灰色	砂壤土	小块状、粒状	8.5	2.8				21	4.5			黄土	E 106°48′37.8″ N 37°15′46.4″	70
						2	20—68	浅棕灰色	砂壤土	块状	8.7											
						3	68—114	浅棕色	砂壤土	块状	8.9											
						4	114—150	浅棕色	砂壤土	块状	8.7											
剖40	钙层土	黑垆土	黑垆土	侵蚀黑垆土	轻壤质荒地侵蚀黑垆土	1	0—20	灰棕色	轻壤土	块状	8.2	10.1	0.44	1.28	23.7	86	2.5	74	5.8	黄土	E 106°46′15.0″ N 37°15′18.5″	87
						2	20—60	浅棕色	轻壤土	块状	8.2	3.7	0.31	1.18	24.5	38	2.5		4.0			
						3	60—105	浅棕色	砂壤土	块状	8.5	2.3	0.09	1.32	25.0				3.7			
						4	105—150	浅灰棕色	砂壤土	块状	8.5	2.3	0.06	1.18	23.3				3.7			
剖41	钙层土	黑垆土	黑垆土	侵蚀黑垆土	轻壤质耕种侵蚀黑垆土	1	0—24	灰棕色	轻壤土	粒状、小块状	8.1	9.1	0.31	1.23	23.7	40	3.4			黄土	E 106°50′57.5″ N 37°12′56.3″	87
						2	24—70	浅棕色	轻壤土	块状	8.3	3.7										
						3	70—103	浅棕色	轻壤土	块状	8.4	3.7										
						4	103—150	浅棕色	砂壤土	块状	8.5	4.3										
剖42	钙层土	黑垆土	黑垆土	侵蚀黑垆土	砂壤质荒地侵蚀黑垆土	1	0—27	浅灰棕色	砂壤土	块状	8.4	5.3				18	1.2			黄土	E 107°14′32.6″ N 37°16′25.7″	83
						2	27—56	浅灰棕色	砂壤土	块状												
						3	56—80	浅棕色	砂壤土	块状												
						4	80—100	浅棕灰色	砂壤土	块状												

同 心 县

主要土类说明

灰钙土是同心县主要土壤类型，占本县地域面积的47%，分布在王团乡的马家套子、下马关的谢家山及新庄集的徐冰水以北地区。其成土母质主要有洪冲积物、坡积物和黄土等，部分沟坡地区尚有第三纪红土裸露。灰钙土分布区因降雨少，可溶盐与碳酸钙的淋溶较弱。土层厚一般在30cm以下，出现较紧实的钙积层，局部地区尚有石膏层出现。

黄绵土是同心县第二大土壤类型，占本县地域面积的26%，分布在本县窑山、张家螈、胡家堡子、阵石塘等地。其成土母质为第四纪风积黄土，川地、涧地处为次生黄土。黄绵土色泽很浅，一般为浅棕色。土体松软深厚，有的有不明显的有机质层，其厚度小于30cm。

新积土是同心县第三大土壤类型，占本县地域面积的12%，主要分布在沟谷地、河滩地、坝地、川地及洼地。洪积新积土主要是由人工打坝拦洪淤积或引洪漫地淤积而成的，分布在下流水东的坝地、民河沙两岸以及下马关的白家滩等地。冲积新积土为河流近期冲积而成，主要分布于清水河河滩上。冲积物在洪水期间常被淹没，有明显的沉积层次。风积新积土与风沙土常组成复区，主要分布于下马关、城镇和城关一带，土壤肥力低。盐渍新积土是近代洪积和冲积作用形成的含可溶盐较高的洪冲积物，地表有盐霜，剖面中则可见到盐结晶，主要分布在城关乡、河西乡、下流水乡的河滩地上。

黑垆土占本县地域面积的5%，分布在本县王团乡的马家套子、窑山的康家湾、新压渠的徐冰水、下马关的谢家山一线以南地区。其成土母质为黄土。黑垆土土层深厚，有机质层厚度达55cm，在心土内有明显的斑点状及假菌丝体状石灰淀积物，结构面有少量胶膜，质地均一，为含粗粉砂粒多的轻壤土或中壤土，疏松多孔。

风沙土占本县地域面积的4%，主要分布在本县红寺堡与王家团庄，黄河冲积平原内的芦草洼和洪广营等地也有分布。本县风沙土主要为流动风沙土，特点是无发育，颗粒松散，无结构。本县固定风沙土的形态以固定沙丘为主，地表已形成1—2cm厚的沙质结皮，但易被破坏。固定风沙土土壤有机质已有积累，养分含量稍有增加，质地变细，多为紧砂土，并具有一定的结构，一般为块状，已有初步的土壤形成作用，具有一定的肥力。

粗骨土占本县地域面积的3%。粗骨土无明显的发育特征，或仅有初步形成的腐殖质层，厚5—10cm，再下为10—20cm的半风化状态的岩石碎屑与细土混合物。粗骨土砾石含量一般大于30%，保水性很差，土体经常呈干燥状态。粗骨土均有石灰反应，但石灰反应的强弱与母岩的性质有关，发育在石灰岩母质上的粗骨土，全剖面石灰反应均较强；发育在砂岩母质上的，石灰反应较弱。

小于本县地域面积3%的土壤类型还有草甸盐土、灰褐土、红黏土、漠境盐土、灌淤土。

本区域中心区气候特征

本区域中心区气候特征值
Regional climate characteristics in central area of the region

气候带：中温带亚干旱气候 Climate region: Mid temperate sub arid climate	
年平均气温 /℃ Annual average temperature /℃	8.8
年平均最高气温 /℃ Annual average maximum temperature /℃	15.5
年平均最低气温 /℃ Annual average minimum temperature /℃	3.3
年降水量 /mm Annual precipitation /mm	310
≥ 10℃的积温 /℃ Daily temperature accumulated in a year（≥ 10℃）/℃	3137
年日照时数 /h Annual sunshine /h	2665
年平均相对湿度 /% Annual average relative humidity /%	57
干燥度 Dryness	1.91

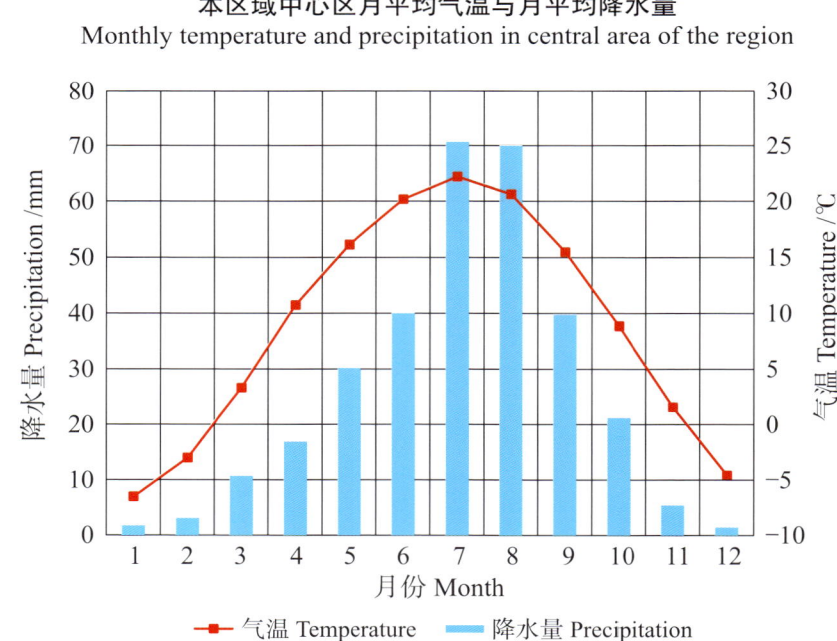

本区域中心区月平均气温与月平均降水量
Monthly temperature and precipitation in central area of the region

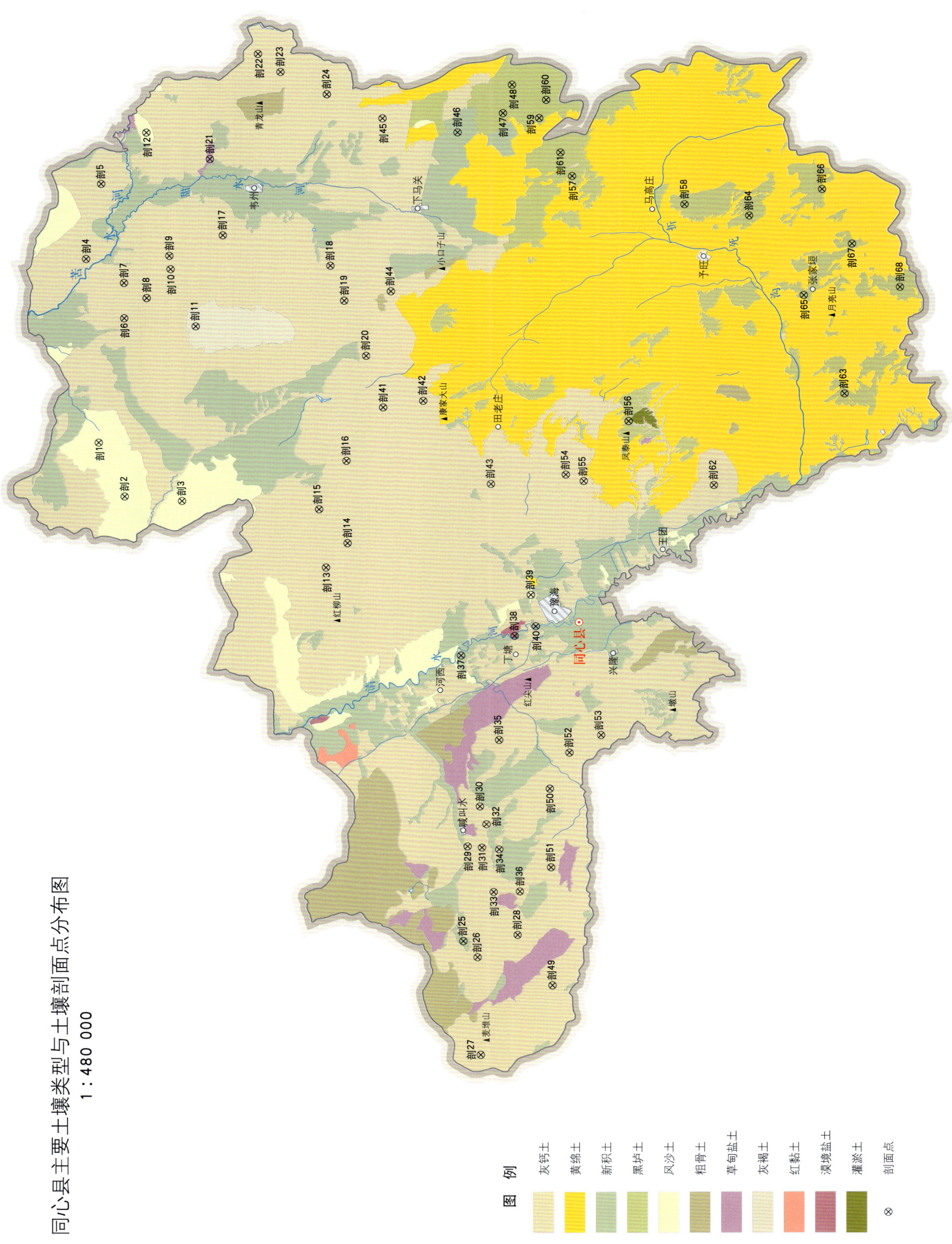

同心县土壤剖面理化性状表

剖面号 Soil profile	土纲 Soil order	土类 Soil great group	亚类 Soil subgroup	土属 Soil genus	土种 Soil species	土层码 Layer code	土层厚度 Depth/cm	颜色 Soil color	质地 Soil texture	土壤结构 Soil structure	pH	有机质 OM/(g/kg)	全氮 TN/(g/kg)	全磷 TP/(g/kg)	全钾 TK/(g/kg)	碱解氮 AN/(mg/kg)	有效磷 AP/(mg/kg)	速效钾 AK/(mg/kg)	阳离子交换量CEC/(cmol/kg)	土壤母质 Parent material	剖面点坐标 Profile coordinate	匹配指数 Matching index/%
剖1	初育土	风沙土	草原风沙土	固定风沙土		1	0-28	浅棕色	砂土	块状										风积物	E 106°08′15.4″ N 37°27′06.5″	73
						2	28-48	浅棕色	砂土	块状												
						3	48-80	浅棕色	砂土	块状												
剖2	初育土	风沙土	草原风沙土	半固定风沙土	半固定沙土	1	0-10	浅棕色	砂土	小块状	8.4									风积物	E 106°03′52.2″ N 37°25′32.5″	85
						2	10-25	浅棕色	砂壤土	块状	8.7	3.7				15	4.5					
						3	25-76	浅棕色	砂壤土	块状	8.6											
						4	76-100	浅棕色	松砂土		8.4											
剖3	初育土	风沙土	草原风沙土	半固定风沙土	底盐半固定浮沙土	1	0-15	浅棕色	砂壤土	块状	8.3									风积物	E 106°03′27.4″ N 37°21′58.7″	76
						2	15-54	微红棕色	中壤土	块状	8.2	2.3				23	3.8					
						3	54-95	棕色	砂壤土	块状	7.6											
						4	95-140		砂壤土		7.7											
剖4	干旱土	灰钙土	侵蚀灰钙土	耕种侵蚀底盐半固土		1	0-20	浅灰棕色	轻壤土	块状	8.8	7.0				44	4.1				E 106°23′04.2″ N 37°27′43.9″	72
						2	20-41	浅灰棕色	中壤土	块状	8.2											
						3	41-89	浅灰棕色	砂壤土	块状	8.3											
						4	89-100			块状	8.3											
剖5	干旱土	灰钙土	侵蚀灰钙土	侵蚀灰钙土	轻壤土	1	0-28	浅灰棕色	轻壤土	块状	8.6	4.2		0.38	15.8	25	1.3	73	5.9		E 106°29′07.8″ N 37°26′43.1″	73
						2	28-62	浅灰棕色	轻壤土	块状	8.7	4.4		0.39								
						3	62-100	浅灰棕色	中壤土	块状	8.8	2.4		0.40								
剖6	干旱土	灰钙土	淡灰钙土	淡灰钙土	耕种淡灰钙土	1	0-16	浅灰棕色	轻壤土	块状	8.5	7.2		0.46	16.4	26	3.3	115		洪冲积物	E 106°18′16.2″ N 37°25′25.3″	88
						2	16-45	浅灰棕色	轻壤土	块状	8.6											
						3	45-73	浅红棕色	中壤土	块状	8.7											
						4	73-100	浅灰棕色	轻壤土	块状	8.6											
剖7	干旱土	灰钙土	淡灰钙土	淡灰钙土	砂土	1	0-20	浅灰棕色	砂土	小块状	8.5	3.2				24	0.9			洪冲积物	E 106°21′04.6″ N 37°25′23.8″	90
						2	20-50	浅灰棕色	砂土	块状	8.5											
						3	50-90	浅灰棕色	砂土	块状	8.7											
						4	90-120	浅灰棕色	砂土	块状	8.7											
剖8	干旱土	灰钙土	淡灰钙土	淡灰钙土	浅位薄黏层轻壤土	1	0-22	浅灰棕色	轻壤土	块状	8.2	7.5				41				洪冲积物	E 106°19′51.4″ N 37°24′00.1″	85
						2	22-57	浅灰棕色	黏土	块状	8.2											
						3	57-83	浅红棕色	轻壤土	块状	8.1											
						4	83-111	浅红棕色	中壤土	块状	8.2											
						5	111-136	浅灰棕色	轻壤土	块状	8.5											
剖9	干旱土	灰钙土	淡灰钙土	淡灰钙土	壤层砂壤土	1	0-15	浅灰棕色	砂壤土	块状	8.6	7.3				17	1.2			洪冲积物	E 106°23′14.3″ N 37°22′33.2″	87
						2	15-45	浅红棕色	轻壤土	块状	8.3											
						3	45-76	棕色	中壤土	块状	8.2											
剖10	干旱土	灰钙土	淡灰钙土	淡灰钙土	中层砂壤土	1	0-20	浅灰棕色	砂土	块状	8.5									洪冲积物	E 106°22′09.1″ N 37°22′29.3″	75
						2	20-32	浅褐棕色	中壤土	块状、粒状												
剖11	半淋溶土	灰褐土	石灰性灰褐土			1	0-12	浅褐棕色	中壤土	块状	8.3	39.9	1.91	0.34		164	2.5		18.9		E 106°17′32.6″ N 37°20′58.6″	87
						2	12-28	灰褐棕色	中壤土	块状	8.2	17.6	0.84	0.60		125	0.5					
						3	28-55	棕色	中壤土	块状	8.5	9.7				57						
剖12	初育土	风沙土	草原风沙土	半固定风沙土	高型半固定沙丘	1	0-13	浅褐棕色	砂土	单粒状										风积物	E 106°33′13.7″ N 37°23′51.6″	90
						2	13-35	浅棕色	砂土	块状												
						3	35-77	浅棕色	砂土	块状												
						4	77-102	浅棕色	砂土	块状												

续表 Continued

剖面号 Soil profile	土纲 Soil order	土类 Soil great group	亚类 Soil subgroup	土属 Soil genus	土种 Soil species	土层码 Layer code	土层厚度 Depth/cm	颜色 Soil color	质地 Soil texture	土壤结构 Soil structure	pH	有机质 OM/(g/kg)	全氮 TN/(g/kg)	全磷 TP/(g/kg)	全钾 TK/(g/kg)	碱解氮 AN/(mg/kg)	有效磷 AP/(mg/kg)	速效钾 AK/(mg/kg)	阳离子交换量CEC/(cmol/kg)	土壤母质 Parent material	剖面点坐标 Profile coordinate	匹配指数 Matching index/%
剖13	干旱土	灰钙土	淡灰钙土	淡灰钙土	薄层砂壤土	1	0—28	浅灰棕色	砂壤土	块状	8.6									洪冲积物	E 105° 58′ 00.8″ N 37° 13′ 04.4″	71
剖14	干旱土	灰钙土	侵蚀灰钙土	侵蚀底盐灰钙土		1	0—17	浅灰棕色	砂壤土	块状	8.3	13.9	0.87	0.52	16.8	62	2.1		4.1		E 105° 59′ 36.7″ N 37° 11′ 43.0″	83
						2	17—30	浅灰棕色	砂壤土	块状	8.4	12.3	0.87	0.41								
						3	30—66	棕色	砂壤土	块状	8.0	9.1										
						4	66—100		砂土	小块状	8.7	6.1										
剖15	干旱土	灰钙土	侵蚀灰钙土	侵蚀灰钙土	砂壤土	1	0—20	浅灰棕色	砂壤土	块状	8.6	2.7	0.18	0.53	17.2	11	4.3	127			E 106° 02′ 40.6″ N 37° 13′ 27.8″	93
						2	20—64	浅灰棕色	砂壤土	块状	8.8	2.3	0.15	0.59								
						3	64—95	浅灰棕色	砂壤土	块状	8.8	2.3										
						4	95—150	浅灰棕色	砂壤土	块状	8.6	2.3										
剖16	干旱土	灰钙土	侵蚀灰钙土	侵蚀灰钙土	壤层砂壤土	1	0—20	浅灰棕色	砂土	块状	8.2	4.5				24	3.8				E 106° 06′ 33.7″ N 37° 11′ 43.1″	94
						2	20—38	浅灰棕色	轻壤土	块状	8.2											
						3	48—56	浅灰棕色	轻壤土	块状	8.4											
						4	56—100	浅灰棕色	轻壤土	块状	8.5											
剖17	干旱土	灰钙土	淡灰钙土	淡灰钙土	中层轻壤	1	0—16	浅灰棕色	砂壤土	小块状	8.5	11.0	0.69	0.45	16.0	43	0.8	230		洪冲积物	E 106° 24′ 50.8″ N 37° 19′ 12.7″	77
						2	16—35	浅灰棕色	轻壤土	块状	8.5											
						3	35—70	浅灰棕色	轻壤土	块状	8.4											
						4	70—100	浅灰棕色	轻壤土	块状	8.5											
剖18	干旱土	灰钙土	淡灰钙土	山地灰钙土	薄层轻壤	1	0—20	浅灰棕色	轻壤土	块状										洪冲积物	E 106° 22′ 16.7″ N 37° 12′ 32.8″	100
						2	20—35	浅灰棕色	轻壤土	块状												
						3	35—50	浅灰棕色	轻壤土	块状												
剖19	盐碱土	草甸盐土	草甸盐土	松盐土	中层轻壤	1	0—14	灰棕色	砂壤土	块状	8.6	21.0	0.33	0.32		80	6.3				E 106° 19′ 27.5″ N 37° 11′ 43.1″	88
						2	14—30	浅红棕色	中壤土	块状	8.4	9.8	0.28	0.34								
剖20	干旱土	灰钙土	侵蚀灰钙土	侵蚀灰钙土		1	0—20	浅红棕色	中壤土	块状	8.6		0.51	0.51		39	0.2				E 106° 15′ 01.8″ N 37° 10′ 24.6″	89
						2	20—38	浅灰棕色	砂壤土	块状	8.1	7.0				23	8.1					
						3	0.4—3.9	浅灰棕色	砂壤土		6.5	6.5				22	6.5					
剖21						2	3.9—20	浅灰棕色	砂壤土		7.5	5.1				16	2.5				E 106° 31′ 25.1″ N 37° 16′ 50.6″	75
						3	20—39	浅灰棕色	砂壤土	块状												
						5	39—80	浅灰棕色	砂壤土	块状												
						6	80—100	浅灰棕色	砂壤土	块状												
剖22	干旱土	灰钙土	淡灰钙土	淡灰钙土	砂壤土	1	0—14	棕色	砂壤土	小块状	7.8	6.0				26	1.3			洪冲积物	E 106° 39′ 25.1″ N 37° 16′ 50.6″	87
						2	14—32	棕色	砂壤土	块状	7.8											
						3	33—80	灰白色	砂壤土	块状	7.9											
						4	80—110	浅棕色	砂壤土	块状	8.0											
剖23	干旱土	灰钙土	侵蚀灰钙土	耕种侵蚀灰钙土		1	0—15	浅棕色	轻壤土	小块状	8.2	6.7				18	6.8				E 106° 37′ 56.3″ N 37° 15′ 27.8″	72
						2	15—57	浅灰棕色	轻壤土	块状	7.7											
						3	57—87	浅灰棕色	轻壤土	块状	8.6											
剖24	干旱土	灰钙土	侵蚀灰钙土	侵蚀灰钙土		1	0—20	浅灰棕色	轻壤土	块状	8.4	11.4	0.82	0.45	17.2	22	1.4	180	9.4		E 106° 36′ 05.5″ N 37° 12′ 36.3″	85
						2	20—42	浅灰棕色	轻壤土	块状	8.4		0.52	0.46	15.4			103	7.5			
						3	42—80	浅灰棕色	轻壤土	块状	8.6		0.26	0.37	16.2			100	5.8			
						4	80—100	浅灰棕色	轻壤土	块状	8.5		0.20	0.47	16.8			153	5.3			

续表 Continued

剖面号 Soil profile	土纲 Soil order	土类 Soil great group	亚类 Soil subgroup	土属 Soil genus	土种 Soil species	土层码 Layer code	土层厚度 Depth/cm	颜色 Soil color	质地 Soil texture	土壤结构 Soil structure	pH	有机质 OM/(g/kg)	全氮 TN/(g/kg)	全磷 TP/(g/kg)	全钾 TK/(g/kg)	碱解氮 AN/(mg/kg)	有效磷 AP/(mg/kg)	速效钾 AK/(mg/kg)	阳离子交换量CEC/(cmol/kg)	土壤母质 Parent material	剖面点坐标 Profile coordinate	匹配指数 Matching index/%
剖25	初育土	新积土	冲积土	耕种冲积新积土	浅位薄黏层砂黏土	1	0—23	浅灰棕色	砂壤土	粒状、块状	8.2	3.3				26	3.2				E 105°27′47.9″ N 37°04′44.8″	74
						2	23—38	微红棕色	轻黏土	块状	7.9											
						3	38—73	浅棕色	砂土	块状	7.8											
						4	73—105	浅棕色	砂壤土	块状	7.7											
						5	105—130	浅棕色	砂壤土	块状	7.7											
剖26	干旱土	灰钙土	侵蚀灰钙土	侵蚀底层灰钙土	薄层轻壤土	1	0—15	浅灰棕色	轻壤土	块状	8.9	8.2				22	4.1				E 105°26′29.8″ N 37°03′52.6″	89
						2	15—38				8.2											
						3	38—60				8.1											
剖27	干旱土	灰钙土	灰钙土	普通灰钙土	浅位厚黏层轻壤土	1	0—20	浅灰棕色	轻壤土	块状	8.4	9.2				46	5.1				E 105°18′46.2″ N 37°03′42.8″	93
						2	20—61	浅棕色	黏土	块状	8.1											
						3	61—100	浅棕色	重壤土	块状	8.1											
剖28	干旱土	灰钙土	淡灰钙土	底盐淡灰钙土	漏砂轻壤土	1	0—20	浅灰棕色	轻壤土	块状	8.3	9.2				38	3.1				E 105°28′15.8″ N 37°01′22.5″	94
						2	20—49	浅棕色	砂壤土	块状	8.0											
						3	49—73	浅棕色	砂壤土	块状	8.1											
						4	73—100	浅棕色	砂土	块状	8.0											
剖29	干旱土	灰钙土	淡灰钙土	底盐淡灰钙土	砂壤土	1	0—14	浅灰棕色	砂壤土	块状	8.5	9.2				25	2.6				E 105°35′25.8″ N 37°04′25.5″	80
						2	14—32	浅灰棕色	砂壤土	块状	8.0											
						3	32—65				8.4											
						4	65—83				8.6											
						5	83—105				8.5											
剖30	干旱土	灰钙土	淡灰钙土	底盐淡灰钙土	中层砂壤土	1	0—15	浅灰棕色	砂壤土	块状	8.8	8.8				25	1.8				E 105°38′38.8″ N 37°03′38.7″	91
						2	15—41	浅灰棕色	砂壤土	小块状	8.7											
						3	41—70				8.1											
						4	70—100				8.0											
剖31	干旱土	灰钙土	耕种侵蚀灰钙土	耕种侵蚀底盐灰钙土	砂壤土	1	0—27	浅灰棕色	砂壤土	块状	8.5	6.7				23	1.1				E 105°35′19.5″ N 37°03′32.4″	98
						2	27—72	浅棕色	砂土	块状	8.7											
						3	72—96	浅棕色	砂土	块状	8.3											
						4	96—120	棕色	砂土	块状	8.4											
剖32	干旱土	灰钙土	耕种侵蚀灰钙土	耕种侵蚀底盐灰钙土	砂壤土	1	0—17	浅灰棕色	砂壤土	块状	8.3	8.6	0.54	0.49	17.0	34	3.5	195	5.3		E 105°37′13.4″ N 37°03′14.8″	99
						2	17—45	浅棕色	轻壤土	块状	8.5											
						3	45—80	浅棕色	轻壤土	块状	8.5											
						4	80—110	浅棕色	轻壤土	块状	8.6											
剖33	干旱土	灰钙土	淡灰钙土	底盐淡灰钙土	轻壤土	1	0—17	浅灰棕色	轻壤土	块状	8.7	9.7	0.45	0.53	16.8	40	2.1	148			E 105°31′43.0″ N 37°02′50.5″	88
						2	17—37	浅灰棕色	轻壤土	块状	8.4	6.7	0.44	0.52								
						3	37—60	浅灰棕色	轻壤土	块状	8.4											
						4	60—85	浅灰棕色	轻壤土	块状	8.5											
						5	85—100	浅灰棕色	轻壤土	块状	8.5											
剖34	干旱土	灰钙土	淡灰钙土	底盐淡灰钙土	轻壤土	1	0—16	浅灰棕色	轻壤土	块状	8.6	9.2	0.58	0.40		24	1.5				E 105°35′09.9″ N 37°02′28.5″	95
						2	16—39	浅灰棕色	轻壤土	块状	8.1											
						3	39—72	浅棕色	轻壤土	块状	8.1											
						4	72—100	浅棕色	中壤土	块状	8.0											
剖35	干旱土	灰钙土	侵蚀灰钙土	耕种侵蚀灰钙土	底黏中壤土	1	0—18	浅红棕色	重壤土	块状	8.7	5.8				40	4.1				E 105°43′57.7″ N 37°02′24.7″	82
						2	18—40	浅红棕色	重壤土	块状	8.9											
						3	40—80	红棕色	重壤土	块状	8.9											
						4	80—100	红棕色	重壤土	块状	8.8											

续表 Continued

剖面号 Soil profile	土纲 Soil order	土类 Soil great group	亚类 Soil subgroup	土属 Soil genus	土种 Soil species	土层码 Layer code	土层厚度 Depth/cm	颜色 Soil color	质地 Soil texture	土壤结构 Soil structure	pH	有机质 OM/(g/kg)	全氮 TN/(g/kg)	全磷 TP/(g/kg)	全钾 TK/(g/kg)	碱解氮 AN/(mg/kg)	有效磷 AP/(mg/kg)	速效钾 AK/(mg/kg)	阳离子交换量 CEC/(cmol/kg)	土壤母质 Parent material	剖面点坐标 Profile coordinate	匹配指数 Matching index/%
剖36	干旱土	灰钙土	淡灰钙土	底盐淡灰钙土	中层轻壤土	1	0—20	浅灰棕色	轻壤土	块状	8.2	7.7				38	3.3				E 105°31′45.3″ N 37°01′12.3″	76
						2	20—50	浅灰棕色	中壤土	块状	8.2											
						3	50—62	浅红棕色			8.3											
						4	62—100				8.4											
剖37	初育土	新积土	冲积土	耕种冲积土	砂壤土	1	0—22	浅棕色	砂壤土	块状	8.2	3.3				24	5.4				E 105°50′49.1″ N 37°04′43.0″	88
						2	22—32	浅棕色	砂壤土	块状	7.9											
						3	32—50	浅棕色	砂土	块状	7.8											
						4	50—67	浅棕色	砂土	块状	8.1											
						5	67—85	浅棕色			8.0											
剖38	盐碱土	漠境盐土	残余盐土	干盐土	浅位厚黏层轻壤土	1	0—16	浅灰棕色	轻壤土	块状	7.9	8.6				56	11.0				E 105°52′22.4″ N 37°01′23.5″	92
						2	16—49	微红棕色	黏土	块状	7.8											
						3	49—75	微红棕色	轻黏土	块状	8.2											
						4	75—110	微红棕色	重壤土	块状	8.0											
剖39	初育土	风沙土	草甸风沙土	流动风沙土	流动浮沙土	1	0—10	浅棕色	松砂土	单粒状										风积物	E 105°55′40.8″ N 37°00′20.5″	97
						2	10—30	浅棕色	黏土	块状												
剖40	初育土	新积土	冲积土	冲积新积土	砂壤土	1	0—20	浅灰棕色	砂壤土	小块状	8.7	3.3				25	6.0		5.9		E 105°53′08.2″ N 37°00′03.6″	88
						2	20—42	浅灰棕色	砂壤土	块状	8.7											
						3	42—86	浅灰棕色	砂壤土	块状	8.5											
						4	86—140	浅灰棕色	砂壤土	块状	8.7											
剖41	干旱土	灰钙土	侵蚀灰钙土	侵蚀底盐灰钙土	轻壤土	1	0—18	浅灰棕色	轻壤土	块状	8.8	13.6		0.52	16.8	30	2.1				E 106°10′51.3″ N 37°09′23.2″	99
						2	18—39	浅灰棕色	砂壤土	块状	8.3		0.17									
						3	39—78	浅灰棕色	砂壤土	块状	8.1											
						4	78—100	浅灰棕色	轻壤土	块状	8.3											
剖42	干旱土	灰钙土	侵蚀灰钙土	耕种侵蚀灰钙土	轻壤土	1	0—16	浅灰棕色	轻壤土	块状	8.4	7.7				44	14.4				E 106°11′21.5″ N 37°06′53.4″	98
						2	16—40	浅灰棕色	砂壤土	块状	8.6											
						3	40—81	浅灰棕色	砂壤土	块状	8.8											
						4	81—100	浅灰棕色	轻壤土	块状	8.3											
剖43	干旱土	灰钙土	灰钙土	山地灰钙土	中层砂壤土	1	0—20	浅灰棕色	砂壤土	块状	8.8	4.6				2		153			E 106°04′34.7″ N 37°02′45.2″	77
						2	20—48	浅灰棕色	砂壤土	块状	8.3											
剖44	干旱土	灰钙土	淡灰钙土	淡灰钙土	轻壤土	1	0—14	浅灰棕色	轻壤土	小块状	8.4	22.6	1.41	0.47	17.9	71	0.3				E 106°20′09.1″ N 37°08′48.1″	83
						2	14—48	浅灰棕色	轻壤土	块状	8.3	19.6										
						3	48—91	浅灰棕色	轻壤土	块状	8.1	13.7										
						4	91—100	浅灰棕色	轻壤土	块状	8.3	8.4										
剖45	干旱土	灰钙土	淡灰钙土	淡灰钙土	轻壤土	1	0—20	浅灰棕色	轻壤土	块状	8.4	7.1				20	0.3			洪冲积物	E 106°34′07.3″ N 37°09′09.4″	86
						2	20—35	浅灰棕色	轻壤土	块状	8.5											
						3	35—70	浅棕色	轻壤土	块状	8.5											
						4	70—100	浅棕色	轻壤土	小块状	8.8											
剖46	初育土	新积土	新积土	风积新积土	耕种风积新积土	1	0—18	浅灰棕色	砂土	小块状	8.6	6.2	0.36	0.39	18.2	22	5.7	163	5.4		E 106°32′53.9″ N 37°04′30.0″	93
						2	18—58	浅灰棕色	砂壤土	小块状	8.7	4.2	0.26	0.31								
						3	58—100	浅灰棕色	砂壤土		8.7	6.3	0.32	0.46	18.0							
剖47	钙层土	黑垆土	黑垆土	侵蚀黑垆土	耕种侵蚀黑垆土	1	0—17	浅灰棕色	中壤土	小块状	8.6	11.7	0.67	0.57	16.8	46	4.8	183		黄土	E 106°34′23.8″ N 37°01′40.6″	85
						2	17—40	浅棕色	轻壤土	块状	8.9	4.3	0.26	0.49								
						3	40—75	浅棕色	砂壤土	块状	9.1	2.7	0.18	0.48								
						4	75—100	浅棕色	轻壤土	块状	9.1	0.3	0.27	0.48								

剖面号 Soil profile	土纲 Soil order	土类 Soil great group	亚类 Soil subgroup	土属 Soil genus	土种 Soil species	土层码 Layer code	土层厚度 Depth/cm	颜色 Soil color	质地 Soil texture	土壤结构 Soil structure	pH	有机质 OM/(g/kg)	全氮 TN/(g/kg)	全磷 TP/(g/kg)	全钾 TK/(g/kg)	碱解氮 AN/(mg/kg)	有效磷 AP/(mg/kg)	速效钾 AK/(mg/kg)	阳离子交换量CEC/(cmol/kg)	土壤母质 Parent material	剖面点坐标 Profile coordinate	匹配指数 Matching index/%
剖48	钙层土	黑垆土	黑垆土	侵蚀黑垆土	中壤土	1	0—20	浅棕色	中壤土	块状	8.2	3.6	0.27	0.33	18.2	23	1.8	198	6.7	黄土	E 106°36′39.2″ N 37°01′04.8″	71
						2	20—45	浅红棕色	中壤土	块状	8.1	1.6	0.16	0.29								
						3	45—70	浅红棕色	中壤土	块状	8.1	1.5	0.14	0.30								
						4	70—100	红棕色	中壤土	块状	8.2	1.5	0.12	0.30								
剖49	干旱土	灰钙土	侵蚀灰钙土	侵蚀底盐灰钙土	砂壤土	1	0—15	浅棕色	砂壤土	块状	8.2	8.2				25	2.6				E 105°24′14.9″ N 36°59′13.7″	81
						2	15—38	浅棕色	砂壤土	块状	8.5											
						3	38—70	浅棕色	砂壤土	块状	8.2											
						4	70—100	浅棕色	砂壤土	块状	8.2											
剖50	干旱土	灰钙土	侵蚀灰钙土	耕种侵蚀底盐灰钙土		1	0—15	浅灰棕色	砂壤土	小块状	8.7					27	5.3				E 105°40′01.9″ N 36°59′16.8″	92
						2	15—40	浅棕色	砂壤土	块状	8.7	8.1										
						3	40—66	浅棕色	中壤土	块状	8.0											
						4	66—120	浅棕色	轻壤土	块状	7.9											
						5	120—130	浅棕色	轻壤土	块状	8.1											
剖51	干旱土	灰钙土	淡灰钙土	底盐淡灰钙土	砾层砂壤土	1	0—15	浅灰棕色	砂壤土	块状	8.4	6.7				23	1.8				E 105°33′41.3″ N 36°59′15.3″	83
						2	15—46	浅棕色	砂壤土	块状	7.9											
						3	46—85	浅棕色	中壤土	块状	7.8											
						4	85—100	浅棕色	轻壤土	块状	8.0											
剖52	干旱土	灰钙土	侵蚀灰钙土	侵蚀底盐灰钙土	砾层砂壤土	1	0—16	浅棕色	砂壤土	小块状	8.8	9.6				24	2.0				E 105°42′55.8″ N 36°58′03.0″	83
						2	16—47	浅棕色	砂壤土	块状	8.0											
						3	47—72	浅棕色	砂壤土	块状	8.0											
						4	72—107	浅棕色	砂壤土	块状	8.7											
						5	107—140	浅棕色	轻壤土	块状	8.7											
剖53	干旱土	灰钙土	侵蚀灰钙土	侵蚀灰钙土	薄层轻壤土	1	0—16	浅灰棕色	轻壤土	块状	8.6				18.0				1.2		E 105°44′17.9″ N 36°56′03.7″	96
						2	16—40	浅棕色	轻壤土	块状	8.6											
						3	40—65				8.6											
剖54	干旱土	灰钙土	侵蚀灰钙土	侵蚀底盐灰钙土	中层轻壤土	1	0—15	浅灰棕色	轻壤土	块状	8.8	8.8				25	1.8				E 106°05′16.1″ N 36°58′05.2″	89
						2	15—41	浅棕色	轻壤土	块状	8.7											
						3	41—70	浅棕色	轻壤土	块状	8.1											
						4	70—100	浅棕色	轻壤土	块状	8.0											
剖55	干旱土	灰钙土	侵蚀灰钙土	侵蚀底盐灰钙土	薄层石膏轻壤土	1	0—6	灰棕色	轻壤土	块状	8.1	10.3				22	2.8				E 106°04′44.4″ N 36°56′59.3″	89
						2	6—17	浅白色	轻壤土	块状	8.1											
						3	17—44	浅红色	轻壤土	块状	8.0											
						4	44—80	浅棕色	中壤土	块状	8.2											
剖56	钙层土	黑垆土	黑垆土	侵蚀黑垆土	轻壤土	1	0—12	浅灰棕色	轻壤土	块状	8.6	15.1	0.92	0.64	17.2	34	1.8	180	12.0		E 106°09′33.1″ N 36°54′08.3″	93
						2	12—40	浅棕色	轻壤土	块状	8.7	7.3	0.47	0.52								
						3	40—70	浅棕色	轻壤土	块状	8.7	6.2										
						4	70—100	浅棕色	轻壤土	块状	8.2	5.4										
剖57	钙层土	黑垆土	黑垆土	侵蚀黑垆土	浅位厚黏层中壤土	1	0—14	浅灰棕色	中壤土	块状	8.2	8.9				43				黄土	E 106°04′44.4″ N 36°56′59.3″	99
						2	14—26	浅红棕色	中壤土	块状	7.8	5.8										
						3	26—58	浅棕色	黏土	棱块状	8.0											
						4	58—100	浅棕色	黏土	棱块状	8.0											
剖58	钙层土	黑垆土	黑垆土	侵蚀黑垆土	重黏土	1	0—20	浅棕色	重黏土	粒状	8.5	5.1	0.28	0.41	17.6	23	3.4	237	10.1	黄土	E 106°29′16.5″ N 36°57′26.1″	79
						2	20—60	红棕色	黏土	块状	8.7	2.6	0.26	0.41	17.6							
						3	60—80	棕色	黏土	块状	8.9	2.6								黄土	E 106°26′53.0″ N 36°50′28.0″	
						4	80—120	浅棕色	黏土	块状	8.9	2.5										

续表 Continued

剖面号 Soil profile	土纲 Soil order	土类 Soil great group	亚类 Soil subgroup	土属 Soil genus	土种 Soil species	土层码 Layer code	土层厚度 Depth/cm	颜色 Soil color	质地 Soil texture	土壤结构 Soil structure	pH	有机质 OM/(g/kg)	全氮 TN/(g/kg)	全磷 TP/(g/kg)	全钾 TK/(g/kg)	碱解氮 AN/(mg/kg)	有效磷 AP/(mg/kg)	速效钾 AK/(mg/kg)	阳离子交换量 CEC/(cmol/kg)	土壤母质 Parent material	剖面点坐标 Profile coordinate	匹配指数 Matching index/%
剖59	钙层土	黑垆土	黑垆土	侵蚀黑垆土	浅位厚黏层轻壤土	1	0—22	浅红棕色	轻壤土	块状	8.3	5.7								黄土	E 106°33′58.0″ N 36°59′25.0″	77
						2	22—70	浅红棕色	重壤土	块状	8.1											
						3	70—120	红棕色	黏土	块状	8.3											
剖60	钙层土	黑垆土	黑垆土	侵蚀黑垆土	浅位薄黏层轻壤土	1	0—20	浅红棕色	轻壤土	块状										黄土	E 106°35′25.2″ N 36°58′58.3″	78
						2	20—32	红棕色	黏土	块状												
						3	32—64	浅红棕色	轻壤土	块状												
剖61	钙层土	黑垆土	黑垆土	侵蚀黑垆土	轻壤土	1	0—20	灰棕色	轻壤土	块状	8.4	5.8	0.35	0.50	17.2	25	9.6	223		黄土	E 106°31′11.0″ N 36°58′07.7″	77
						2	20—44	灰棕色	轻壤土	块状	8.4	4.7										
						3	44—76	浅棕色	轻壤土	块状	8.5	2.8										
						4	76—100	浅棕色	轻壤土	块状	8.7	2.1										
剖62	干旱土	灰钙土	侵蚀灰钙土	侵蚀灰钙土	砂土	1	0—13	浅棕色	砂土	小块状	8.9	10.1				25	2.8					79
						2	13—40	浅棕色	砂壤土	块状	8.6										E 106°04′19.2″ N 36°48′53.6″	
						3	40—70	浅灰棕色	砂壤土	块状	9.1											
剖63	钙层土	黑垆土	黑垆土	侵蚀黑垆土	砂壤土	1	0—20	灰棕色	砂壤土	块状	8.7	9.2	0.62	0.48	16.6	44	0.3	148	4.2	黄土	E 106°11′35.4″ N 36°40′41.3″	79
						2	20—68	浅灰棕色	砂壤土	块状	8.5	7.0	0.46	0.42								
						3	68—100	浅棕色	砂壤土	块状	8.8	3.6										
剖64	钙层土	黑垆土	黑垆土	侵蚀黑垆土	漏砂轻壤土	1	0—20	浅灰棕色	轻壤土	粒状	8.3	11.0				39	2.0			黄土	E 106°25′54.3″ N 36°46′28.2″	70
						2	20—44	灰棕色	砂壤土	块状	8.3											
						3	44—79	浅棕色	砂壤土	块状	8.2											
						4	79—110	浅灰棕色	砂壤土	块状	8.5											
						5	110—150	浅灰棕色	砂壤土	块状	8.6											
剖65	钙层土	黑垆土	黑垆土	侵蚀黑垆土	重壤土	1	0—20	浅灰棕色	重壤土	块状	8.4	3.7				18	5.4			黄土	E 106°19′27.8″ N 36°43′08.8″	99
						2	20—50	浅灰棕色	中壤土	块状												
						3	50—100	浅灰棕色	轻壤土	块状、小块状												
剖66	钙层土	黑垆土	黑垆土	耕种黑垆土		1	0—20	灰棕色	轻壤土	块状	8.6	23.0	1.50	0.68	17.0	69	3.4	225		黄土	E 106°27′58.3″ N 36°41′54.6″	74
						2	20—45	浅灰棕色	中壤土	块状	8.5	19.0										
						3	45—72	浅灰棕色	中壤土	块状	8.4	10.7										
						4	72—100	浅灰棕色	轻壤土	块状	8.6	8.0										
剖67	钙层土	黑垆土	黑垆土	侵蚀黑垆土		1	0—22	浅灰棕色	轻壤土	块状	8.8	15.6	0.96	0.63	17.6	65	2.8	230	11.5	黄土	E 106°23′33.0″ N 36°40′05.9″	100
						2	22—60	浅灰棕色	轻壤土	块状	8.6		0.46	0.55	17.4			95	9.3			
						3	60—77	浅灰棕色	轻壤土	块状	8.8		0.30	0.56	17.4			90	8.4			
						4	77—100	浅灰棕色	轻壤土	块状	8.9		0.38	0.54	17.6			85	7.8			
剖68	钙层土	黑垆土	黑垆土	侵蚀黑垆土	砂壤土	1	0—20	浅灰棕色	砂壤土	粒块状	8.5	5.0				23	3.0			黄土	E 106°20′01.9″ N 36°37′09.5″	95
						2	20—45	浅灰棕色	砂土	块状	8.6											
						3	45—80	浅灰棕色	轻壤土	块状	8.7											
						4	80—107	浅灰棕色	砂壤土	块状	8.7											
						5	107—150	浅灰棕色	砂壤土	块状	8.7											

青 铜 峡 市

主要土类说明

灰钙土是青铜峡市主要土壤类型，占本市地域面积的48%。灰钙土是在干旱生物气候条件下形成的地带性土壤，所分布的地区为黄土丘陵、低山石质丘陵、洪积扇及古老阶地，生长多年生的草本植物及部分小半灌木和灌木，组成荒漠草原植被，植被覆盖度为10%—40%。灰钙土表层一般形成有机质层，多呈浅灰棕色，有机质含量一般为3—8g/kg；其下为30cm左右的石灰淀积层，较表土层及底土层紧实，碳酸钙含量多为100—300g/kg。根据发育阶段和其他附加过程的不同，本市灰钙土分为灰钙土、淡灰钙土、淡灰钙土性土、底盐灰钙土性土、侵蚀底盐灰钙土、山地灰钙土等亚类。

灌淤土是青铜峡市第二大土壤类型，占本市地域面积的22%。灌淤土的主要特征是有一定厚度的灌淤熟化土层，由于引用含有大量泥沙的黄河水进行灌溉，该土层是在长期的灌水落淤与人为耕作施肥交叠作用下逐渐形成的。其主要特点是全土层均匀，有一定的熟化特征。根据附加成土作用所形成的特征，本市灌淤土分为灌淤土、潮灌淤土、表锈灌淤土、盐化灌淤土等亚类。

新积土是青铜峡市第三大土壤类型，占本市地域面积的11%，主要分布在沿黄河的中滩、青镇等乡镇。新积土是没有剖面发育的黄河冲积物或山洪堆积物，大部分质地很粗，有98%为砂土或石砾。新积土一般不宜农业利用，但可作为造林用地。按盐化状况，本市新积土分为新积土和盐化新积土两种类型。

粗骨土占本市地域面积的9%。粗骨土无明显的发育特征，或仅有初步形成的腐殖质层，厚5—10cm；再下为10—20cm的半风化状态的岩石碎屑与细土混合物。粗骨土砾石含量一般大于30%，保水性很差，土体经常呈干燥状态。粗骨土均有石灰反应，但石灰反应的强弱与母岩的性质有关，发育在石灰岩母质上的粗骨土，全剖面石灰反应均较强；发育在砂岩母质上的，石灰反应较弱。

潮土占本市地域面积的4%。潮土多见于近代河流冲积平原或低平阶地，地下水位高，潜水参与成土过程，底土氧化还原交替作用，形成锈色斑纹和小型铁子。在长期耕作条件下，表层有机质含量为10—15g/kg。

小于本市地域面积3%的土壤类型还有沼泽土、草甸盐土、风沙土等。

本区域中心区气候特征

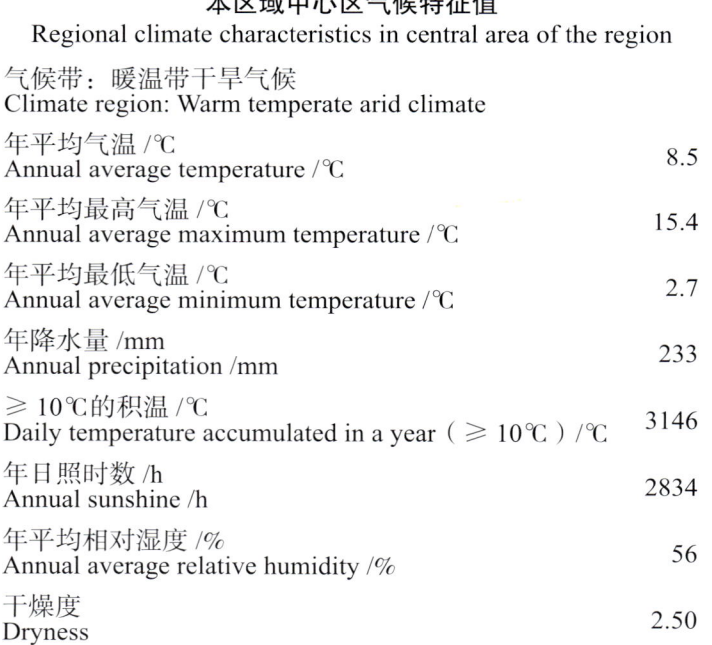

本区域中心区气候特征值
Regional climate characteristics in central area of the region

气候带：暖温带干旱气候 Climate region: Warm temperate arid climate	
年平均气温 /℃ Annual average temperature /℃	8.5
年平均最高气温 /℃ Annual average maximum temperature /℃	15.4
年平均最低气温 /℃ Annual average minimum temperature /℃	2.7
年降水量 /mm Annual precipitation /mm	233
≥10℃的积温 /℃ Daily temperature accumulated in a year (≥10℃) /℃	3146
年日照时数 /h Annual sunshine /h	2834
年平均相对湿度 /% Annual average relative humidity /%	56
干燥度 Dryness	2.50

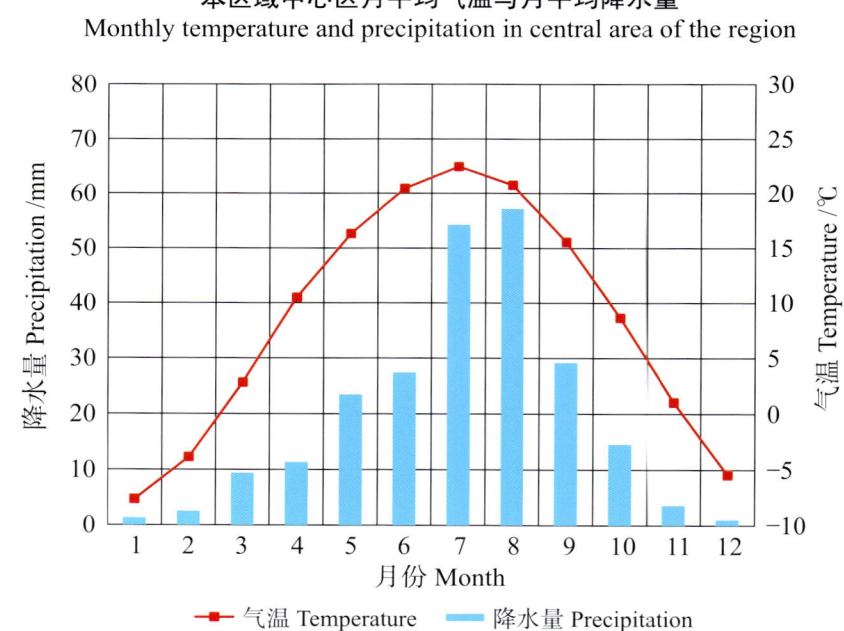

本区域中心区月平均气温与月平均降水量
Monthly temperature and precipitation in central area of the region

青铜峡市主要土壤类型与土壤剖面点分布图
1:240 000

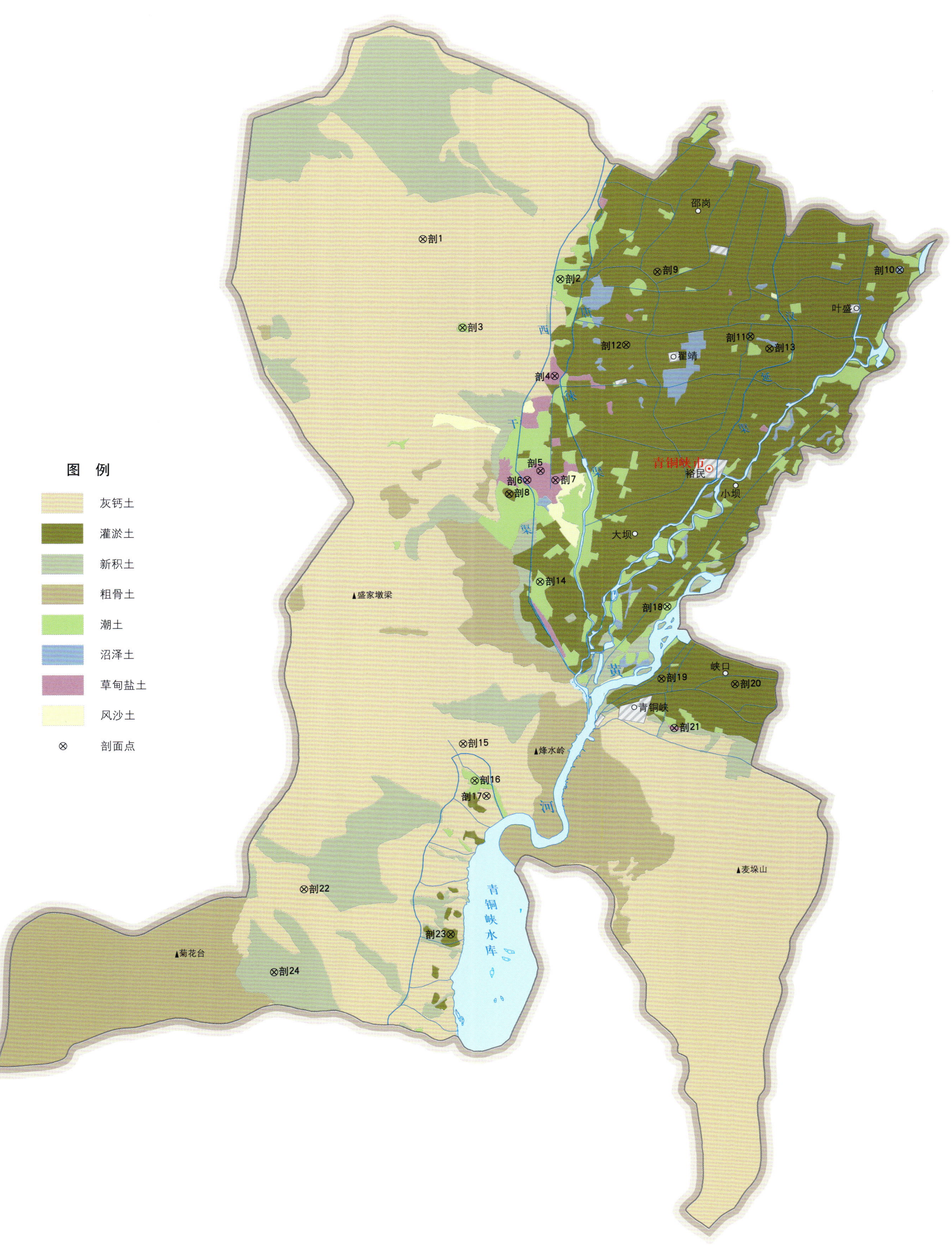

青铜峡市土壤剖面理化性状表

剖面号 Soil profile	土纲 Soil order	土类 Soil great group	亚类 Soil subgroup	土属 Soil genus	土种 Soil species	土层码 Layer code	土层厚度 Depth/cm	颜色 Soil color	质地 Soil texture	土壤结构 Soil structure	pH	有机质 OM/(g/kg)	全氮 TN/(g/kg)	全磷 TP/(g/kg)	全钾 TK/(g/kg)	碱解氮 AN/(mg/kg)	有效磷 AP/(mg/kg)	速效钾 AK/(mg/kg)	阳离子交换量CEC/(cmol/kg)	土壤母质 Parent material	剖面点坐标 Profile coordinate	匹配指数 Matching index/%
剖1	干旱土	灰钙土	淡灰钙土	耕种淡灰钙土		1	0—17	灰棕色	轻壤土	粒状、块状	8.2	5.6	0.69	0.43	15.9	35	19.0	134	7.8	洪冲积物	E 105°53′06.7″ N 38°08′42.7″	83
						2	17—40	浅灰棕色	轻壤土	块状	8.3	4.4	0.29	0.24	15.9	12	23.0	43	5.4			
						3	40—77	浅灰棕色	轻壤土	块状	8.2	1.4							4.9			
						4	77—101	浅灰棕色	紧砂土	单粒状	8.2	1.5							4.4			
						5	101—150	棕色	中壤土	块状	8.1											
						6	150—180	灰棕色	砂壤土		8.1											
剖2	半水成土	潮土	盐化潮土	盐化灌淤潮土		1	0—18	浅棕灰色	砂壤土											河流冲积物	E 105°58′28.6″ N 38°07′23.7″	74
						2	18—45	红棕色	黏土	块状												
						3	45—65	浅棕色	砂土	块状												
						4	65—95	红棕色	黏土	块状												
						5	95—150															
剖3	半水成土	潮土	潮土			1	0—20	浅灰棕色	中壤土	块状	8.7	8.8	0.55	0.63		24	6.5	17		河流冲积物	E 105°54′37.8″ N 38°05′52.4″	81
						2	20—66	灰棕色	砂壤土	块状	8.7											
						3	66—100	棕灰色	重壤土	块状	8.4											
						4	100—135	棕灰色	黏土	块状	8.3											
						5	135—150	蓝棕色	黏土	块状	8.3											
剖4	盐碱土	草甸盐土	草甸盐土	白盐土		1	0—1	白色			8.9										E 105°58′12.8″ N 38°04′17.6″	80
						2	1—18	棕灰色	砂壤土	块状、核粒状	8.9	6.9	0.35	0.20		13	4.7	58				
						3	18—55	浅灰棕色	砂土	碎粒状	9.0											
						4	55—75	灰棕色	黏壤土	块状	9.3											
						5	75—110	浅红棕色	中壤土	片状、块状	9.0											
						6	110—125	棕灰色	砂壤土	碎粒状	8.5											
剖5	盐碱土	草甸盐土	草甸盐土	苏打盐土		1	0—20	浅灰棕色	砂土	单粒状	8.7	2.8	0.08	0.39		7	5.3	93			E 105°57′36.6″ N 38°01′14.8″	74
						2	20—44	浅灰棕色	砂土	块状	8.3											
						3	44—64	棕灰色	重壤土	块状	8.9											
						4	64—94	浅红棕色	砂壤土	块状	9.1											
剖6	盐碱土	草甸盐土	沼泽盐土	青盐土		1	0—20	棕灰色	轻壤土	块状											E 105°57′05.0″ N 38°00′57.2″	100
						2	20—50	灰棕灰蓝色	中壤土	块状												
						3	50—85	浅灰棕色	轻壤土	块状												
						4	85—137	浅红棕色	轻壤土	块状												
						5	137—180	浅红棕色	黏土	块状												
剖7	盐碱土	草甸盐土	草甸盐土	松盐土		1	0—0.5	白色													E 105°58′11.2″ N 38°00′56.3″	77
						2	0.5—5		砂土	单粒状												
						3	5—24	浅灰棕色	砂土													
						4	24—46	浅棕色	砂土													
						5	46—58	浅灰色	砂土													
						6	58—80	浅灰棕色	砂土													
						7	80—103	浅灰棕色	轻壤土	块状												
						8	103—140	浅红棕色	黏土													
						9	140—170	浅红棕色	黏土													

续表 Continued

剖面号 Soil profile	土纲 Soil order	土类 Soil great group	亚类 Soil subgroup	土属 Soil genus	土种 Soil species	土层码 Layer code	土层厚度 Depth/cm	颜色 Soil color	质地 Soil texture	土壤结构 Soil structure	pH	有机质 OM/(g/kg)	全氮 TN/(g/kg)	全磷 TP/(g/kg)	全钾 TK/(g/kg)	碱解氮 AN/(mg/kg)	有效磷 AP/(mg/kg)	速效钾 AK/(mg/kg)	阳离子交换量CEC/(cmol/kg)	土壤母质 Parent material	剖面点坐标 Profile coordinate	匹配指数 Matching index/%
剖8	人为土	灌淤土	潮灌淤土	薄层潮灌淤土		1	0—20	浅灰棕色	轻壤土	粒状、块状	8.3	12.3	0.56	0.71	20.0	32	10.4	190	10.5		E 105°56′22.9″ N 38°00′31.3″	73
						2	20—50	浅灰棕色	轻壤土		8.5											
						3	50—70	棕灰色	中壤土	棱块状、片状	8.6											
						4	70—120	浅棕灰色	砂壤土	块状	8.6											
						5	120—180	棕灰色	中壤土	块状	8.5											
剖9	人为土	灌淤土	表锈灌淤土	薄层潴育灌淤土	薄层潴育灌淤土	1	0—20	棕灰色	轻壤土	粒状、碎块状	8.4	14.0	0.97	0.44	15.9	41	8.0	131	8.1		E 106°02′17.5″ N 38°07′35.8″	83
						2	20—60	棕灰色	轻壤土	碎块状	8.6	9.6	1.03	0.50	17.5	31	3.0	60	8.8			
						3	60—100	浅棕灰色	轻壤土	块状、粒状	8.7											
						4	100—120	灰棕色	中壤土	片状、核块状	8.6											
						5	120—150	棕灰色	砂壤土		8.7											
						6	150—180	棕灰色	砂壤土		8.6											
剖10	水成土	沼泽土	沼泽土	沼泽土		1	0—26	蓝灰色	中壤土	块状	8.2	13.8	0.81	0.50	24.2	71	21.5	335			E 106°11′47.0″ N 38°07′33.6″	77
						2	26—59	灰棕色	中壤土	块状	8.6	3.8										
						3	59—98	灰棕色	中壤土		8.8	3.5										
						4	98—117	浅灰棕色	中壤土		8.6	3.8										
剖11	人为土	灌淤土	潮灌淤土	厚层潮灌淤土		1	0—19	灰棕色	中壤土	粒状、块片状	8.2	15.8	1.04	0.72	18.0	77	13.7	213	9.4		E 106°05′53.9″ N 38°05′29.4″	87
						2	19—45	灰棕色	中壤土	块状夹片状	8.4											
						3	45—90	灰棕色	中壤土	块状	8.6											
						4	90—120	灰棕色	中壤土	块状	8.5											
						5	120—160				8.6											
						6	160—180				8.4											
剖12	人为土	灌淤土	表锈灌淤土	潜育灌淤土	潜育灌淤土	1	0—26	灰棕色	中壤土	块状、粒状	7.9	18.3	1.04	0.63		20	14.2	123	11.6		E 106°01′01.5″ N 38°05′16.6″	78
						2	26—48	浅灰棕色	中壤土	棱块状	8.3											
						3	48—80	灰棕色		块状	8.0											
						4	80—123	浅灰棕色	中壤土	块状	8.1											
						5	123—170	浅灰棕色	中壤土	块状	8.3											
剖13	人为土	灌淤土	表锈灌淤土	厚层潴育灌淤土	厚层潴育灌淤土	1	0—20	灰棕色	中壤土	粒状	8.1	11.2	0.67	0.59		66	17.8	129			E 106°06′38.5″ N 38°05′05.6″	93
						2	20—50	暗棕灰色	中壤土	粒状块状	8.4	7.0										
						3	50—95	棕灰色	轻壤土	块状、片状	8.3											
						4	95—140	浅灰棕色	中壤土	块状、片状	8.3											
						5	140—180	浅灰棕色	中壤土	块状	8.3											
剖14	潮土	潮土	灌淤潮土	灌淤潮土		1	0—15	浅灰棕色	轻壤土	粒块状	8.9	7.6	0.40	0.26		28	5.9	133		河流冲积物	E 105°57′32.4″ N 37°57′41.8″	70
						2	15—37	浅灰棕色	中壤土	块状	8.9	7.2	0.43	0.42		23	2.8	58				
						3	37—58	棕灰色	中壤土	粒状	9.1											
						4	58—72	棕灰色	砂壤土	小块状	9.2											
						5	72—84	浅灰棕色	中壤土	核粒状	9.3											
						6	84—116	浅灰棕色	重壤土	核块状	9.1											
						7	116—131	棕色	砂壤土	粒状块状	9.1											
						8	131—180	浅灰棕色	黏土	核块状	8.8											
剖15	干旱土	灰钙土	淡灰钙土	丘陵淡灰钙土		1	0—10	浅灰棕色	砂壤土	块状	8.6	10.9								洪冲积物	E 105°54′26.3″ N 37°52′31.4″	77
						2	10—24	浅灰棕色	砂壤土	块状	8.9	5.9										
						3	24—42	浅灰棕色	砂壤土	块状	9.1											

续表 Continued

剖面号 Soil profile	土纲 Soil order	土类 Soil great group	亚类 Soil subgroup	土属 Soil genus	土种 Soil species	土层码 Layer code	土层厚度 Depth/cm	颜色 Soil color	质地 Soil texture	土壤结构 Soil structure	pH	有机质 OM/(g/kg)	全氮 TN/(g/kg)	全磷 TP/(g/kg)	全钾 TK/(g/kg)	碱解氮 AN/(mg/kg)	有效磷 AP/(mg/kg)	速效钾 AK/(mg/kg)	阳离子交换量 CEC/(cmol/kg)	土壤母质 Parent material	剖面点坐标 Profile coordinate	匹配指数 Matching index/%
剖16	半水成土	潮土	盐化潮土	盐化潴灌潮土	盐化潴灌潮土	1	0—15	浅灰棕色	轻壤土	粒状、块状	7.8	12.5	0.90	0.66		181	18.0	110	9.4	河流冲积物	E 105°54′51.8″ N 37°51′20.4″	95
						2	15—29	浅灰棕色	轻壤土	块状	8.3											
						3	29—69	浅棕灰色	砂壤土	块状	8.8											
						4	69—79	红棕色	重壤土	片状	8.6											
						5	79—115	浅棕灰色	砂壤土		8.8											
						6	115—135	浅棕灰色	砂壤土		8.4											
						7	135—157	灰色	砂壤土		8.4											
						8	157—180	黑灰色	黏土	块状	8.2											
剖17	干旱土	灰钙土	草甸灰钙土	耕种草甸淡灰钙土		1	0—19	灰棕色	砂壤土	块状	8.4	9.5	0.67	0.39	15.9	23	4.6	86	7.9		E 105°55′18.8″ N 37°50′50.3″	91
						2	19—35	浅灰棕色	砂土	块状	8.4	4.3				13	3.0		6.1			
						3	35—57	黄棕色	砂壤土	块状	8.4	2.7				9	2.3					
						4	57—76	棕色	黏土	块状、核块状	8.4											
						5	76—102	棕灰白色	黏土	块状、粒状	7.6											
						6	102—120	浅灰棕色	黏土	核块状	7.8											
						7	120—150	浅灰棕色	黏土	块状	8.0											
剖18	半水成土	潮土	灌淤潮土	表锈淤潮土	潴育灌淤土	1	0—17	浅灰棕色	轻壤土	粒状实片状	8.4	9.7	0.58	0.55		28	7.4	70	9.5	河流冲积物	E 106°02′29.6″ N 37°56′51.1″	86
						2	17—34	浅灰棕色	重壤土	块状、片状	8.5											
						3	34—53	浅红棕色	重壤土	片状	8.6											
						4	53—88	浅红棕色	重壤土	块状	8.7											
						5	88—107	浅红棕色	重壤土	块状	8.7											
						6	107—142	浅灰棕色	细砂土	单粒状	9.1											
						7	142—180	浅灰棕色	重壤土	粒状、碎块状	8.0											
剖19	人为土	灌淤土	灌淤土	厚层普通灌淤土		2	17—50	浅灰棕色	重壤土	块状	8.1	8.8	0.93	0.62	15.7	60	8.6	170	8.2		E 106°02′13.4″ N 37°54′31.4″	89
						3	50—83	浅灰棕色	中壤土	片状	8.1	8.1	0.82	0.70	20.8	41	3.0	81	7.8			
						4	83—125	浅灰棕色	中壤土	片状	8.1											
						5	125—170	浅灰棕色	轻壤土	粒状、块状	8.5											
剖20	人为土	灌淤土	表锈灌淤土	厚层潴育灌淤土		1	0—20	灰棕色	重壤土	粒状、块状	8.4	13.2	0.67	0.66		75	11.7	229	8.1		E 106°05′05.5″ N 37°54′18.8″	87
						2	20—50	浅灰棕色	中壤土	粒状、块状	8.2	8.3										
						3	50—85	浅灰棕色	轻壤土	块状	8.5											
						4	85—120	浅灰棕色	中壤土	块状	8.7											
						5	120—153	浅灰棕色	中壤土	块状	8.7											
						6	153—180	灰棕色	中壤土	块状	8.6											
剖21	盐碱土	草甸盐土	草甸盐土	黑油盐土		1	0—0.5				7.4										E 106°02′41.6″ N 37°52′56.3″	99
						2	0.5—18	灰棕色	中壤土	块状、片状	8.0	10.3	0.40	0.50		38	4.7	24				
						3	18—35	浅棕色	轻壤土	块状、片状	8.4											
						4	35—55	浅灰棕色	砂壤土	块状、片状	8.9											
						5	55—100	浅棕色	砂土		8.8											
						6	100—140	浅灰棕色	砂壤土		9.3											
剖22	干旱土	灰钙土	淡灰钙土	普通淡灰钙土		1	0—12	浅灰棕色	砂土	块状	8.7	4.1	0.10	0.18						洪冲积物	E 105°48′09.0″ N 37°47′53.5″	79
						2	12—32	浅棕色	砂壤土	块状	8.7	4.7	0.30	0.19								
						3	32—55	浅灰棕色	砂壤土	块状、核块状	8.7	3.3	0.20	0.24								
						4	55—75	灰白色	砂壤土		8.6											
						5	75—95	浅棕色		单粒状	8.2											

续表 Continued

剖面号 Soil profile	土纲 Soil order	土类 Soil great group	亚类 Soil subgroup	土属 Soil genus	土种 Soil species	土层码 Layer code	土层厚度 Depth/cm	颜色 Soil color	质地 Soil texture	土壤结构 Soil structure	pH	有机质 OM/(g/kg)	全氮 TN/(g/kg)	全磷 TP/(g/kg)	全钾 TK/(g/kg)	碱解氮 AN/(mg/kg)	有效磷 AP/(mg/kg)	速效钾 AK/(mg/kg)	阳离子交换量CEC/(cmol/kg)	土壤母质 Parent material	剖面点坐标 Profile coordinate	匹配指数 Matching index/%
剖23	人为土	灌淤土	灌淤土	薄层普通灌淤土		1	0—14	浅灰棕色	中壤土	块状	8.0	11.7	0.75	0.49		20	13.8	150	9.2		E 105°53′50.4″ N 37°46′23.1″	97
						2	14—42	浅灰棕色	中壤土	块状	8.2	8.3										
						3	42—67	浅棕色	中壤土	块状	8.5											
						4	67—82	浅红棕色	砂壤土	块状	8.0											
						5	82—124	浅红棕色	轻壤土		8.1											
						6	124—170	浅棕色	砂壤土		8.0											
剖24	初育土	新积土	新积土	新积土		1	0—16	灰棕色	砂壤土	块状											E 105°46′56.2″ N 37°45′16.3″	78
						2	16—33	浅棕色	砂土													
						3	33—50	浅棕色	粗砂土	碎块状												
						4	50—65	浅灰棕色	砂壤土													
						5	65—100	浅灰棕色	粗砂土													

固 原 市

市 辖 区

主要土类说明

　　黄绵土是固原市主要土壤类型，占本市地域面积的63%，主要分布于固原头营南屯及彭堡、杨郎的西部。黄绵土是由黄土母质直接翻耕形成的初育土，略具发育的象征。表土有机质积累，呈碎块状结构；表土层下呈块状，有一定的孔隙，在结构面上可见少量不明显胶膜和点状或短条状石灰淀积物。黄绵土分布区主要地形为残塬，部分为平梁顶部，地面坡度一般较小。侵蚀以片蚀为主，坡度较大的往往会形成细沟，在塬地的边缘有切沟侵蚀。风蚀作用明显，耕地的肥土常被吹走。由于土壤侵蚀严重，表层耕层长期遭侵蚀，只得加深耕作黄土母质层，因而母质特性明显，无明显发育，为A-C型土。土壤有机质缺乏，含量仅5g/kg。

　　灰褐土是固原市第二大土壤类型，占本市地域面积的18%，分布在六盘山、瓦亭梁、黄峁山、云雾山和炭山等山地一带，海拔多在1800m以上，整个灰褐土的下部与水平基带的黑垆土相接。灰褐土是在半干旱森林植被下形成的土壤，Ao层有机质含量可达100g/kg，下见暗色腐殖层，有弱黏淀特征，见棕褐色土层，钙积层在40—60cm以下出现，铁铝氧化物无移动，pH为7.0—8.0。按灰褐土的形成条件、利用状况和剖面形态，本县灰褐土分为中性灰褐土、石灰性灰褐土、暗灰褐土、侵蚀灰褐土和灰褐土性土等亚类。

　　黑垆土是固原市第三大土壤类型，占本市地域面积的17%。黑垆土是干草原（半干旱地区）生物气候条件下形成的地带性土壤，广泛分布于各乡黄土丘陵地区黄土塬面上。其成土母质主要为第四纪黄土，土层深厚，土质的颗粒以粗粉砂（粒径为0.05—0.01mm）为主，占颗粒组成的50%—65%，细砂（粒径为0.25—0.05mm）较少，占颗粒组成的7.5%—20%。土壤物理性能好，保水保肥，自然肥力较高。黑垆土有机质含量为10g/kg，但腐殖质层却很深厚（1m或更深）。土壤原位黏化，但无明显黏化层，具假菌丝状石灰累积，无盐化，多旱耕。

　　小于本市地域面积3%的土壤类型还有新积土、粗骨土、潮土、草甸盐土、黑毡土等。

本区域中心区气候特征

本区域中心区气候特征值
Regional climate characteristics in central area of the region

气候带：中温带亚湿润气候 Climate region: Mid temperate sub humid climate	
年平均气温 /℃ Annual average temperature /℃	8.9
年平均最高气温 /℃ Annual average maximum temperature /℃	15.5
年平均最低气温 /℃ Annual average minimum temperature /℃	3.6
年降水量 /mm Annual precipitation /mm	407
≥10℃的积温 /℃ Daily temperature accumulated in a year（≥10℃）/℃	3308
年日照时数 /h Annual sunshine /h	2473
年平均相对湿度 /% Annual average relative humidity /%	61
干燥度 Dryness	1.42

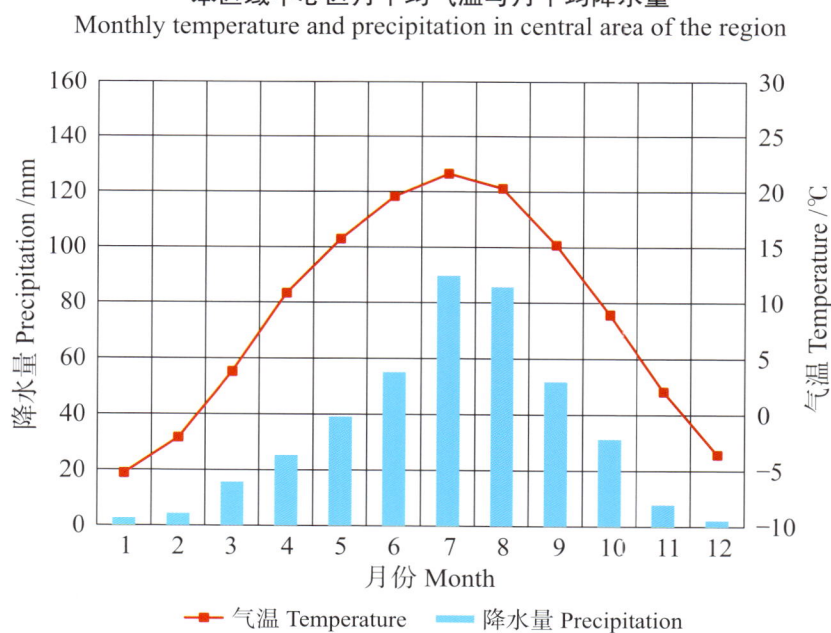

本区域中心区月平均气温与月平均降水量
Monthly temperature and precipitation in central area of the region

固原市市辖区主要土壤类型与土壤剖面点分布图
1:390 000

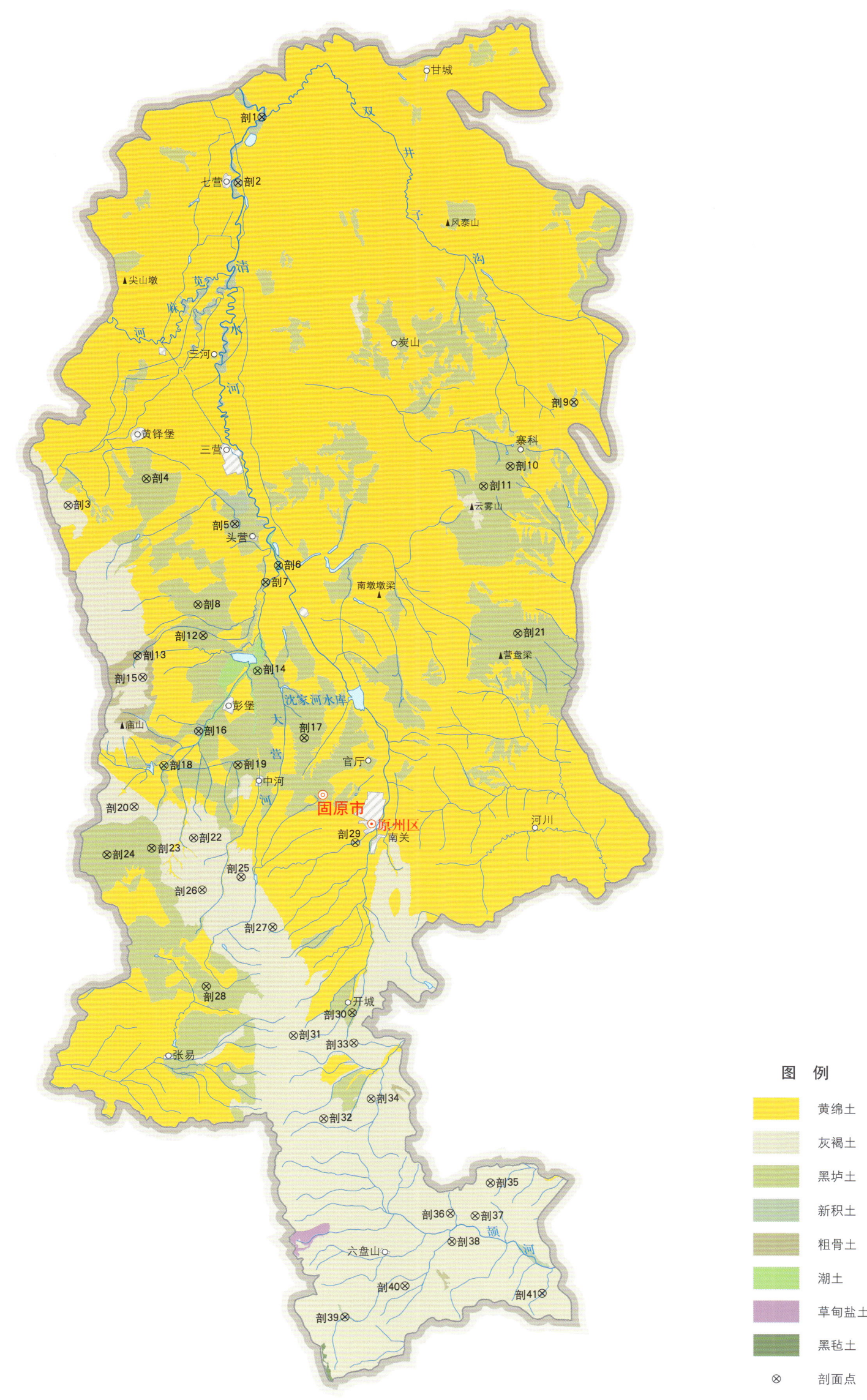

固原市土壤剖面理化性状表

剖面号 Soil profile	土纲 Soil order	土类 Soil great group	亚类 Soil subgroup	土属 Soil genus	土种 Soil species	土层码 Layer code	土层厚度 Depth/cm	颜色 Soil color	质地 Soil texture	土壤结构 Soil structure	pH	有机质 OM/(g/kg)	全氮 TN/(g/kg)	全磷 TP/(g/kg)	全钾 TK/(g/kg)	碱解氮 AN/(mg/kg)	有效磷 AP/(mg/kg)	速效钾 AK/(mg/kg)	阳离子交换量 CEC/(cmol/kg)	土壤母质 Parent material	剖面点坐标 Profile coordinate	匹配指数 Matching index/%
剖1	初育土	新积土	冲积土	耕种冲积新积土	轻壤土	1	0—20	浅灰棕色	轻壤土	小块状	8.4	4.6	0.33	0.65		21	12.9	194			E 106°11′02.5″ N 36°33′18.7″	95
						2	20—43	浅灰棕色	轻壤土	块状	8.1	2.4	0.21	0.61		32	4.9	230				
						3	43—66	浅灰棕色	轻壤土	片状、块状	8.1	2.6										
						4	66—97	浅棕色	轻壤土	片状、块状	8.4	2.3										
						5	97—140	浅灰棕色	轻壤土	片状	8.5	3.0										
剖2	初育土	新积土	冲积土	耕种冲积新积土	漏砂轻壤土	1	0—20	灰棕色	轻壤土	小块状	8.1	7.5	0.51	0.65		33	9.2				E 106°09′40.0″ N 36°30′13.3″	98
						2	20—30	浅棕色	砂壤土	块状	8.1	5.0										
						3	30—50	浅棕灰色	砂壤土	块状	8.2	3.4										
						4	50—70	鲜棕色	砂壤土	块状	8.1											
						5	70—105	浅棕灰色	细砂土	块状	8.3											
						6	105—145	浅棕红色	砂壤土	块状	8.5											
						7	145—170	浅棕灰色	砂壤土	片状	8.1											
剖3	半淋溶土	灰褐土	石灰性灰褐土	石灰性灰褐土	轻壤土	1	0—10	浅棕色	轻壤土	粒状、块状	8.4	45.5	2.23	0.56		151	1.4	257			E 105°59′56.4″ N 36°15′04.4″	72
						2	10—29	灰棕褐色	轻壤土	小块状	8.2	25.8	1.73	0.36		100	2.0	204				
						3	29—47	浅棕色	轻壤土	块状	8.1	4.4										
						4	47—65	浅棕色	轻壤土	块状	8.3	4.9										
						5	65—															
剖4	钙层土	黑垆土	黑垆土	侵蚀性黑垆土	轻壤土	1	0—19	浅红棕色	中壤土	粒状、块状	8.0	5.7	0.46	0.43		38	1.1	69			E 106°04′21.0″ N 36°16′18.1″	89
						2	19—40	棕红色	中壤土	块状	8.3	2.6										
						3	40—66	棕红色	中壤土	块状	8.3	2.3										
						4	66—105	棕红色	中壤土	块状	8.3	3.0										
						5	105—150	红棕色	中壤土	块状	8.3	2.0										
剖5	初育土	新积土	新积土	耕种堆垫土	压砂地轻壤土	1	0—20	浅棕灰色	中壤土	小块状	8.4	10.0	0.46	0.69		31	3.8	80		次生红砂	E 106°09′18.4″ N 36°14′08.5″	81
						2	20—65	灰棕色	中壤土	小块状	8.5											
						3	65—95	深灰色	重壤土	块状	8.5											
						4	95—120	浅棕灰色	重壤土	块状	8.6											
						5	120—150	灰棕色	轻壤土	粒状、小块状	8.4											
剖6	半水成土	潮土	盐化潮土	盐化潮土	浅位厚黏层中壤土	1	0—23	浅红棕色	中壤土	块状	8.2	26.4	1.58	0.44	16.4	93	3.3	214	9.7	河流冲积物	E 106°11′43.7″ N 36°12′09.1″	89
						2	23—48	灰棕色	中壤土	核块状	8.4	17.1	0.85	0.45	15.8		2.1	61	8.5			
						3	48—70	棕灰色	中壤土	核块状	8.9											
剖7	黑垆土	黑垆土	潮黑垆土	耕种草甸黑垆土	轻壤土	1	0—20	棕灰色	中壤土	块状	9.0	7.3	0.59	0.42	15.2	34	1.9	43	7.2	黄土	E 106°11′00.5″ N 36°11′21.9″	89
						2	20—33	灰棕色	中壤土	块状	8.3		0.41		15.2		12.0		7.1			
						3	33—82	灰棕色	中壤土	块状	8.3	17.8	1.13			87	2.6	132				
						4	82—100	灰棕色	中壤土	块状	8.3	11.1				59						
						5	100—150	灰棕色	中壤土	块状	8.3	6.4				38						
剖8	钙层土	黑垆土	黑垆土	侵蚀黑垆土		1	0—14	灰棕色	轻壤土	块状	8.3	2.8	0.26		15.8				6.2	黄土	E 106°07′11.3″ N 36°10′19.6″	75
						2	14—27	浅棕色	中壤土	块状	8.4	2.4	0.23		16.8				5.7			
						3	27—41	浅棕色	中壤土	块状	8.3	1.9										
						4	41—69	浅棕灰色	轻壤土	块状	8.3											
						5	69—117	浅棕灰色	轻壤土	块状	8.4											
						6	117—140															

续表 Continued

剖面号 Soil profile	土纲 Soil order	土类 Soil great group	亚类 Soil subgroup	土属 Soil genus	土种 Soil species	土层码 Layer code	土层厚度 Depth/cm	颜色 Soil color	质地 Soil texture	土壤结构 Soil structure	pH	有机质 OM/(g/kg)	全氮 TN/(g/kg)	全磷 TP/(g/kg)	全钾 TK/(g/kg)	碱解氮 AN/(mg/kg)	有效磷 AP/(mg/kg)	速效钾 AK/(mg/kg)	阳离子交换量CEC/(cmol/kg)	土壤母质 Parent material	剖面点坐标 Profile coordinate	匹配指数 Matching index/%
剖9	初育土	新积土	新积土	耕种洪积新积土	轻壤土	1	0—20	浅灰棕色	轻壤土	小块状	8.5	9.1	0.75	0.64	16.6	96	4.80	253	8.1		E 106°28′27.7″ N 36°19′42.8″	77
						2	20—42	灰棕色	轻壤土	块状	8.5	9.7	0.71	0.69	17.2		5.94	180	8.4			
						3	42—63	灰棕色	轻壤土	块状	8.4	9.8	0.66						7.4			
						4	63—86	浅灰棕色	轻壤土	片状	8.5	5.8							6.7			
						5	86—115	浅灰棕色	中壤土	块状	8.4	15.0							9.9			
						6	115—150	灰棕色	轻壤土	块状	8.5	10.1							8.8			
剖10	钙层土	黑垆土	黑垆土	侵蚀黑垆土	浅位红黏层中壤土	1	0—16	中壤土	中壤土	粒状、块状	8.0	13.4	0.99			57	6.6		11.6	黄土	E 106°24′50.3″ N 36°16′44.6″	87
						2	16—38	浅红棕色	重壤土	块状	8.1	12.0							10.9			
						3	38—56	浅红棕色	重壤土	块状	8.1	8.4							11.0			
						4	56—97	浅灰棕色	重壤土	块状	8.2	5.6							10.6			
						5	97—130	浅灰棕色	重壤土	块状	8.3	3.0							9.6			
剖11	钙层土	黑垆土	黑垆土	侵蚀黑垆土	漏砂中壤土	1	0—25	浅灰棕色	轻壤土	粒状、小块状	8.1	7.0	0.59			47	7.0			黄土	E 106°23′28.2″ N 36°15′49.4″	97
						2	25—60	浅灰棕色	砂壤土	块状	8.1											
						3	60—100	浅灰棕色	砂壤土	块状	8.1											
						4	100—150	浅灰棕色	重壤土	块状	8.3											
剖12	钙层土	黑垆土	黑垆土	侵蚀黑垆土	轻壤土	1	0—23	浅灰棕色	轻壤土	小块状	8.3	10.7				42	1.1	102		黄土	E 106°07′28.2″ N 36°08′52.1″	84
						2	23—46	浅灰棕色	轻壤土	块状	8.2	4.7				28	0.7	63				
						3	46—70	浅灰棕色	轻壤土	块状	8.3	4.4										
						4	70—105				8.4	3.2										
剖13	初育土	粗骨土	钙质粗骨土	石渣土		1	0—20	浅灰棕色			8.3	40.1	2.49			203	3.7	207			E 106°03′46.1″ N 36°07′55.9″	81
						2	20—50				8.3											
剖14	半水成土	潮土	盐化潮土	盐化潮土	重壤土	1	0—20	灰棕色	重壤土	块状	8.6	13.2	0.90			52	0.9			河流冲积物	E 106°10′30.0″ N 36°07′10.2″	88
						2	20—60	暗棕色	中壤土	块状	8.8											
						3	60—100	暗棕色	黏土	块状、小核状	8.8											
						4	100—130	浅棕色	重壤土	块状	8.6											
						5	130—150	浅黄棕色	重壤土	块状	8.6											
剖15	半淋溶土	灰褐土	石灰性灰褐土	石灰性灰褐土	中有效位中壤土	1	0—16	黑褐色	中壤土	粒状、小块状	8.2	65.4	3.18	0.69		220	4.0	242			E 106°04′03.0″ N 36°06′54.7″	90
						2	16—36	灰褐色	中壤土	粒状、碎块状	8.1	42.5										
						3	36—48	暗褐色	中壤土	碎块状	8.2	44.3										
						4	48—60				8.2	26.9										
剖16	初育土	新积土	新积土	耕种堆垫土	轻壤土	1	0—20	棕褐色	轻壤土	碎块状	7.8	55.7	3.31	1.01		252	35.1	232		黄土	E 106°07′09.1″ N 36°04′22.1″	97
						2	20—35	浅褐色	轻壤土	块状	7.8	19.4	1.38	0.67		99	3.2	187				
						3	35—75	棕褐色	轻壤土	块状	7.9	20.9										
						4	75—															
剖17	钙层土	黑垆土	黑垆土	侵蚀黑垆土		1	0—15	灰棕色	中壤土	粒状、小块状	8.3	11.1				51	6.4	363		黄土	E 106°04′03.0″ N 36°06′54.7″	91
						2	15—45	灰棕色	中壤土	块状	8.4	10.9										
						3	45—72	浅灰棕色	中壤土	块状	8.4	7.3										
						4	72—100	浅灰棕色	中壤土	块状	8.4											
剖18	半水成土	潮土	盐化潮土	盐化潮土	腰砂轻壤土	1	0—17	灰棕色	轻壤土	粒状、小块状	8.3	8.6	0.56	0.56		33	4.1			河流冲积物	E 106°05′11.0″ N 36°02′45.6″	70
						2	17—45	棕灰色	中壤土	块状	8.4	5.2										
						3	45—68	棕灰色	中壤土	块状	8.5											
						4	68—82	浅灰棕色	轻壤土	块状	8.8											
						5	82—100		砾质砂土													
						6	100—150															

续表 Continued

剖面号 Soil profile	土纲 Soil order	土类 Soil great group	亚类 Soil subgroup	土属 Soil genus	土种 Soil species	土层码 Layer code	土层厚度 Depth/cm	颜色 Soil color	质地 Soil texture	土壤结构 Soil structure	pH	有机质 OM/(g/kg)	全氮 TN/(g/kg)	全磷 TP/(g/kg)	全钾 TK/(g/kg)	碱解氮 AN/(mg/kg)	有效磷 AP/(mg/kg)	速效钾 AK/(mg/kg)	阳离子交换量CEC/(cmol/kg)	土壤母质 Parent material	剖面点坐标 Profile coordinate	匹配指数 Matching index/%
剖19	钙层土	黑垆土	黑垆土	侵蚀黑垆土		1	0—20	浅灰棕色	轻壤土	粒状、小块状	8.4	11.5	0.80	0.56		39	3.1	142		黄土	E 106°09′20.0″ N 36°02′45.3″	71
						2	20—37	浅灰棕色	轻壤土	小块状	8.4	12.2	0.77	0.57		45	1.5	92				
						3	37—60	浅棕色	轻壤土	块状	8.5	7.2	0.91	0.50		23	0.9	68				
						4	60—100	浅棕色	轻壤土	块状	8.4	3.3										
剖20	半淋溶土	灰褐土	暗灰褐土	暗灰褐土	中有效层中壤土	1	0—20	褐黑色	中壤土	粒状、小块状	8.2	77.4	4.00	0.65		321	2.0	107			E 106°03′29.6″ N 36°00′48.8″	84
						2	20—52	灰棕褐色	中壤土	粒状、小块状	8.0	48.9										
						3	52—73	浅灰色	砂壤土	粒状	8.1	7.6										
剖21	钙层土	黑垆土	黑垆土	侵蚀黑垆土	深位薄黏	1	0—20	浅灰棕色	轻壤土	粒状、小块状	8.2	11.1	0.94	0.67		75	3.8	200		黄土	E 106°25′08.4″ N 36°08′49.2″	78
						2	20—42	灰棕灰色	轻壤土	块状	8.2	10.7										
						3	42—63	棕灰色	轻壤土	块状	8.0	9.9										
						4	63—102	浅棕色	轻壤土	块状	8.2	6.3										
						5	102—130	浅棕色	轻壤土	块状	8.2	3.5										
剖22	半淋溶土	灰褐土	暗灰褐土	暗灰褐土	轻褐质耕种侵蚀黑垆土	1	0—18	灰棕色	中壤土	粒状、小块状	7.8	69.1				273	4.3			黄土	E 106°06′48.4″ N 35°59′18.7″	81
						2	18—33	灰棕色	中壤土	粒状、小块状	7.8	57.8										
						3	33—57	灰棕色	中壤土	小块状	7.8	46.7										
						4	57—79	棕灰色	中壤土	块状	7.8	39.2										
						5	79—100	棕灰色	重壤土	核块状	7.9	28.0										
剖23	钙层土	黑垆土	黑垆土	侵蚀黑垆土	中壤土	1	0—20	浅灰灰色	中壤土	粒状、小块状	8.4	6.0	0.56	0.58		46	7.5	104		黄土	E 106°04′27.0″ N 35°58′50.6″	98
						2	20—47	浅棕色	中壤土	块状	8.5	3.0										
						3	47—73	浅棕色	中壤土	块状	8.4	3.6										
						4	73—110	浅棕色	中壤土	块状	8.5	3.3										
剖24	钙层土	黑垆土	黑垆土	侵蚀黑垆土	中壤土	1	0—20	浅棕灰色	中壤土	粒状、块状	8.3	6.2	0.51	0.61		39	4.0	133		黄土	E 106°01′55.4″ N 35°58′33.0″	79
						2	20—35	棕灰色	中壤土	块状	8.4											
						3	35—70	棕灰色	中壤土	块状	8.4											
						4	70—100	棕灰色	轻壤土	块状	8.3											
剖25	半淋溶土	灰褐土	暗灰褐土	暗灰褐土		1	0—19	暗棕灰色	中壤土	粒状、小块状	8.2	58.4	3.68	0.67	17.8	276	1.8	213	25.0	黄土	E 106°09′26.6″ N 35°57′25.6″	95
						2	19—41	暗棕灰色	轻壤土	块状	8.3	43.7	2.81	0.73	18.0	206	0.4	86	26.1			
						3	41—73	浅棕褐色	中壤土	块状	8.4	32.0							24.6			
						4	73—110	棕色	中壤土	块状	8.4	15.6							16.3			
						5	110—140	浅棕色	中壤土	块状	8.5	13.9							15.4			
剖26	半淋溶土	灰褐土	暗灰褐土	耕种暗灰褐土	重壤土	1	0—20	灰棕色	重壤土	粒状、小块状	8.3	34.4				162	3.6			页岩风化残积物、坡积物	E 106°07′15.6″ N 35°56′50.0″	76
						2	20—43	暗棕褐色	重壤土	小块状	8.3											
						3	43—65	暗棕褐色	重壤土	小块状	8.0											
						4	65—100	青灰色	重壤土	小块状	8.1											
剖27	半淋溶土	灰褐土	暗灰褐土	暗灰褐土	重壤土	1	0—20	暗棕色	重壤土	小核粒状	8.3	59.3				245	2.0				E 106°11′10.7″ N 35°55′02.3″	73
						2	20—52	褐棕色	重壤土	粒状、块状	8.1											
						3	52—75	褐棕色	重壤土	粒状、块状	8.1											
						4	75—96	棕色	黏土	块状	8.1											
						5	96—120	棕灰色	中壤土	小块状	8.1											
剖28	钙层土	黑垆土	黑垆土	侵蚀黑垆土	浅位红黏层中壤土	1	0—20	棕红色	中壤土	小块状	8.1	16.1	0.93	0.32		70	2.5	83		黄土	E 106°07′25.6″ N 35°52′17.3″	78
						2	20—42	棕红色	重壤土	小块状	8.2	2.5										
						3	42—63	红棕色	黏土	小块状	8.4	1.4										
						4	63—83	棕红色	重壤土	块状	8.8	1.4										
						5	83—105	浅棕红色	重壤土	块状	8.7	0.5										

续表 Continued

剖面号 Soil profile	土纲 Soil order	土类 Soil great group	亚类 Soil subgroup	土属 Soil genus	土种 Soil species	土层码 Layer code	土层厚度 Depth/cm	颜色 Soil color	质地 Soil texture	土壤结构 Soil structure	pH	有机质 OM/(g/kg)	全氮 TN/(g/kg)	全磷 TP/(g/kg)	全钾 TK/(g/kg)	碱解氮 AN/(mg/kg)	有效磷 AP/(mg/kg)	速效钾 AK/(mg/kg)	阳离子交换量CEC/(cmol/kg)	土壤母质 Parent material	剖面点坐标 Profile coordinate	匹配指数 Matching index/%
剖29	初育土	新积土	冲积土	耕种冲积新积土	砂壤土	1	0—20	浅棕棕色	砂壤土	小块状	8.4	6.3	0.38			31	6.8				E 106°15′51.5″ N 35°59′01.0″	75
						2	20—27	棕灰色	砂壤土	块状	8.6	3.9										
						3	27—47	浅灰棕色	砂壤土	块状	8.7											
						4	47—54	浅棕灰色	砂壤土	块状	8.8											
						5	54—67	浅棕灰色	砂壤土	块状	8.6											
						6	67—79	浅棕色	砂壤土	块状	8.3											
						7	79—88	浅棕色	砂壤土	片状	8.2											
						8	88—107	浅棕色	砂壤土	片状	8.3											
						9	107—130	浅灰棕色	轻壤土		8.4											
剖30	钙层土	黑垆土		耕种黑垆土土性土	浅位红黏层中壤土	1	0—20	浅灰棕色	中壤土	小粒状、块状	8.3	5.3	0.53	0.62		23	4.7	79	8.2	黄土	E 106°15′34.2″ N 35°50′57.1″	90
						2	20—34	棕灰色	重壤土	块状	8.1	7.8	0.56	0.60		35	2.2	76	9.4			
						3	34—60	浅红棕色	轻黏土	块状	8.0	6.9	0.59	0.56		30	2.2	123	12.3			
						4	60—85	棕红色	轻黏土	柱状	8.0	6.3							12.3			
						5	85—112	暗棕红色	中黏土	块状	8.0	9.0							14.3			
						6	112—136	浅棕红色	中黏土	块状	8.0	5.6							11.0			
						7	136—155	浅棕红色	重壤土	片状	8.2	2.7							8.7			
剖31	半淋溶土	灰褐土	暗灰褐土	暗灰褐土	轻壤土	1	0—16	灰棕色	轻壤土	小粒状	7.9	47.0	2.60	0.65	18.2	205	2.1	152	19.2		E 106°12′16.2″ N 35°49′55.0″	95
						2	16—38	灰棕色	中壤土	粒状、小块状	8.0	51.6	3.07	0.69	19.6	230	3.4	73	26.6			
						3	38—59	暗灰棕色	中壤土	小块状、粒状	7.8	47.9	3.05	0.67	20.0	234	2.3	77	28.3			
						4	59—81	暗灰棕色	中壤土	小块状	8.2	45.2	2.85	0.63	19.4	217	0.5	52	28.3			
剖32	半淋溶土	灰褐土	灰褐土土性	浅位厚层轻中壤土	轻壤土	5	81—														E 106°13′54.5″ N 35°45′58.8″	73
						1	0—18	暗灰棕色	轻壤土	小块状	8.2	35.6				143	16.5	360				
						2	18—28	棕灰色	重壤土	块状	7.8	35.1										
						3	28—56	暗灰褐色	重壤土	块状	7.9	36.9										
						4	56—96	黑褐色	重壤土	块状	7.5	40.6										
						5	96—120	浅红棕色	重壤土	块状	7.9	33.4										
						6	120—150	浅棕灰色	黏土	块状	8.2	8.6										
剖33	半淋溶土	灰褐土	暗灰褐土	耕种暗灰褐土	轻壤土	1	0—20	灰褐色	轻壤土	小块状、小粒状	8.3	19.8	1.41	0.69		89	5.8	175			E 106°15′38.0″ N 35°49′32.2″	98
						2	20—65	浅灰棕色	中壤土	小块状	8.5	19.7	1.36	0.65		96	1.3	89				
						3	65—103	灰褐色	轻壤土	小块状	8.5	19.0										
剖34	半淋溶土	灰褐土	侵蚀灰褐土	薄有机质层侵蚀灰褐土	中有效层中壤土	1	0—20	黑褐色	中壤土	粒状、块状	8.1	29.7	1.52	0.79		100	3.1	71			E 106°16′34.0″ N 35°46′53.3″	85
						2	20—38	棕灰色	中壤土	块状	8.0	26.1										
						3	38—56	青灰色	重壤土	块状	8.2											
						4	56—															
剖35	半淋溶土	灰褐土	暗灰褐土	耕种暗灰褐土	中壤土	1	0—30	灰棕色	轻壤土	碎块状	8.1	34.9				149					E 106°23′10.6″ N 35°42′52.9″	98
						2	30—55	浅灰棕色	中壤土	块状	8.2	21.7										
						3	55—93	灰褐色	轻壤土	碎块状	8.3											
						4	93—123	棕灰色	轻壤土	块状	8.2											
剖36	半淋溶土	灰褐土	暗灰褐土	耕种暗灰褐土		1	0—20	灰褐色	中壤土	粒状、小块状	8.2	20.8	1.34	0.64		110	4.1	163			E 106°20′54.5″ N 35°41′30.4″	81
						2	20—68	暗棕色	中壤土	粒状、小块状	8.2	18.3					7.0					
						3	68—102	棕红色	中壤土	片状	8.3											
剖37	半淋溶土	灰褐土	暗灰褐土	暗灰褐土	中有效层轻壤土	1	0—12	暗棕褐色	轻壤土	粒状、碎块状	7.9	124.1	6.54	1.04		509	3.6	410			E 106°22′17.4″ N 35°41′22.2″	78
						2	12—32	暗棕褐色	轻壤土	粒状、碎块状	8.0	77.2										
						3	32—															

续表 Continued

剖面号 Soil profile	土纲 Soil order	土类 Soil great group	亚类 Soil subgroup	土属 Soil genus	土种 Soil species	土层码 Layer code	土层厚度 Depth/cm	颜色 Soil color	质地 Soil texture	土壤结构 Soil structure	pH	有机质 OM/(g/kg)	全氮 TN/(g/kg)	全磷 TP/(g/kg)	全钾 TK/(g/kg)	碱解氮 AN/(mg/kg)	有效磷 AP/(mg/kg)	速效钾 AK/(mg/kg)	阳离子交换量 CEC/(cmol/kg)	土壤母质 Parent material	剖面点坐标 Profile coordinate	匹配指数 Matching index/%
剖38	半淋溶土	灰褐土	石灰性灰褐土	石灰性灰褐土	中壤土	1	0—17	褐黑色	中壤土	粒状、小块状	8.1	86.2	4.58	0.61		391	6.3	170			E 106°20′58.3″ N 35°40′11.4″	86
						2	17—32	暗灰棕色	中壤土	块状	8.1	49.5	3.15	0.48		247	1.8	143				
						3	32—56	暗棕色	中壤土	块状	8.1	18.4	1.26	0.43		77	0.3	88				
						4	56—76	棕灰色	重壤土	块状	8.1											
						5	76—98	灰棕色	中壤土	块状	8.1											
						6	98—															
剖39	初育土	新积土	新积土	耕种堆垫土	中壤土	1	0—20	浅灰棕色	中壤土	小块状	8.1	8.8	0.67	0.60		41	6.5	133			E 106°14′55.5″ N 35°36′42.9″	80
						2	20—36	浅灰棕色	中壤土	块状	8.2	7.3										
						3	36—62	棕灰色	中壤土	小块状	8.2	12.1										
						4	62—81	浅棕灰色	中壤土	块状	8.1	8.0										
						5	81—150	浅棕色	轻壤土	块状	8.4	3.3										
剖40	半淋溶土	灰褐土	侵蚀灰褐土	耕种侵蚀灰褐土	砂岩轻壤土	1	0—20	红棕色	轻壤土	小块状	8.2	5.1	0.35	0.23		33	2.3	82			E 106°18′18.3″ N 35°38′08.2″	73
						2	20—52	浅红棕色	轻壤土	小块状	8.2	1.7										
						3	52—100	浅粉红色			8.1	0.2										
剖41	半淋溶土	灰褐土	灰褐土性土	耕种暗灰褐土性土	中有效层中壤土	1	0—18	灰棕色	中壤土	小团块状	7.9	18.4	1.25	0.63		78	3.6	94			E 106°25′58.4″ N 35°37′42.6″	84
						2	18—37	棕褐色	中壤土	团块状	7.9	21.1										
						3	37—52	暗棕褐色	中壤土	小块状	7.9											
						4	52—															

西 吉 县

主要土类说明

黄绵土是西吉县主要土壤类型，占本县地域面积的68%。黄绵土是由黄土直接翻耕形成的初育土，略具发育的象征。表土有机质积累，呈碎块状结构；表下土层呈块状，有一定的孔隙，在结构面上可见少量不明显胶膜和点状或短条状石灰淀积物。黄绵土分布区主要地形为残塬，部分为平梁顶部，地面坡度一般较小。侵蚀以片蚀为主，坡度较大的往往会形成细沟，在塬地的边缘有切沟侵蚀。风蚀作用明显，耕地的肥土常被吹走。由于土壤侵蚀严重，表层耕层长期遭侵蚀，只得加深耕作黄土母质层，因而母质特性明显，无明显发育，为A-C型土。土壤有机质缺乏，含量仅5g/kg。

黑垆土是西吉县第二大土壤类型，占本县地域面积的21%。其成土母质主要是第四纪黄土，局部为第三纪红土。黑垆土最显著的特征是具有深厚的暗色有机质层，并有明显的石灰质假菌丝体。黑垆土比较肥沃，是本县的主要农业土壤。但是由于开发利用，长期受到侵蚀，大部分的黑垆土已无完整的剖面。荒地植被主要有长芒草、针茅、委陵菜、蒿属、阿尔泰紫菀等旱生草本植物。

灰褐土是西吉县第三大土壤类型，占本县地域面积的10%。灰褐土分布区的坡度甚陡，一般在30°左右，高者达40°，海拔在1800—3200m。其成土母质主要为砂岩、页岩和灰岩风化残积物、坡积物。在森林植被下，灰褐土的典型剖面构型自上而下为枯枝落叶层（在云杉林下有时尚有1—2cm的苔藓层）、暗褐色至暗灰色松软腐殖质层、矿质土有机质层、淀积层和母质层。土体中一般含有残余石灰，全剖面盐基呈饱和状态，土壤呈中性至碱性。灰褐土的自然肥力高，矿质土有机质层有机质含量平均为42.4g/kg，全氮为2.6g/kg，全磷为1g/kg。

小于本县地域面积3%的土壤类型还有粗骨土、新积土、潮土、草甸盐土。

本区域中心区气候特征

本区域中心区气候特征值
Regional climate characteristics in central area of the region

气候带：中温带亚湿润气候 Climate region: Mid temperate sub humid climate	
年平均气温 /℃ Annual average temperature /℃	8.9
年平均最高气温 /℃ Annual average maximum temperature /℃	15.5
年平均最低气温 /℃ Annual average minimum temperature /℃	3.8
年降水量 /mm Annual precipitation /mm	395
≥10℃的积温 /℃ Daily temperature accumulated in a year (≥10℃) /℃	3244
年日照时数 /h Annual sunshine /h	2408
年平均相对湿度 /% Annual average relative humidity /%	61
干燥度 Dryness	1.47

本区域中心区月平均气温与月平均降水量
Monthly temperature and precipitation in central area of the region

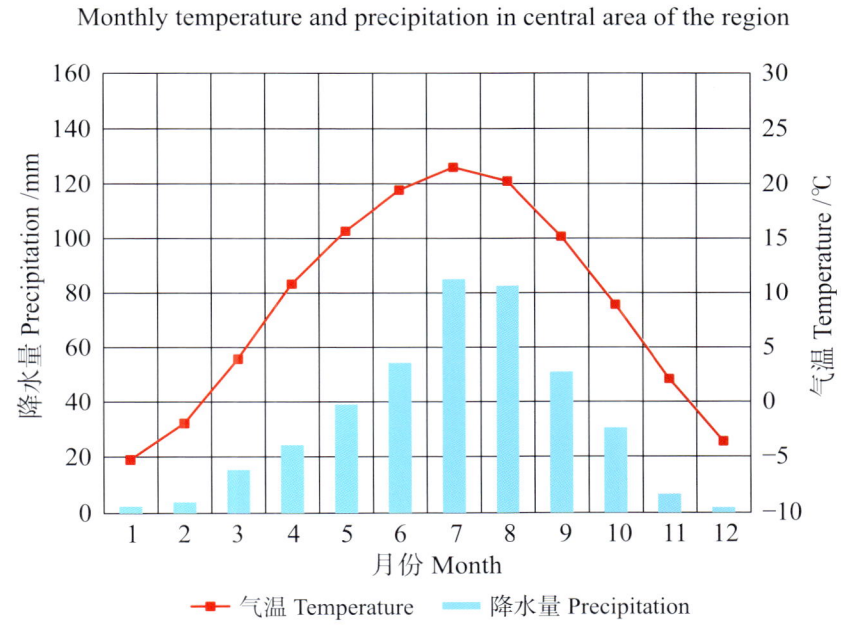

西吉县主要土壤类型与土壤剖面点分布图
1：310 000

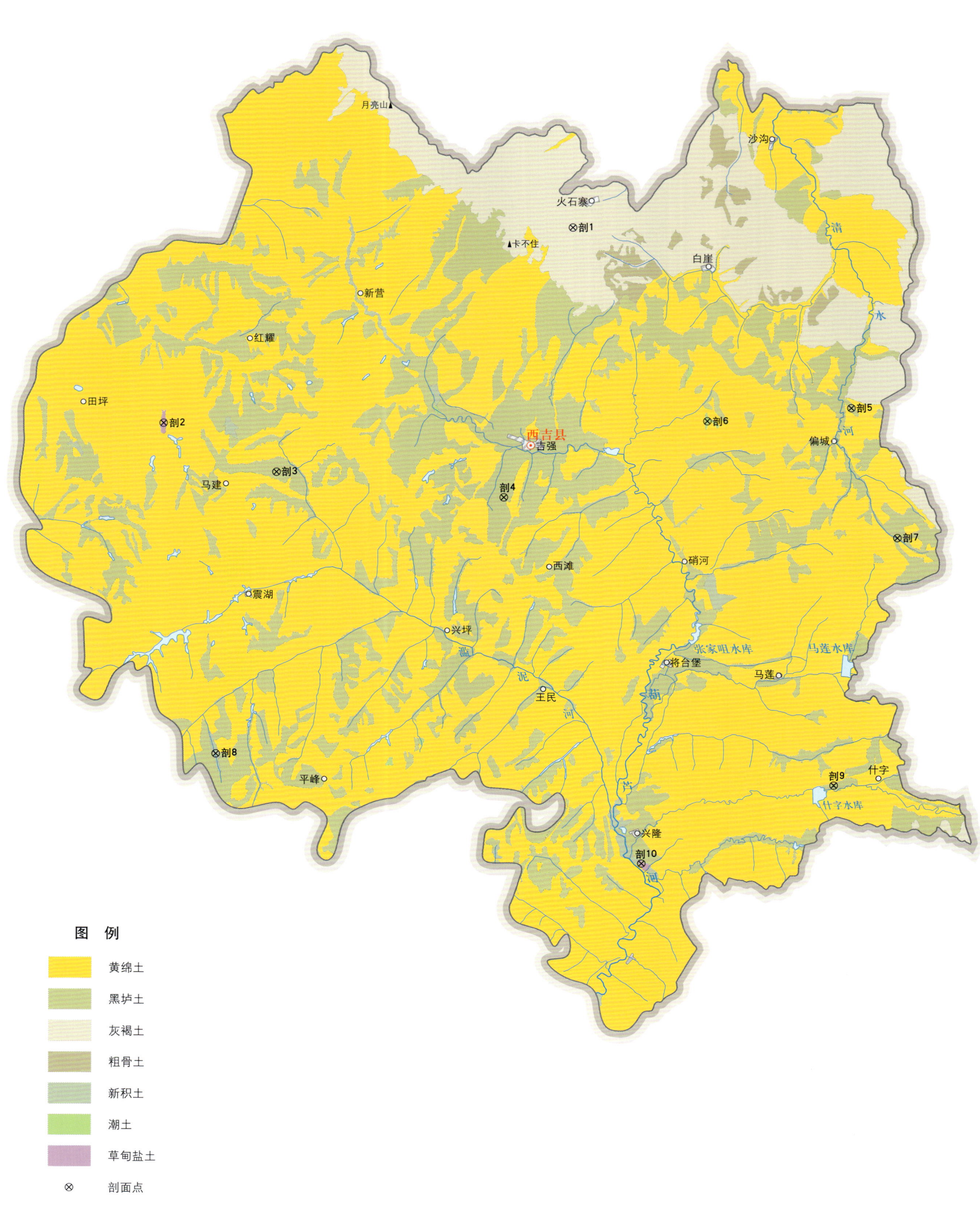

西吉县土壤剖面理化性状表

剖面号 Soil profile	土纲 Soil order	土类 Soil great group	亚类 Soil subgroup	土属 Soil genus	土种 Soil species	土层码 Layer code	土层厚度 Depth/cm	颜色 Soil color	质地 Soil texture	土壤结构 Soil structure	pH	有机质 OM/(g/kg)	全氮 TN/(g/kg)	全磷 TP/(g/kg)	碱解氮 AN/(mg/kg)	有效磷 AP/(mg/kg)	速效钾 AK/(mg/kg)	阳离子交换量CEC/(cmol/kg)	土壤母质 Parent material	剖面点坐标 Profile coordinate	匹配指数 Matching index/%
剖1	半淋溶土	灰褐土	暗灰褐土			1	0—15	灰棕色	中壤土	粒状、块状	8.1	27.5	1.55	1.59	69	7.3	95	14.8		E 105° 45′ 47.5″ N 36° 06′ 41.3″	97
						2	15—30	灰棕色	中壤土	粒状、块状	8.1	30.8	1.82	1.80	78	6.2	85	17.8			
						3	30—65	暗灰棕色	中壤土	块状	8.1	25.2									
						4	65—102	暗灰棕色	中壤土	块状	8.1	22.1									
						5	102—130	灰棕色	重壤土	块状	8.2	11.8									
剖2	盐碱土	草甸盐土	草甸盐土	黑油盐土		1	0—18	浅棕色	轻壤土	片状	7.6	5.5						6.9		E 105° 26′ 09.2″ N 35° 58′ 54.8″	83
						2	18—42	浅灰棕色	轻壤土	片状	7.8	8.7						11.8			
						3	42—61	浅灰棕色	轻壤土	块状	7.9	9.9									
						4	61—91	灰棕色	轻壤土	块状	8.1										
						5	91—130	灰棕色	轻壤土	块状	8.9										
剖3	钙层土	黑垆土	黑垆土	侵蚀黑垆土	红土侵蚀黑垆土	1	0—12	浅红棕色	黏土	碎块状	8.2	22.0	1.34	1.51	98	5.4	90		黄土	E 105° 31′ 32.2″ N 35° 56′ 55.3″	99
						2	12—30	红棕色	黏土	块状	8.7	9.0	0.30		59	0.3	178				
						3	30—58	红色夹蓝灰色	重壤土	块状	8.5	4.0									
						4	58—90	蓝灰色夹红色	重壤土	块状	8.2	3.9									
剖4	钙层土	黑垆土	黑垆土	侵蚀黑垆土	底红中壤土	1	0—32	浅棕色	中壤土	核状	8.9	4.6			13	7.0	84		黄土	E 105° 42′ 23.0″ N 35° 55′ 51.2″	93
						2	32—100	棕红色	重壤土	屑粒状	8.2										
剖5	钙层土	黑垆土	黑垆土	丘陵黑垆土		1	0—20	灰棕色	中壤土	粒状、块状	8.4	37.0	2.19	2.14	154	1.0	178		黄土	E 105° 59′ 03.3″ N 35° 59′ 19.5″	70
						2	20—33	灰棕色	中壤土	块状	8.2	32.0									
						3	33—70	浅灰棕色	重壤土	块状	8.6	23.0									
						4	70—90	浅灰棕色	重壤土	块状	8.4	14.0									
						5	90—120	浅灰棕色	轻壤土	块状	8.6	10.0									
剖6	半水成土	潮土	盐化潮土	盐化潮土		1	0—22	浅灰棕色	轻壤土	片状	8.7	5.1	0.36	0.68	12	5.8	80	5.3	河流冲积物	E 105° 52′ 09.3″ N 35° 58′ 50.8″	96
						2	22—42	浅灰棕色	砂壤土	片状	8.7	2.8	0.10		8	5.8	89	4.8			
						3	42—58	浅灰棕色	砂壤土	片状	8.7										
						4	58—66	浅灰棕色	砂土	块状	8.8										
						5	66—91	浅灰棕色	轻壤土	块状	8.3										
						6	91—114	浅灰棕色	砾质土	片状	8.6										
						7	114—150	浅灰棕色	中壤土	块状	8.4										
剖7	钙层土	黑垆土	黑垆土	侵蚀黑垆土	绵黄土	1	0—16	浅灰棕色	轻壤土	粒状、块状	8.5	15.8	0.94	1.94	50	6.6	78	5.9	黄土	E 106° 01′ 11.3″ N 35° 54′ 05.8″	81
						2	16—43	暗灰棕黄色	轻壤土	块状	8.4	9.2	0.42	0.70	36	5.3	65	5.7			
						3	43—100	浅灰棕黄色	轻壤土	块状	8.5	4.6						3.0			
剖8	初育土	新积土	洪淤新积土			1	0—20	浅灰棕色	砂壤土	块状	8.7	5.0			24	3.9				E 105° 28′ 35.4″ N 35° 45′ 35.3″	76
						2	20—51	浅灰棕色	砂壤土	片状	8.6	3.0			33	4.7					
						3	51—93	浅灰棕色	砂壤土	片状	8.7	3.0			22	2.4					
						4	93—100	棕色	砂土	块状	8.8	5.0			20	2.8					
剖9	钙层土	黑垆土	黑垆土	川台地黑垆土		1	0—20	浅灰棕色	中壤土	粒状、块状	8.6	15.0	0.99		57		13		黄土	E 105° 58′ 02.4″ N 35° 44′ 10.2″	80
						2	20—67	暗灰棕色	中壤土	块状	8.5	21.0									
						3	67—86	灰棕色	中壤土	块状	8.5										
						4	86—150	灰棕褐色	重壤土	块状	8.6										

续表 Continued

剖面号 Soil profile	土纲 Soil order	土类 Soil great group	亚类 Soil subgroup	土属 Soil genus	土种 Soil species	土层码 Layer code	土层厚度 Depth/cm	颜色 Soil color	质地 Soil texture	土壤结构 Soil structure	pH	有机质 OM/(g/kg)	全氮 TN/(g/kg)	全磷 TP/(g/kg)	碱解氮 AN/(mg/kg)	有效磷 AP/(mg/kg)	速效钾 AK/(mg/kg)	阳离子交换量 CEC/(cmol/kg)	土壤母质 Parent material	剖面点坐标 Profile coordinate	匹配指数 Matching index/%
剖10	盐碱土	草甸盐土	草甸盐土	白盐土		1	0–0.3	灰白色				8.5									E 105°48′50.8″ N 35°41′03.0″	89
						2	0.3–10	浅灰棕色	轻壤土	片状	8.8	8.6			18	11.7					
						3	10–22	浅棕色	轻壤土	片状	8.8	2.0			6	7.6					
						4	22–41	浅灰棕色	中壤土	块状	8.9	5.0									
						5	41–61	浅灰棕色	轻壤土	片状	8.9										

隆德县

主要土类说明

黄绵土是隆德县主要土壤类型，占本县地域面积的46%。黄绵土是由黄土直接翻耕形成的初育土。其成土母质属于第四纪风积黄土，川地、涧地为次生黄土。黄绵土色泽很浅，土体松软深厚。由于土壤侵蚀严重，表层耕层长期遭侵蚀，只得加深耕作黄土母质层，因而母质特性明显，无明显发育，为A-C型土。由于风成黄土富含细粉粒，质地、结构均一，疏松绵软，富含石灰，磷、钾含量较高，但有效性差。土壤有机质缺乏，含量仅5g/kg。

灰褐土是隆德县第二大土壤类型，占本县地域面积的30%。灰褐土是温带干旱、半干旱山地腐殖质累积与积钙作用明显的土壤。Ao层有机质含量可达100g/kg，下见暗色腐殖层，有弱黏淀特征，见棕褐色土层，钙积层在40—60cm以下出现，铁铝氧化物无移动，pH为7.0—8.0。灰褐土也是森林植被下的土壤。同棕壤相比，灰褐土的淋溶作用较弱，剖面中尚残留有石灰等碳酸盐化合物，呈中性和微碱性，但在剖面构造上则基本相似。灰褐土仅有中性暗灰褐土和中性灰褐土两个亚类，中性暗灰褐土面积较小，除腐殖质层厚度大于50cm外，其他性质与中性灰褐土相同。

黑垆土是隆德县第三大土壤类型，占本县地域面积的23%。黑垆土是在半干旱草原生物气候条件下形成的一种地带性土壤。其成土母质主要为风成黄土和次生黄土，部分为坡积混杂母质及冲积物。黑垆土的形态主要表现为剖面发育完全，土层深厚，质地均一，多为中壤土或轻壤土。土壤呈核块状和块状结构，结构面上有胶膜，表层以下有一层暗灰棕色至褐色有机质层和明显的石灰假菌丝体或棒状、斑点状石灰淀积。黑垆土全剖面均有较强的石灰反应。土壤有机质含量低，为10g/kg，腐殖质层很深厚，1m或更深。本县黑垆土分为黑垆土、暗黑垆土、浅黑垆土和草甸黑垆土等亚类。

小于本县地域面积3%的土壤类型还有黑毡土、新积土、沼泽土、风沙土、潮土等。

本区域中心区气候特征

本区域中心区气候特征值
Regional climate characteristics in central area of the region

气候带：中温带亚湿润气候 Climate region: Mid temperate sub humid climate	
年平均气温 /℃ Annual average temperature /℃	9.1
年平均最高气温 /℃ Annual average maximum temperature /℃	15.6
年平均最低气温 /℃ Annual average minimum temperature /℃	4.0
年降水量 /mm Annual precipitation /mm	447
≥10℃的积温 /℃ Daily temperature accumulated in a year (≥10℃) /℃	3459
年日照时数 /h Annual sunshine /h	2356
年平均相对湿度 /% Annual average relative humidity /%	63
干燥度 Dryness	1.27

本区域中心区月平均气温与月平均降水量
Monthly temperature and precipitation in central area of the region

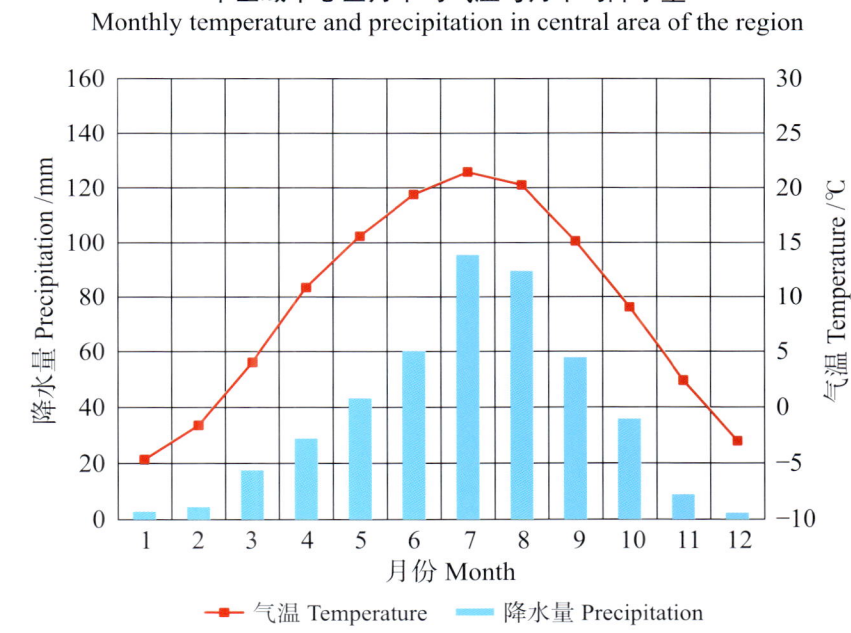

隆德县主要土壤类型与土壤剖面点分布图
1∶190 000

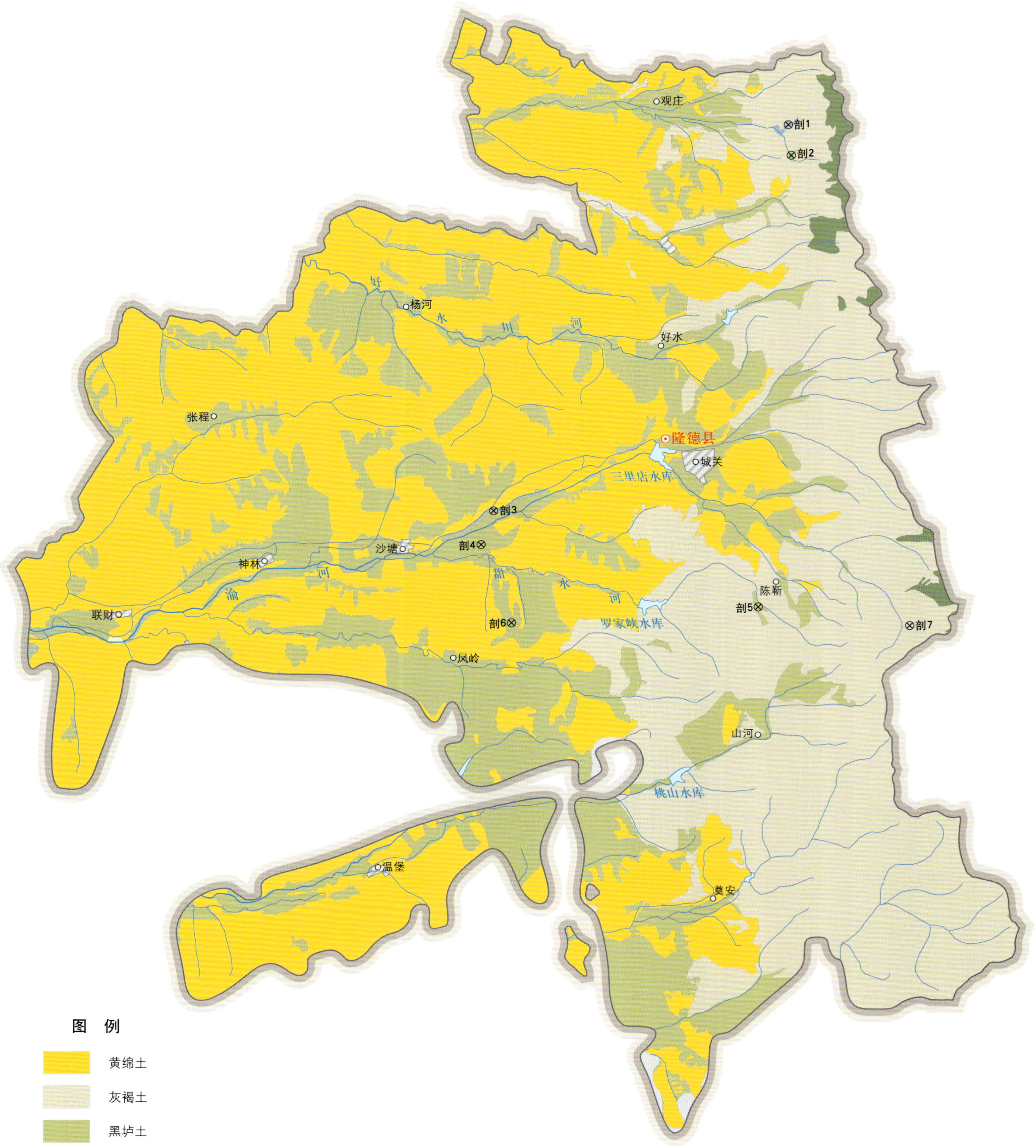

图 例

- 黄绵土
- 灰褐土
- 黑垆土
- 黑毡土
- 新积土
- 沼泽土
- 风沙土
- 潮土
- ⊗ 剖面点

隆德县土壤剖面理化性状表

剖面号 Soil profile	土纲 Soil order	土类 Soil great group	亚类 Soil subgroup	土属 Soil genus	土种 Soil species	土层码 Layer code	土层厚度 Depth/cm	颜色 Soil color	质地 Soil texture	土壤结构 Soil structure	pH	有机质 OM/(g/kg)	全氮 TN/(g/kg)	全磷 TP/(g/kg)	全钾 TK/(g/kg)	碱解氮 AN/(mg/kg)	有效磷 AP/(mg/kg)	速效钾 AK/(mg/kg)	土壤母质 Parent material	剖面点坐标 Profile coordinate	匹配指数 Matching index/%
剖1	水成土	沼泽土	泥炭沼泽土	泥炭土	壤质泥炭土	1	0—16	暗灰色	中壤土	碎块状	8.2	8.9	2.72	0.70		281	10.1	103		E 106°09′46.6″ N 35°44′39.2″	91
						2	16—50	暗灰色	中壤土	块状	8.0	57.2	2.63	0.82		294	1.5	65			
						3	50—82	青灰色	重壤土	块状	8.0	59.0				283	5.8	77			
剖2	半水成土	潮土	潮土	灰色潮土		1	0—24	灰黄棕色	中壤土	粒状	8.2	31.3	1.94	1.31	18.0	176	2.5	126	河流冲积物	E 106°09′51.0″ N 35°43′57.6″	99
						2	24—63	棕黑色	中壤土	粒状、块状	8.0	36.3	1.37	1.13		133	1.5	98			
						3	63—100	灰色	轻壤土	块状	8.1	15.4	0.24	0.94	20.4	51	1.4	121			
剖3	初育土	新积土	阴湿始成土	浅色阴湿始成	浅色阴湿始成土	1	0—24	灰棕色	中壤土	粒状、小块状	8.4	11.4	0.27	1.00		58	11.8	143	坡积物	E 106°01′42.0″ N 35°35′54.4″	72
						2	24—50	浅棕色	重壤土	块状											
						3	50—100	浅棕灰色	中壤土	棱块状											
剖4	钙层土	黑垆土				1	0—20	深黄棕色	中壤土	碎块状	8.5	18.6	1.50	1.07	18.0	102	8.6	98	黄土	E 106°08′48.7″ N 35°33′39.2″	99
						2	20—60	暗棕色	轻壤土	块状	8.5	5.3	0.27	0.97	17.2	30	0.4	98			
						3	60—100	棕色	轻壤土	块状	8.5	4.7	0.05	0.85	19.0	27		69			
剖5	钙层土	黑垆土	草甸黑垆土			1	0—27	棕黑色	中壤土	粒状	8.2	24.8	1.23	1.05	18.4	142	5.0	165	黄土	E 106°08′48.7″ N 35°33′39.2″	72
						2	27—75	棕黑色	中壤土	碎块状	8.3	21.3	1.13	0.99	18.4	134	1.5	75			
						3	75—100	灰黑棕色	轻壤土	块状	8.3	14.2	0.51	0.81	16.4	69		97			
剖6	钙层土	黑垆土				1	0—20	灰黄棕色	中壤土	棱块状	8.2	44.3	2.70	1.36	19.1	223	2.3	115	黄土	E 106°02′09.2″ N 35°33′20.9″	81
						2	20—45	灰黄棕色	中壤土	棱块状	8.2	23.4	1.25	1.20	18.4	86	0.9	93			
						3	45—80	灰黄棕色	中壤土	棱块状	8.3	18.1	0.59	1.12	18.0	82		84			
						4	80—100	灰黄棕色	中壤土	棱块状	8.3	15.7	0.68	1.03	17.8	60		92			
剖7	半淋溶土	灰褐土	中性灰褐土			Aoo	0—4				7.2	405.1	4.16	1.49		731		277		E 106°12′53.4″ N 35°33′11.8″	83
						A	4—20	棕色	轻壤土	粒状、块状	7.5	106.4	3.23	1.59		394	0.4	485			
						B₁	20—37	灰棕色	中壤土	块状	7.2	87.4	2.60	1.17	23.3	270	2.0	278			
						B₂	37—69	灰黄色	重壤土	块状	7.4	9.6	0.20	0.86	28.4	51		206			
						B₃	69—100	灰黄棕色	重壤土	块状	7.2	10.9	0.26	1.12	28.2	74		220			
						6	100—	棕红色													

泾 源 县

主要土类说明

灰褐土是泾源县主要土壤类型，占本县地域面积的98%。灰褐土是六盘山区最主要的森林土壤，分布范围很广，在大小关山均有分布，主要分布在秋千架、西峡、红峡、龙潭四个林场内，坡度多在25°以上，部分为人工林地，生长有红桦、白桦、山杨、落叶松、椴树以及枸子、黑刺、山桃等乔木、灌木。灰褐土是在半干旱森林植被下形成的土壤，地表有一枯枝落叶层，其下为暗色的腐殖质层，在腐殖质层以下为棕色的淀积层。该层质地较黏重，多为棱块状结构，结构上具明显胶膜。淀积层以下为半风化的母岩碎片。土壤呈微碱性，野外测定，剖面中有盐酸泡沫反应。本县灰褐土分为中性灰褐土、中性暗灰褐土、石灰性灰褐土和石灰性暗灰褐土等亚类。

小于本县地域面积3%的土壤类型还有新积土、黑毡土、草甸盐土、潮土等。

本区域中心区气候特征

本区域中心区气候特征值
Regional climate characteristics in central area of the region

气候带：中温带亚湿润气候 Climate region: Mid temperate sub humid climate	
年平均气温 /℃ Annual average temperature /℃	9.2
年平均最高气温 /℃ Annual average maximum temperature /℃	15.6
年平均最低气温 /℃ Annual average minimum temperature /℃	4.2
年降水量 /mm Annual precipitation /mm	470
≥10℃的积温 /℃ Daily temperature accumulated in a year (≥10℃) /℃	3644
年日照时数 /h Annual sunshine /h	2317
年平均相对湿度 /% Annual average relative humidity /%	64
干燥度 Dryness	1.20

本区域中心区月平均气温与月平均降水量
Monthly temperature and precipitation in central area of the region

泾源县主要土壤类型与土壤剖面点分布图
1∶150 000

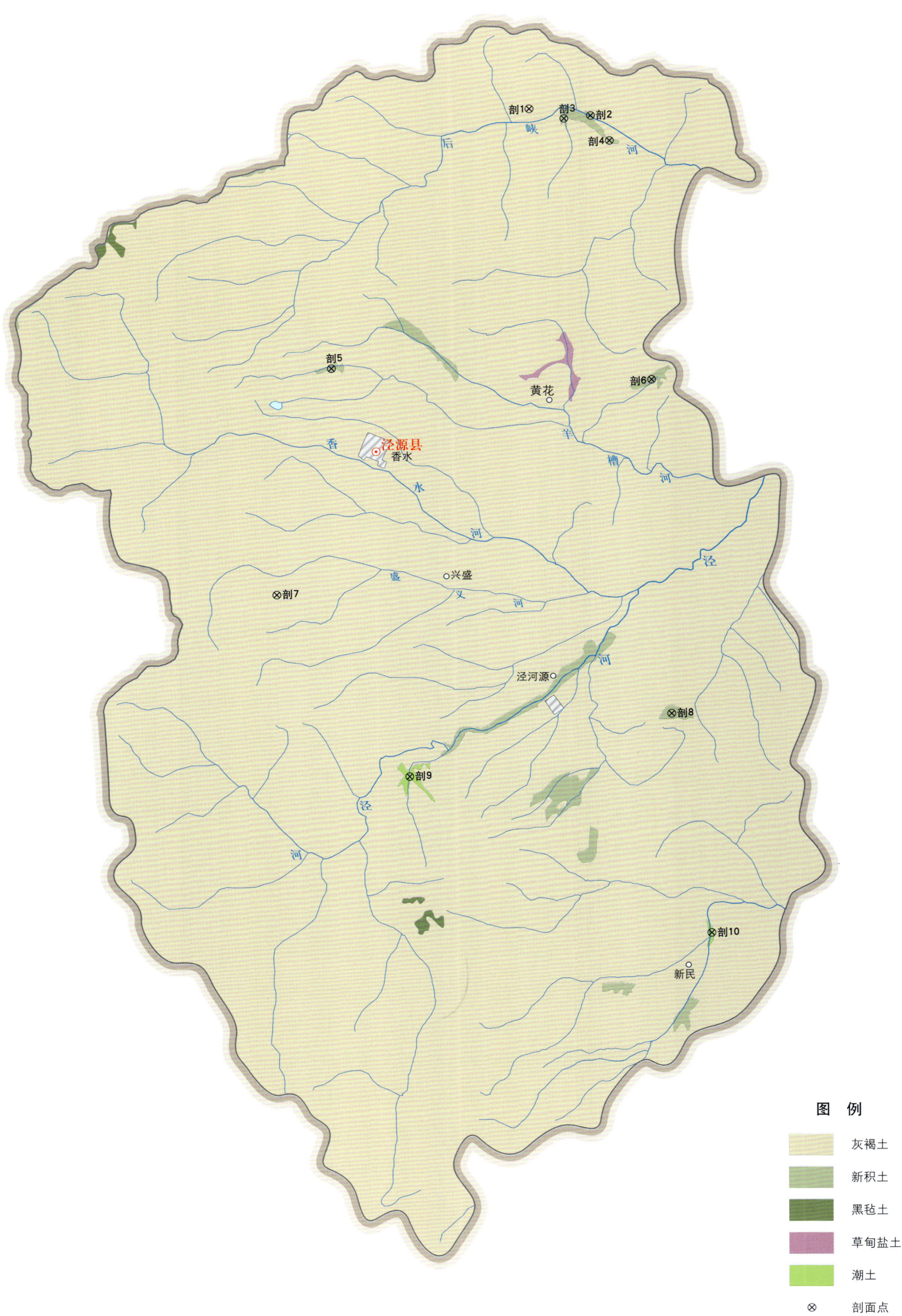

泾源县土壤剖面理化性状表

剖面号 Soil profile	土纲 Soil order	土类 Soil great group	亚类 Soil subgroup	土属 Soil genus	土种 Soil species	土层码 Layer code	土层厚度 Depth/cm	颜色 Soil color	质地 Soil texture	土壤结构 Soil structure	pH	有机质 OM/(g/kg)	全氮 TN/(g/kg)	全磷 TP/(g/kg)	全钾 TK/(g/kg)	碱解氮 AN/(mg/kg)	有效磷 AP/(mg/kg)	速效钾 AK/(mg/kg)	土壤母质 Parent material	剖面点坐标 Profile coordinate	匹配指数 Matching index/%
剖1	半淋溶土	灰褐土	石灰性暗灰褐土			Aoo	0—2	暗棕褐色	中壤土	粒状										E 106°23′37.2″ N 35°35′53.3″	77
						2	2—20	棕灰色	中壤土	粒状、小块状	7.9	45.0					7.4				
						3	20—40	浅灰棕色	重壤土	块状	8.0	40.6					3.0				
						4	40—61				8.0										
						5	61—				7.9										
剖2	初育土	新积土	新积土	灰色始积土	灰色阴湿始成土	1	0—20	灰棕色	中壤土	块状	7.9	22.2	1.32	1.24	18.8	194	59.3	600		E 106°24′59.1″ N 35°35′44.9″	72
						2	20—35	灰棕色	中壤土	块状	8.0		1.30	0.73	25.0	173		270			
						3	35—73	暗灰棕色	重壤土	块状	8.1										
						4	73—93	浅灰棕色	重壤土	块状	8.0										
						5	93—150	灰棕色	黏土	块状	7.9										
剖3	初育土	新积土	新积土	暗色始积土		1	0—20	棕灰色	中壤土	粒状										E 106°24′23.4″ N 35°35′41.9″	71
						2	20—33	暗棕黑色	中壤土	棱块状											
						3	33—100	棕黑色	中壤土	棱块状											
剖4	初育土	新积土	新积土	浅色阴湿始成土	浅色阴湿始成土	1	0—14	黄褐色	中壤土	粒状	8.3	8.3	0.58	0.53	19.0	41	2.3	95		E 106°25′23.9″ N 35°35′16.0″	78
						2	14—40	黄褐色	中壤土	粒状	8.2	11.2	0.50	0.42	20.0			85			
						3	40—68	黄橙色	中壤土	棱块状、片状	8.1										
						4	68—78	黄橙色	轻壤土	棱块状、片状	8.3										
						5	78—100	灰棕色	中壤土	小块状、片状	8.3										
剖5	初育土	新积土	新积土	灰色残积土	灰色残积土	1	0—17	红棕色	中壤土	块状	7.6	15.0	1.01	0.65	19.6	100	16.2	285		E 106°19′08.4″ N 35°31′02.3″	74
						2	17—33	浅红棕色	中壤土	棱块状	7.8		0.45	0.33	18.2			120			
						3	33—74	浅红棕色	重壤土	棱块状	7.7										
						4	74—100	红棕褐色	砂壤土	棱块状	7.8										
剖6	初育土	新积土	新积土	残积土	残积土	1	0—10	红棕褐色	砂壤土	单粒状	8.1	7.6				40	1.0			E 106°26′15.0″ N 35°30′45.4″	83
						2	10—21	棕红棕色	砂壤土	单粒状	8.0										
						3	21—38	棕红色	中壤土	单粒状	8.0										
						4	38—59	灰红棕色	中壤土	单粒状	8.0										
						5	59—73	灰红棕色	砂壤土	粒状	8.2										
						6	73—100	棕灰色	砂壤土	粒状	8.1										
剖7	半淋溶土	灰褐土	石灰性灰褐土			Aoo	0—3		轻壤土	粒状、块状	8.0	66.4	3.25		18.0	176	3.8	324	石灰岩风化物	E 106°17′51.0″ N 35°26′47.5″	72
						2	3—14	灰黄褐色	轻壤土	小块状	8.1	38.1									
						3	14—33	灰黄褐色	中壤土	块状	8.3										
						4	33—50	灰黄褐色	中壤土	块状	8.1										
						5	50—78	灰黄褐色	中壤土	棱块状	8.0										
						6	78—100														
剖8	初育土	新积土	新积土			1	0—20	灰黄褐色	轻壤土	粒状	8.1	26.8	1.30	0.55	17.4	116	3.0	70		E 106°26′34.0″ N 35°24′26.7″	99
						1	0—16	灰黄褐色	中壤土	块状	8.1	13.3	0.94	0.74	18.8	92	1.3	135			
						2	16—43	灰黄褐色	中壤土	块状	8.2		0.79	0.69	19.0			75			
剖9	半水成土	潮土	潮土	潮土	黄土质潮土	3	43—76	灰黄褐色	轻壤土	块状	8.2								河流冲积物	E 106°20′43.8″ N 35°23′19.9″	94
						4	76—109	灰黄褐色	轻壤土	块状	8.2										
						5	109—150	褐灰色	轻壤土	块状	8.2										

续表 Continued

剖面号 Soil profile	土纲 Soil order	土类 Soil great group	亚类 Soil subgroup	土属 Soil genus	土种 Soil species	土层码 Layer code	土层厚度 Depth/cm	颜色 Soil color	质地 Soil texture	土壤结构 Soil structure	pH	有机质 OM/(g/kg)	全氮 TN/(g/kg)	全磷 TP/(g/kg)	全钾 TK/(g/kg)	碱解氮 AN/(mg/kg)	有效磷 AP/(mg/kg)	速效钾 AK/(mg/kg)	土壤母质 Parent material	剖面点坐标 Profile coordinate	匹配指数 Matching index/%
剖10	半水成土	潮土	潮土	潮土	冲积潮土	1	0—13	褐灰色	轻壤土	粒状	8.0	13.7	0.80	0.69	18.4	50	0.5	150	河流冲积物	E 106°27′21.9″ N 35°20′16.7″	83
						2	13—27	灰黄褐色	轻壤土	粒状、小块状	8.1										
						3	27—35	褐色	中壤土	块状	8.0										
						4	35—														

彭 阳 县

主要土类说明

黄绵土是彭阳县主要土壤类型，占本县地域面积的 75%。黄绵土是由黄土直接翻耕形成的初育土。其成土母质为第四纪风积黄土，川地、涧地处成土母质为次生黄土。黄绵土色泽很浅，一般为浅棕色，土体松软深厚。由于土壤侵蚀严重，表层耕层长期遭侵蚀，只得加深耕作黄土母质层，因而母质特性明显，无明显发育，为 A-C 型土。由于风成黄土富含细粉粒，质地、结构均一，疏松绵软，富含石灰，磷、钾含量较高，但有效性差。土壤有机质缺乏，含量仅为 5g/kg。

黑垆土是彭阳县第二大土壤类型，占本县地域面积的 18%。黑垆土发育于黄土上，剖面中可见钙的淀积和有机质层，是本县主要的农牧业土壤。黑垆土有机质含量低于 10g/kg，腐殖质层却很深厚，1m 或更深。土壤原位黏化，但无明显黏化层，具假菌丝状石灰累积，无盐化，多旱耕。根据土壤的剖面形态，本县黑垆土可分为黑垆土、浅黑土、侵蚀黑垆土和黑垆土性土等亚类。

灰褐土是彭阳县第三大土壤类型，占本县地域面积的 7%。灰褐土也是森林植被下的土壤。同棕壤相比，灰褐土的淋溶作用较弱，剖面中尚残留有石灰等碳酸盐化合物，呈中性、微碱性，但在剖面构造上则基本相似。本县灰褐土仅有中性暗灰褐土和中性灰褐土两个亚类，中性暗灰褐土面积较小，除腐殖质层厚度大于 50cm 外，其他性质与中性灰褐土相同。

小于本县地域面积 3% 的土壤类型还有粗骨土、黑毡土、新积土。

本区域中心区气候特征

本区域中心区气候特征值
Regional climate characteristics in central area of the region

气候带：中温带亚湿润气候 Climate region: Mid temperate sub humid climate	
年平均气温 /℃ Annual average temperature /℃	8.8
年平均最高气温 /℃ Annual average maximum temperature /℃	15.4
年平均最低气温 /℃ Annual average minimum temperature /℃	3.6
年降水量 /mm Annual precipitation /mm	440
≥10℃的积温 /℃ Daily temperature accumulated in a year (≥10℃) /℃	3425
年日照时数 /h Annual sunshine /h	2450
年平均相对湿度 /% Annual average relative humidity /%	62
干燥度 Dryness	1.28

本区域中心区月平均气温与月平均降水量
Monthly temperature and precipitation in central area of the region

彭阳县主要土壤类型与土壤剖面点分布图
1∶270 000

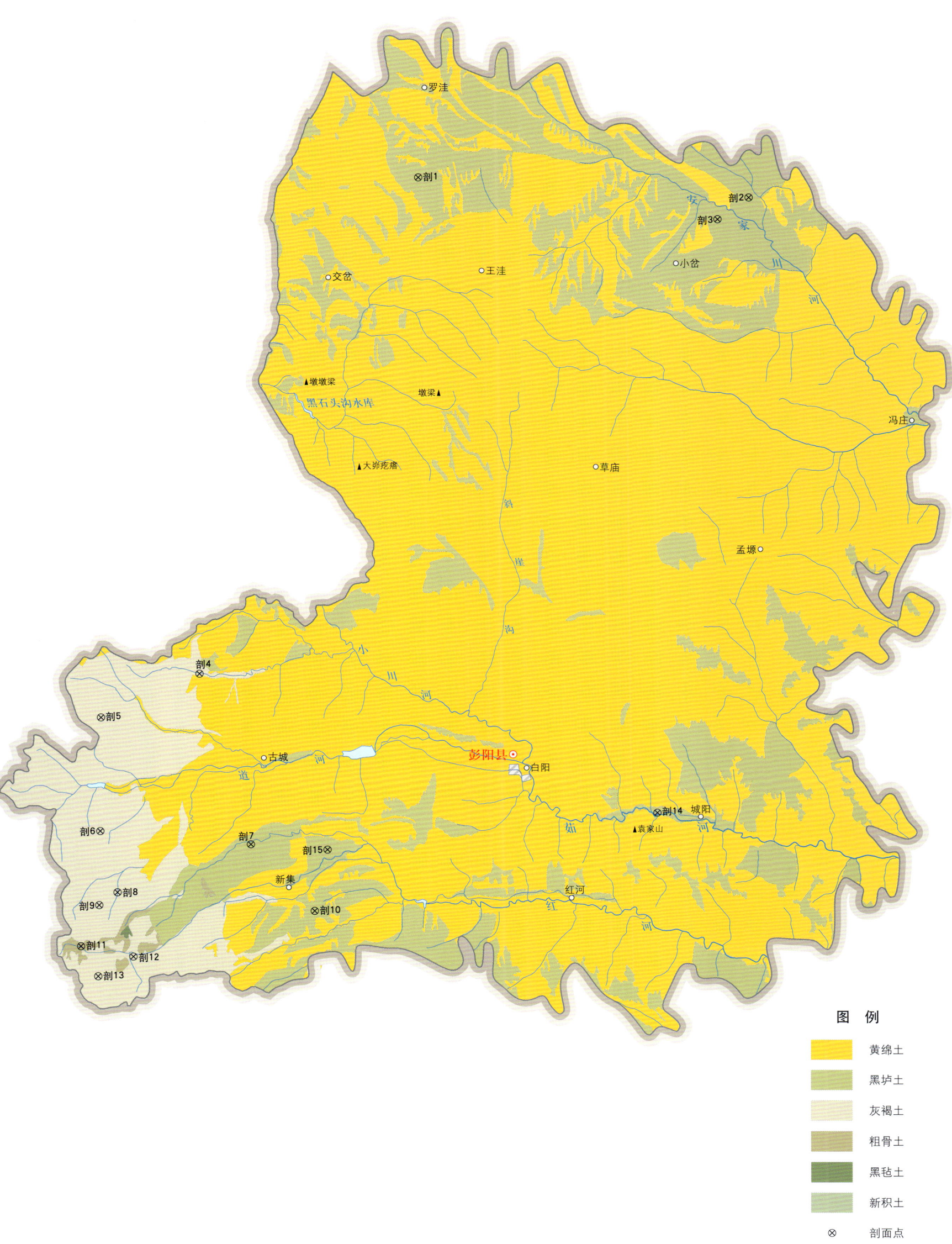

图例
- 黄绵土
- 黑垆土
- 灰褐土
- 粗骨土
- 黑毡土
- 新积土
- ⊗ 剖面点

彭阳县土壤剖面理化性状表

剖面号 Soil profile	土纲 Soil order	土类 Soil great group	亚类 Soil subgroup	土属 Soil genus	土种 Soil species	土层码 Layer code	土层厚度 Depth/cm	颜色 Soil color	质地 Soil texture	土壤结构 Soil structure	pH	有机质 OM/(g/kg)	全氮 TN/(g/kg)	全磷 TP/(g/kg)	全钾 TK/(g/kg)	碱解氮 AN/(mg/kg)	有效磷 AP/(mg/kg)	速效钾 AK/(mg/kg)	阳离子交换量 CEC/(cmol/kg)	土壤母质 Parent material	剖面点坐标 Profile coordinate	匹配指数 Matching index/%
剖1	钙层土	黑垆土	黑垆土	侵蚀黑垆土	薄有机质层侵蚀黑垆土	1	0—20	灰棕色	轻壤土	块状、粒状	8.5	19.8				79	2.8			黄土	E 106°34′34.3″ N 36°12′22.5″	70
						2	20—39	浅灰棕色	轻壤土	块状	8.3	8.1										
						3	39—74	浅棕色	轻壤土	块状	8.5	4.5										
						4	74—100	浅棕色	轻壤土	块状	8.6	6.7										
剖2	钙层土	黑垆土	黑垆土	侵蚀黑垆土		1	0—23	浅灰棕色	中壤土	粒状、块状	8.5	12.7	0.93	0.64		63	1.4	179		黄土	E 106°48′49.2″ N 36°11′27.3″	82
						2	23—46	浅灰棕色	中壤土	块状	8.3	7.1										
						3	46—70	浅灰棕色	中壤土	块状	8.5	4.8										
						4	70—100	浅棕色	中壤土	块状	8.5	2.6										
剖3	钙层土	黑垆土	黑垆土	侵蚀黑垆土	薄有机质耕层种侵蚀黑垆土	1	0—20	浅灰棕色	轻壤土	块状、粒状	8.4	13.6	0.95	0.59		69	1.8	124	9.5	黄土	E 106°47′27.5″ N 36°10′41.4″	93
						2	20—38	浅棕色	轻壤土	块状	8.5	5.6							8.5			
						3	38—67	浅棕色	轻壤土	块状	8.5								7.8			
						4	67—100	浅棕黄色	轻壤土	块状	8.5								7.0			
剖4	半淋溶土	灰褐土	灰褐土性土	暗耕种灰褐土性土		1	0—20	灰棕色	中壤土	粒状、块状	8.3	16.2				81	3.9	92			E 106°24′46.4″ N 35°54′32.4″	79
						2	20—42	暗棕灰色	中壤土	块状、粒状	8.3	14.9										
						3	42—91	暗棕灰色	中壤土	块状	8.3	19.0										
						4	91—135	暗棕灰色	中壤土	块状	8.3	15.6										
						5	135—150	暗棕灰色	轻壤土	块状		15.6										
剖5	半淋溶土	灰褐土	暗灰褐土	耕种暗灰褐土		1	0—15	灰棕色	中壤土	粒状、块状											E 106°20′30.7″ N 35°53′01.3″	97
						2	15—35	灰棕色	中壤土	块状												
						3	35—46	浅灰棕色	中壤土	块状												
						4	46—80	棕色	轻壤土	块状												
						5	80—100	棕色	轻壤土	块状												
剖6	半淋溶土	灰褐土	暗灰褐土	暗灰褐土		1	0—15	灰棕色	中壤土	粒状	8.0	65.7	4.07	0.71		333	1.8	304			E 106°20′24.0″ N 35°48′52.7″	89
						2	15—36	暗棕灰色	重壤土	粒状、块状	8.1	48.7	2.86	0.67		196	1.9	120				
						3	36—55	暗棕灰色	重壤土	块状	8.1	31.5										
						4	55—70	暗棕色	重壤土	块状	8.0	20.8										
						5	70—80	浅灰棕色	中壤土	块状	8.2	16.3										
						6	80—100	浅灰棕色	中壤土	块状	8.2	12.4										
剖7	钙层土	黑垆土	黑垆土	浅黑垆土		1	0—37	灰棕色	中壤土	块状	8.3	23.9	1.72		16.6		1.5	109	10.3	黄土	E 106°26′52.1″ N 35°48′19.1″	92
						2	37—70	浅灰棕色	中壤土	块状	8.5	20.6										
						3	70—90	灰棕色	中壤土	块状	8.6	10.0										
						4	90—110	浅棕色	中壤土	块状	8.5	7.5										
剖8	半淋溶土	灰褐土	灰褐土性土	耕种灰褐土性土		1	0—24	灰棕色	中壤土	块状、粒状	8.2	7.2				74					E 106°21′05.4″ N 35°46′38.3″	98
						2	24—56	浅灰棕色	中壤土	块状	8.1	11.1										
						3	56—95	浅灰棕色	重壤土	块状	8.2	9.8										
						4	95—150	灰棕色	中壤土	块状	8.2	11.4										
剖9	半淋溶土	灰褐土	石灰性灰褐土			1	0—30	灰棕色	中壤土	粒状、块状	8.3										E 106°20′18.2″ N 35°46′11.6″	76
						2	30—60	棕灰色	中壤土	块状	8.5											
						3	60—80	棕灰色	轻壤土	块状	8.6											
剖10	钙层土	黑垆土	黑垆土	侵蚀黑垆土	耕种侵蚀黑垆土	1	0—20	浅棕黄色	中壤土	块状	8.3	10.2	0.73	0.46		53	5.0	63		黄土	E 106°29′33.4″ N 35°45′51.9″	84
						2	20—57	浅棕黄色	轻壤土	块状	8.4	5.5										
						3	57—100	浅棕黄色	中壤土	块状	8.4											
						4	100—145	浅棕黄色	轻壤土	块状	8.4											

续表 Continued

剖面号 Soil profile	土纲 Soil order	土类 Soil great group	亚类 Soil subgroup	土属 Soil genus	土种 Soil species	土层码 Layer code	土层厚度 Depth/cm	颜色 Soil color	质地 Soil texture	土壤结构 Soil structure	pH	有机质 OM/(g/kg)	全氮 TN/(g/kg)	全磷 TP/(g/kg)	全钾 TK/(g/kg)	碱解氮 AV/(mg/kg)	有效磷 AP/(mg/kg)	速效钾 AK/(mg/kg)	阳离子交换量CEC/(cmol/kg)	土壤母质 Parent material	剖面点坐标 Profile coordinate	匹配指数 Matching index/%
剖11	初育土	粗骨土	钙质粗骨土	石渣土		1	0—15	灰棕色	砂壤土	粒状											E 106°19′29.6″ N 35°44′44.9″	80
						2	15—33	灰棕色	砂壤土	粒状												
						3	33—55															
剖12	半淋溶土	灰褐土	灰褐土性土	耕种耕种阴积土		1	0—20	暗灰棕色	中壤土	粒状、块状	8.1	32.3				68	1.6				E 106°21′43.8″ N 35°44′20.8″	92
						2	20—48	暗灰色	重壤土	块状	8.0	37.1										
						3	48—72	暗棕灰色	重壤土	块状	8.0	33.7										
						4	72—100	浅棕灰色	重壤土	块状	8.0	12.7										
剖13	半淋溶土	灰褐土	淋溶灰褐土			1	2—10	暗褐色	轻壤土	松软状	7.9	228.5	9.28	0.87		705		423			E 106°20′12.6″ N 35°43′39.6″	82
						2	10—16	棕褐色	轻壤土	粒状、块状	7.7	94.2	4.66	0.85		379	2.5	246				
						3	16—38	棕灰色	轻壤土	块状、粒状	7.8	78.5										
剖14	初育土	新积土	新积土	洪积耕种新积土		1	0—6	浅灰棕色	黏土	块状、薄片状											E 106°44′21.5″ N 35°49′13.1″	97
						2	6—40	浅灰棕色	黏土	块状												
						3	40—60	浅棕色	中壤土													
剖15	钙层土	黑垆土	黑垆土	耕种浅黑垆土		1	0—20	浅灰棕色	中壤土	粒状、块状	8.3	2.1	0.85	0.70	16.0	56	6.4	8	10.3	黄土	E 106°30′09.4″ N 35°48′04.7″	100
						2	20—39	浅灰棕色	中壤土	块状、粒状	8.3	13.0										
						3	39—78	浅灰棕色	中壤土		8.5	7.6										
						4	78—100	浅黄棕色	中壤土	块状	8.3	5.8										

中 卫 市

市 辖 区

主要土类说明

灰钙土是中卫市主要土壤类型，占本市地域面积的54%，分布在黄土丘陵、低山石质丘陵、洪积扇及古老阶地。灰钙土是在干旱生物气候条件下形成的地带性土壤，生长有多年生的草本植物及部分小半灌木和灌木，组成荒漠草原植被，植被覆盖度为20%—30%。灰钙土表层一般形成有机质层，多呈浅灰棕色，有机质含量一般为3—8g/kg；其下为30cm左右的石灰淀积层，较表土层及底土层紧实，碳酸钙的含量为100—300g/kg。

粗骨土是中卫市第二大土壤类型，占本市地域面积的17%。粗骨土无明显的发育特征，或仅有初步形成的腐殖质层，厚为5—10cm，再下为10—20cm的半风化状态的岩石碎屑与细土混合物。粗骨土砾石含量一般大于30%，保水性很差，土体经常呈干燥状态。粗骨土均有石灰反应，但石灰反应的强弱与母岩的性质有关，发育在石灰岩母质上的粗骨土，全剖面石灰反应均较强；发育在砂岩母质上的，石灰反应较弱。

风沙土是中卫市第三大土壤类型，占本市地域面积的16%，主要分布在本市北部腾格里沙漠边缘。中卫至甘塘铁路沿线的流动风沙土，细沙含量大于99%，粗沙及物理性黏粒甚少。土壤表层pH为8.1—8.7，可溶盐含量不高。

灌淤土占本市地域面积的5%。灌淤土是在长期的灌淤、施肥、耕作等人为因素作用下形成的一种独特的土壤类型。其熟化土层的质地以轻壤土和中壤土为主，疏松多孔，沉积层次不明显，有炭渣、砖块等侵入体，还有较多的蚯蚓粪。

新积土占本市地域面积的5%，主要分布于灌区各乡黄河沿岸、南山台子边沿及北沙窝边。新积土是没有剖面发育的河流冲积物、山洪沉积物和风积物，大部分质地很粗，多为砂土和砂壤土，少部分为轻壤土。目前新积土多为耕地。

小于本市地域面积3%的土壤类型还有潮土、草甸盐土等。

本区域中心区气候特征

本区域中心区气候特征值
Regional climate characteristics in central area of the region

气候带：暖温带干旱气候 Climate region: Warm temperate arid climate	
年平均气温 /℃ Annual average temperature /℃	7.9
年平均最高气温 /℃ Annual average maximum temperature /℃	14.5
年平均最低气温 /℃ Annual average minimum temperature /℃	2.4
年降水量 /mm Annual precipitation /mm	262
≥10℃的积温 /℃ Daily temperature accumulated in a year (≥10℃) /℃	2953
年日照时数 /h Annual sunshine /h	2728
年平均相对湿度 /% Annual average relative humidity /%	56
干燥度 Dryness	2.29

本区域中心区月平均气温与月平均降水量
Monthly temperature and precipitation in central area of the region

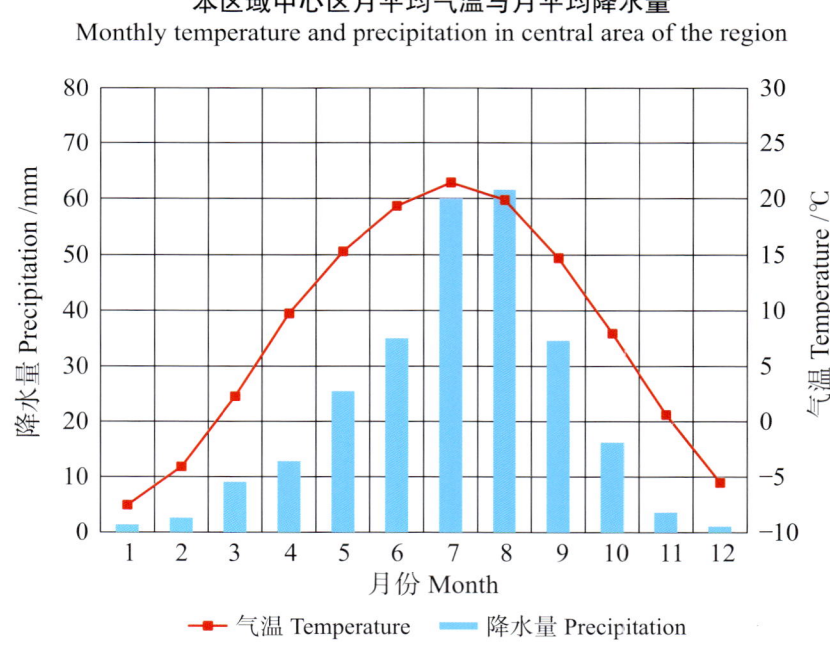

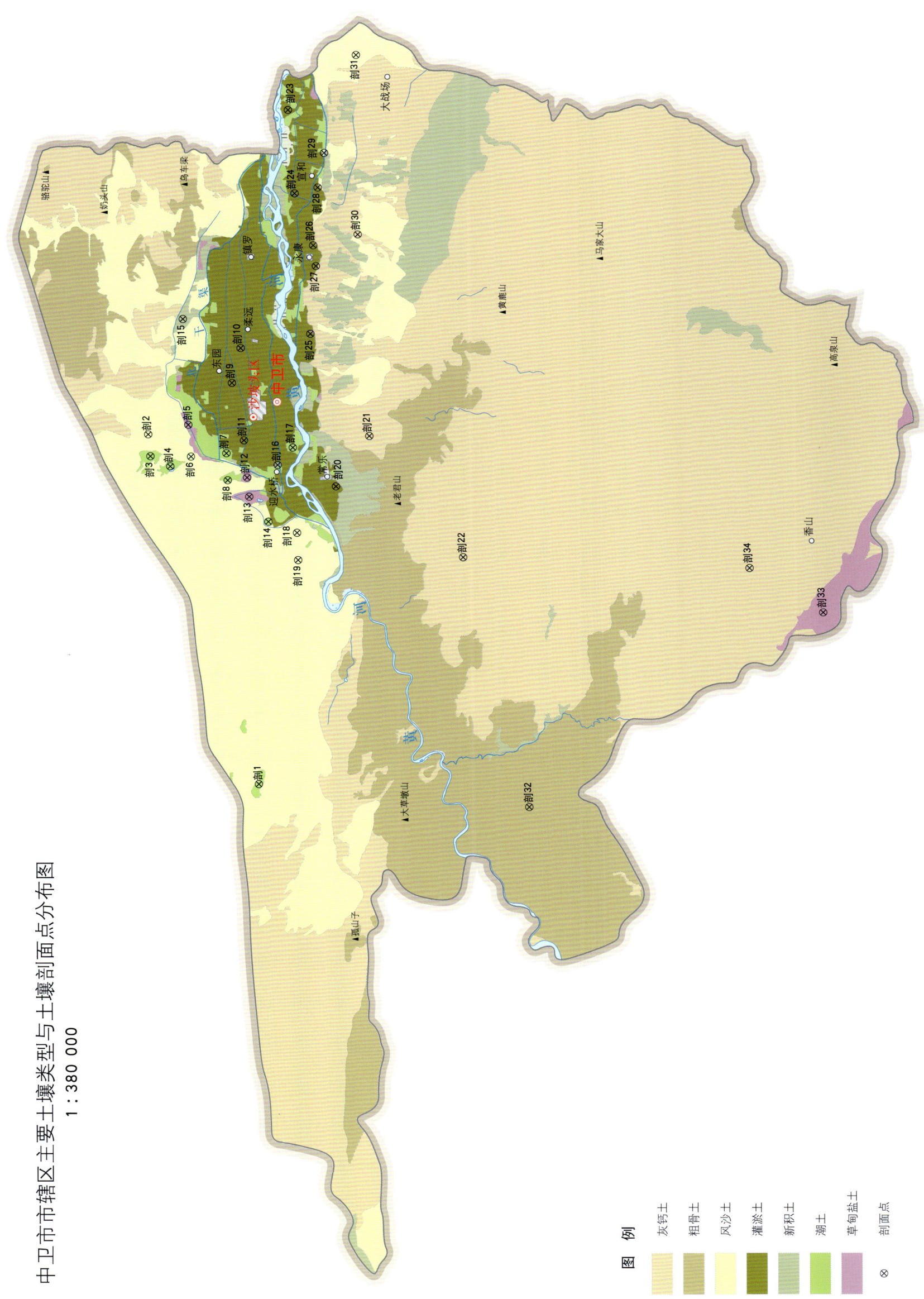

中卫市土壤剖面理化性状表

剖面号 Soil profile	土纲 Soil order	土类 Soil great group	亚类 Soil subgroup	土属 Soil genus	土种 Soil species	土层码 Layer code	土层厚度 Depth/cm	颜色 Soil color	质地 Soil texture	土壤结构 Soil structure	pH	有机质 OM/(g/kg)	全氮 TN/(g/kg)	全磷 TP/(g/kg)	全钾 TK/(g/kg)	碱解氮 AN/(mg/kg)	有效磷 AP/(mg/kg)	速效钾 AK/(mg/kg)	土壤母质 Parent material	剖面点坐标 Profile coordinate	匹配指数 Matching index/%
剖1	半水成土	潮土	盐化潮土			1	0—20	灰棕色	轻壤土	块状	8.0	11.7				85	6.6		河流冲积物	E 104°47′13.9″ N 37°30′52.6″	99
						2	20—51	浅灰棕色	轻壤土	块状	8.2										
						3	51—100	浅灰棕色	砂土	块状	8.1										
						4	100—120	浅灰棕色	砂土	块状	8.2										
剖2	初育土	风沙土	草原风沙土	流动风沙土	高燥流动风沙土	1	0—20	浅灰棕色	松砂土	单粒状	8.6	1.1				12	0.6		风积物	E 105°09′24.2″ N 37°36′14.1″	70
						2	20—	浅灰棕色	松砂土	单粒状	8.7										
剖3	半水成土	潮土	盐化潮土			1	0—20	浅灰棕色	砂壤土	块状	8.8	7.2	0.52	0.58		46	4.4	257	河流冲积物	E 105°08′01.0″ N 37°36′08.3″	87
						2	20—47	浅灰棕色	砂壤土	块状	8.6		0.37	0.58				179			
						3	47—76	浅灰白色	砂壤土	块状	8.6		0.34	0.59				150			
						4	76—120	浅棕色	砂壤土	块状	8.4		0.23	0.62				101			
剖4	半水成土	潮土	盐化潮土	盐化潜育灌淤潮土	盐化潜育灌淤土	1	0—20	灰棕色	中壤土	块状	8.1	13.2				64	5.5		河流冲积物	E 105°07′22.4″ N 37°35′10.3″	90
						2	20—34	棕灰色	轻壤土	块状	8.2										
						3	34—														
剖5	盐碱土	草甸盐土		白盐土		1	0—0.8	白色			9.1									E 105°10′00.5″ N 37°34′17.4″	90
						2	0.8—17	棕黄色	砂土	单粒状	8.4										
						3	17—40	浅灰棕色	砂土		9.4										
						4	40—60	灰棕色	砂壤土		9.3										
剖6	初育土	风沙土	草原风沙土	固定风沙土	湿润固定风沙土	1	0—15	浅棕色	砂土	块状	8.8	1.4				12	1.8		风积物	E 105°07′59.7″ N 37°34′09.5″	71
						2	15—			砂土	块状											
剖7	半水成土	潮土	湿潮土	湿黏土		1	0—16	灰棕色	重壤土	块状	8.5	15.7	0.90	0.65	19.4	60	3.5	365	河流冲积物	E 105°08′12.1″ N 37°32′25.8″	71
						2	16—28	灰棕色	中壤土	块状	8.3		0.61	0.62	16.7			253			
						3	28—50	灰棕色	重壤土	块状	8.5		0.74	0.65	18.7			281			
						4	50—70	灰棕色	轻壤土	块状	8.2		0.59	0.62	19.3			274			
剖8		潮土				1	0—20	浅棕色	砂土	粒状、块状	8.1	3.3				36	2.3		河流冲积物	E 105°06′28.9″ N 37°32′22.3″	77
						2	20—70	灰棕色	砂土	块状	9.3										
						3	70—110	浅灰棕色	砂土	块状	8.8										
						4	110—150	浅灰棕色	砂土	块状	8.9										
						5	150—180	浅灰棕色	砂土夹黏土	块状	8.4										
剖9	人为土	灌淤土	表锈灌淤土	厚层潜育灌淤土	厚层潜育灌淤土	1	0—22	灰棕色	重壤土	块状	8.0	18.4	1.16	0.70	17.2	154	25.3	261	河流冲积物	E 105°12′39.6″ N 37°32′09.2″	100
						2	22—75	灰棕色	中壤土	块状	8.3		0.89	0.59	16.5			274			
						3	75—100	灰棕色	轻壤土	棱块状	8.3		0.44	0.53	15.5			203			
						4	100—140	灰棕色	紧砂土	块状	8.4		0.20	0.58	15.2			165			
						5	140—177	浅棕色		块状	8.5		0.23	0.39	14.1			140			
						6	177—														
剖10	人为土	灌淤土	表锈灌淤土	薄层潜育灌淤土	薄层潜育灌淤土	1	0—20	灰棕色	重壤土	块状	8.1	14.8	1.10	0.70	17.5	108	31.8	212	河流冲积物	E 105°14′51.4″ N 37°31′43.3″	80
						2	20—55	浅灰棕色	重壤土	块状	8.4		1.07	0.57	18.4			194			
						3	55—85	浅灰灰色	中壤土	棱块状	8.4		0.43	0.59	18.3			182			
						4	85—120	浅灰灰色	中壤土	块状	8.4		0.50	0.58	18.0			149			
						5	120—145	棕灰色	重壤土	块状	8.3		0.66	0.56	19.8			250			
						6	145—180	浅灰棕色	重壤土	块状	8.4		0.66	0.55	19.1			216			

续表 Continued

剖面号 Soil profile	土纲 Soil order	土类 Soil great group	亚类 Soil subgroup	土属 Soil genus	土种 Soil species	土层码 Layer code	土层厚度 Depth/cm	颜色 Soil color	质地 Soil texture	土壤结构 Soil structure	pH	有机质 OM/(g/kg)	全氮 TN/(g/kg)	全磷 TP/(g/kg)	全钾 TK/(g/kg)	碱解氮 AN/(mg/kg)	有效磷 AP/(mg/kg)	速效钾 AK/(mg/kg)	土壤母质 Parent material	剖面点坐标 Profile coordinate	匹配指数 Matching index/%
剖11	人为土	灌淤土	表锈灌淤土			1	0—17	灰棕蓝色	中壤土	块状										E 105°09′00.7″ N 37°31′34.3″	76
						2	17—35	蓝灰棕色	中壤土	块状											
						3	35—62	浅红棕色	黏土	块状											
						4	62—92	浅红棕色	砂壤土	块状											
						5	92—138	青棕色	砂壤土	棱块状											
						6	138—180	青灰色													
剖12	盐碱土	草甸盐土		黑油盐土		1	0—0.3	灰油黑色			8.1									E 105°06′39.2″ N 37°31′26.0″	100
						2	0.3—10	浅灰棕色	砂土	单粒状	8.5										
						3	10—30	浅灰棕色	砂土	单粒状	8.8										
						4	30—55	青棕色	砂土	单粒状	8.8										
						5	55—105	灰白色	重壤土	棱块状	8.4										
剖13	盐碱土	草甸盐土		冰打盐土		1	0—0.1	黄色			8.9									E 105°05′26.2″ N 37°31′19.6″	100
						2	0.1—11	灰油黑色	中壤土	块状，片状	9.3										
						3	11—18	浅灰棕色	轻壤土	片状	8.8										
						4	18—51	暗灰色	轻壤土	块状，肩粒状	8.6										
						5	51—114	棕黄色	细砂土	粒状	8.5										
剖14	半水成土	潮土	盐化潜育灌淤潮土	盐化灌育灌淤潮土		1	0—20	浅灰棕色	砂壤土	小块状	7.7	10.3				68	5.5		河流冲积物	E 105°03′50.4″ N 37°30′23.8″	81
						2	20—25	浅灰色	砂土	单粒状	8.0										
						3	25—75	浅灰棕色	砂土	单粒状	8.2										
剖15	初育土	新积土	冲积土	冲积新积土		1	0—15	浅灰棕色	砂土	小块状	7.9	7.4				43	8.9			E 105°16′41.8″ N 37°34′32.3″	87
						2	15—25	棕色	砂土	小块状	7.9										
						3	25—				7.7										
剖16	初育土	新积土		堆垫土		1	0—17	蓝灰色	砂壤土	块状	8.3	5.0				31	15.0			E 105°07′27.1″ N 37°29′56.0″	95
						2	17—40	浅灰棕色	中壤土	块状	8.7										
						3	40—				8.6										
剖17	半水成土	潮土	灌淤潮土	潜育灌淤潮土		1	0—18	灰棕色	轻壤土	块状	8.2	11.5	0.76	0.73		93	12.9		河流冲积物	E 105°08′33.4″ N 37°29′11.8″	82
						2	18—40	浅灰棕色	重壤土	块状	8.4										
						3	40—62	浅灰棕色	砂壤土	块状	8.5										
						4	62—102	浅灰棕色	砂壤土	块状	8.6										
						5	102—136	棕色	轻壤土	块状	8.3										
						6	136—170	蓝灰色	砂土	块状	8.1										
剖18	风沙土	风沙土	草原风沙土	流动风沙土	低燥流动风沙土	1	0—80	暗灰棕色	中壤土	块状	8.6	2.0				32	2.3		风积物	E 105°03′08.3″ N 37°28′59.9″	91
						2	80—120	浅灰棕色	中壤土	块状	8.5										
						3	120—150	浅灰棕色	中壤土	块状	7.9										
剖19	风沙土	风沙土	草原风沙土	固定风沙土	干燥浮沙土	1	0—20	浅灰棕色	砂壤土	单粒状	8.7	1.6				9	0.4		风积物	E 105°01′25.3″ N 37°28′57.0″	86
						2	20—	灰灰棕色	砂土	单粒状	8.5										
剖20	人为土	灌淤土	灌淤土	薄层普通灌淤土	中壤质薄层普通灌淤土	1	0—16	暗灰棕色	中壤土	块状	7.9	18.1								E 105°06′04.8″ N 37°27′06.2″	72
						2	16—41	浅灰棕色	中壤土	块状	7.9	14.0									
						3	41—75	浅灰棕色	中壤土	块状	7.9	12.6									
						4	75—106	浅灰棕色	砂壤土	块状	7.9	10.1									
						5	106—130	灰灰棕色	砂壤土	块状	7.9	11.7									
						6	130—170	灰灰棕色	砂壤土	块状	7.9	13.2									
						7	170—				7.9										
剖21	干旱土	灰钙土	淡灰钙土	耕种淡灰钙土	轻壤土	1	0—19	浅灰棕色	轻壤土	小块状	8.5	6.5	0.48	0.43	16.1	24	6.5	195	洪冲积物	E 105°09′16.6″ N 37°25′27.5″	91
						2	19—52	浅灰棕色	轻壤土	块状	8.4		0.36	0.38	15.7			71			
						3	52—100	浅灰棕色	砂壤土	块状	8.5		0.10	0.39	15.4			69			

续表 Continued

剖面号 Soil profile	土纲 Soil order	土类 Soil great group	亚类 Soil subgroup	土属 Soil genus	土种 Soil species	土层码 Layer code	土层厚度 Depth/cm	颜色 Soil color	质地 Soil texture	土壤结构 Soil structure	pH	有机质 OM/(g/kg)	全氮 TN/(g/kg)	全磷 TP/(g/kg)	全钾 TK/(g/kg)	碱解氮 AN/(mg/kg)	有效磷 AP/(mg/kg)	速效钾 AK/(mg/kg)	土壤母质 Parent material	剖面点坐标 Profile coordinate	匹配指数 Matching index/%
剖22	干旱土	灰钙土				1	0—13	灰棕色	砂壤土	粒状、块状	8.4	26.5	2.49	0.65	18.6	171	2.2	108		E 105°01′35.2″ N 37°20′54.4″	84
						2	13—32	灰棕色	中壤土	粒状	8.2		2.46	0.50	18.8			149			
						3	32—65	灰棕色	中壤土	块状、团粒状	8.2		1.39	0.31	19.3			113			
						4	65—80	棕色	中壤土	块状	8.4		0.64	0.24	17.7			113			
						5	80—100	浅棕色	轻壤土	块状	8.4		0.38	0.50	16.6			56			
剖23	人为土	灌淤土	表锈灌淤土	薄层潜育灌淤土	薄层淹育灌淤土	1	0—20	灰棕色	中壤土	块状	7.6	7.1	0.88	0.55	17.0	120	18.3	304		E 105°29′54.6″ N 37°29′21.8″	72
						2	20—47	灰棕色	轻壤土	块状	7.8		0.45	0.44	17.0			188			
						3	47—60	浅灰棕色	砂壤土	块状	7.7		0.52	0.44	16.8			200			
						4	60—86	浅灰棕色	砂土	块状	7.8		0.31	0.40	16.3			147			
						5	86—112	浅灰棕色	中壤土	块状	8.1		0.50	0.43	17.0			141			
						6	112—140	浅灰棕色	轻壤土	块状	7.7		0.40	0.39	16.8			103			
						7	140—170	浅灰棕色	中壤土	块状	7.9		0.87	0.34	16.6			88			
						8	170—180	灰棕色	轻壤土	块状	8.0			0.46	17.3			80			
剖24	人为土	灌淤土	潮灌淤土	厚层潮灌淤土		1	0—20	灰棕色	中壤土	粒状、块状	8.0	16.4	1.07	0.80		83	29.0	213		E 105°24′38.4″ N 37°29′03.4″	95
						2	20—46	灰棕色	中壤土	粒状、块状	8.0		0.96					157			
						3	46—90	浅灰棕色	砂壤土	块状	7.9		0.64					200			
						4	90—140	浅灰棕色	轻壤土	粒状块状	7.9		0.59					190			
						5	140—180	灰棕色	砂壤土	块状	8.0		0.53					183			
剖25	人为土	灌淤土	灌淤土	薄层普通灌淤土	轻壤质薄层普通灌淤土	1	0—20	暗灰棕色	轻壤土	块状	7.5	25.2				132	34.8			E 105°15′44.7″ N 37°28′19.2″	89
						2	20—40	暗灰棕色	中壤土	块状	7.7										
						3	40—60	灰棕色	中壤土	块状	7.8										
						4	60—80	灰棕色	砂壤土	块状	7.9										
						5	80—100	灰棕色	砂土	块状	8.0										
						6	100—130	灰棕色	砂土	块状	7.7										
						7	130—180	灰棕色	中壤土	粒状、块状	7.8										
剖26	人为土	灌淤土	灌淤土	厚层普通灌淤土		1	0—18	灰棕色	中壤土	块状	7.9	13.4				108	32.4			E 105°21′19.8″ N 37°28′10.0″	99
						2	18—53	灰棕色	中壤土	块状	8.5										
						3	53—70	灰棕色	中壤土	块状	8.3										
						4	70—99	灰棕色	重壤土	块状	8.4										
						5	99—136	灰棕色	中壤土	小块状	8.3										
						6	136—180	灰棕色	轻壤土	块状	8.2										
剖27	人为土	灌淤土	潮灌淤土	薄层潮灌淤土		1	0—20	灰棕色	中壤土	块状	8.4	14.3				103	9.3			E 105°20′01.2″ N 37°28′02.4″	71
						2	20—35	浅灰棕色	轻壤土	块状	8.1										
						3	35—47	浅灰棕色	轻壤土	块状	7.9										
						4	47—55	浅灰棕色	砂土	块状	8.2										
						5	55—70	灰棕色	中壤土	块状	7.6	18.7				97	35.1				
剖28	人为土	灌淤土	灌淤土	薄层普通灌淤土		1	0—20	浅灰棕色	轻壤土	块状	8.1									E 105°24′60.0″ N 37°27′56.4″	78
						2	20—40	浅灰棕色	砂壤土	块状	7.9										
						3	40—56	浅灰棕色	砂土	块状	8.2										
						4	56—100	浅灰棕色	砂土	小块状	8.1										
						5	100—140	浅灰棕色	砂壤土	块状	7.9										
						6	140—180	浅灰棕色	砂壤土	块状	9.0	4.1				55	2.3				
剖29	初育土	风沙土	草甸风沙土	湿润风沙土	湿润浮沙地	1	0—17	浅灰棕色	砂土	单粒状	9.3								风积物	E 105°27′12.1″ N 37°27′37.1″	80
						2	17—33	浅灰棕色	砂土	单粒状	9.3										
						3	33—58	浅灰棕色	砂土	单粒状	9.4										
						4	58—100	浅灰棕色	砂土	单粒状											

续表 Continued

剖面号 Soil profile	土纲 Soil order	土类 Soil great group	亚类 Soil subgroup	土属 Soil genus	土种 Soil species	土层码 Layer code	土层厚度 Depth/cm	颜色 Soil color	质地 Soil texture	土壤结构 Soil structure	pH	有机质 OM/(g/kg)	全氮 TN/(g/kg)	全磷 TP/(g/kg)	全钾 TK/(g/kg)	碱解氮 AN/(mg/kg)	有效磷 AP/(mg/kg)	速效钾 AK/(mg/kg)	土壤母质 Parent material	剖面点坐标 Profile coordinate	匹配指数 Matching index/%
剖30	干旱土	灰钙土	淡灰钙土	耕种淡灰钙土	砂壤土	1	0—20	浅棕色	砂壤土	块状	8.6	2.5				12	1.0		洪冲积物	E 105°22′00.9″ N 37°25′59.3″	72
						2	20—42	浅棕色	砂壤土	块状	8.6										
						3	42—76	浅棕白色	轻壤土	块状	8.5										
						4	76—100	浅棕色	砂壤土	块状	8.6										
剖31	初育土	风沙土	草原风沙土	干燥浮沙地	干燥浮沙地	1	0—20	浅灰棕色	砂土	单粒状	8.8	1.5				10	0.8		风积物	E 105°33′21.0″ N 37°26′01.8″	95
						2	20—130	浅灰棕色	砂土	单粒状	8.6										
剖32	初育土	粗骨土	粗骨土	石渣土		1	0—20				8.3	4.6				38	6.1			E 104°45′47.5″ N 37°17′41.6″	86
						2	20—				8.4										
剖33	盐碱土	草甸盐土	草甸盐土	松盐土		1	0.1—1.5				9.0									E 104°58′07.0″ N 37°03′22.4″	88
						2	0.1—1.5				8.5	13.7				64	6.8				
						3	1.5—23				8.5										
						4	23—43				8.3										
						5	43—70	浅灰棕土	轻壤土	块状	8.7	7.5				30	5.0				
剖34	干旱土	灰钙土	侵蚀灰钙土	侵蚀底盐灰钙土		1	0—14	浅灰棕色	轻壤土	块状	8.2									E 105°00′53.6″ N 37°06′57.6″	82
						2	14—28	灰棕色	轻壤土	块状	8.1										
						3	28—42	灰棕色	轻壤土	块状	8.3										
						4	42—64	灰棕色	轻壤土	块状	8.5										
						5	64—100														

中 宁 县

主要土类说明

灰钙土是中宁县主要土壤类型，占本县地域面积的65%，分布在黄土丘陵、低山石质丘陵、洪积扇及古老阶地。灰钙土是在干旱生物气候条件下形成的地带性土壤，其上生长有多年生的草本植物及部分小半灌木和灌木，组成荒漠草原植被，植被覆盖度多为20%—30%。灰钙土表层一般形成有机质层，多呈浅灰棕色，有机质含量一般为3—8g/kg。其下为30cm左右的石灰淀积层，较表土层及底土层紧实，碳酸钙的含量多为100—300g/kg。根据发育阶段和其他附加过程的不同，本县灰钙土分为灰钙土、淡灰钙土、淡灰钙土性土、底盐灰钙土性土、侵蚀底盐灰钙土及山地灰钙土等亚类。

灌淤土是中宁县第二大土壤类型，占本县地域面积的11%，主要分布在中宁县的鸣沙、恩和、白马和新堡。灌淤土多位于二级阶地及一级阶地的局部高地，灌区边缘洪积扇末端及高阶地也有小片分布。灌淤土自然排水条件良好。

漠境盐土是中宁县第三大土壤类型，占本县地域面积的7%，主要分布于荒漠地区洪积扇前沿及河流泛滥平原，历史上受地下水作用形成表聚性盐土，后地下水位下降，在雨量很低的条件下，盐分仅部分淋洗至心土或底土聚积。漠境盐土土体干燥，由于气候极端干旱，强烈蒸发而聚积了大量盐分，在地表形成起伏不平的盐结皮或结壳。本县漠境盐土分布区地面植被稀疏，覆盖度不及10%，主要植被是盐生灌丛，如盐梭梭、盐穗木、盐爪爪、盐生草、黑刺、骆驼刺等。有的地表光秃，只见少量枯死灌丛而呈现荒漠景观。

风沙土占本县地域面积的6%。风沙土地区气候干旱，植被稀疏，加上土壤和成土母质质地沙性，极易起沙而形成风沙土。除腾格里沙漠、毛乌素沙漠边缘地区的风沙土，其沙源可能来自这两个沙漠外，其余风沙土的沙源均为就地起沙，即来自当地或邻近地区的沙质土壤或沙性母质。

新积土占本县地域面积的5%，主要分布在丘陵间低地、山前洪积扇和河流两侧。新积土是在水力与重力迁移堆积或者人为扰动的物质上形成的，剖面中土层变化较大，没有明显的发育特征。土壤有机质及养分含量不高，表层有机质平均含量为6.7g/kg，表层以下不足5g/kg。土壤质地较轻，以轻壤土和砂壤土为主。

小于本县地域面积3%的土壤类型还有潮土、石质土、草甸盐土、黄绵土、沼泽土等。

本区域中心区气候特征

本区域中心区气候特征值
Regional climate characteristics in central area of the region

气候带：暖温带干旱气候 Climate region: Warm temperate arid climate	
年平均气温 /℃ Annual average temperature /℃	8.4
年平均最高气温 /℃ Annual average maximum temperature /℃	15.3
年平均最低气温 /℃ Annual average minimum temperature /℃	2.7
年降水量 /mm Annual precipitation /mm	259
≥10℃的积温 /℃ Daily temperature accumulated in a year (≥10℃) /℃	3061
年日照时数 /h Annual sunshine /h	2784
年平均相对湿度 /% Annual average relative humidity /%	56
干燥度 Dryness	2.27

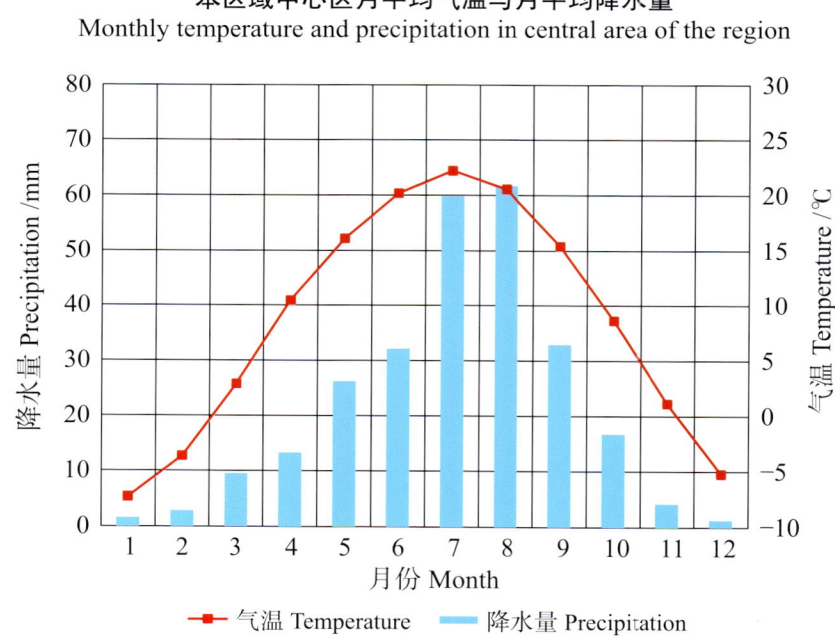

本区域中心区月平均气温与月平均降水量
Monthly temperature and precipitation in central area of the region

中宁县主要土壤类型与土壤剖面点分布图
1∶260 000

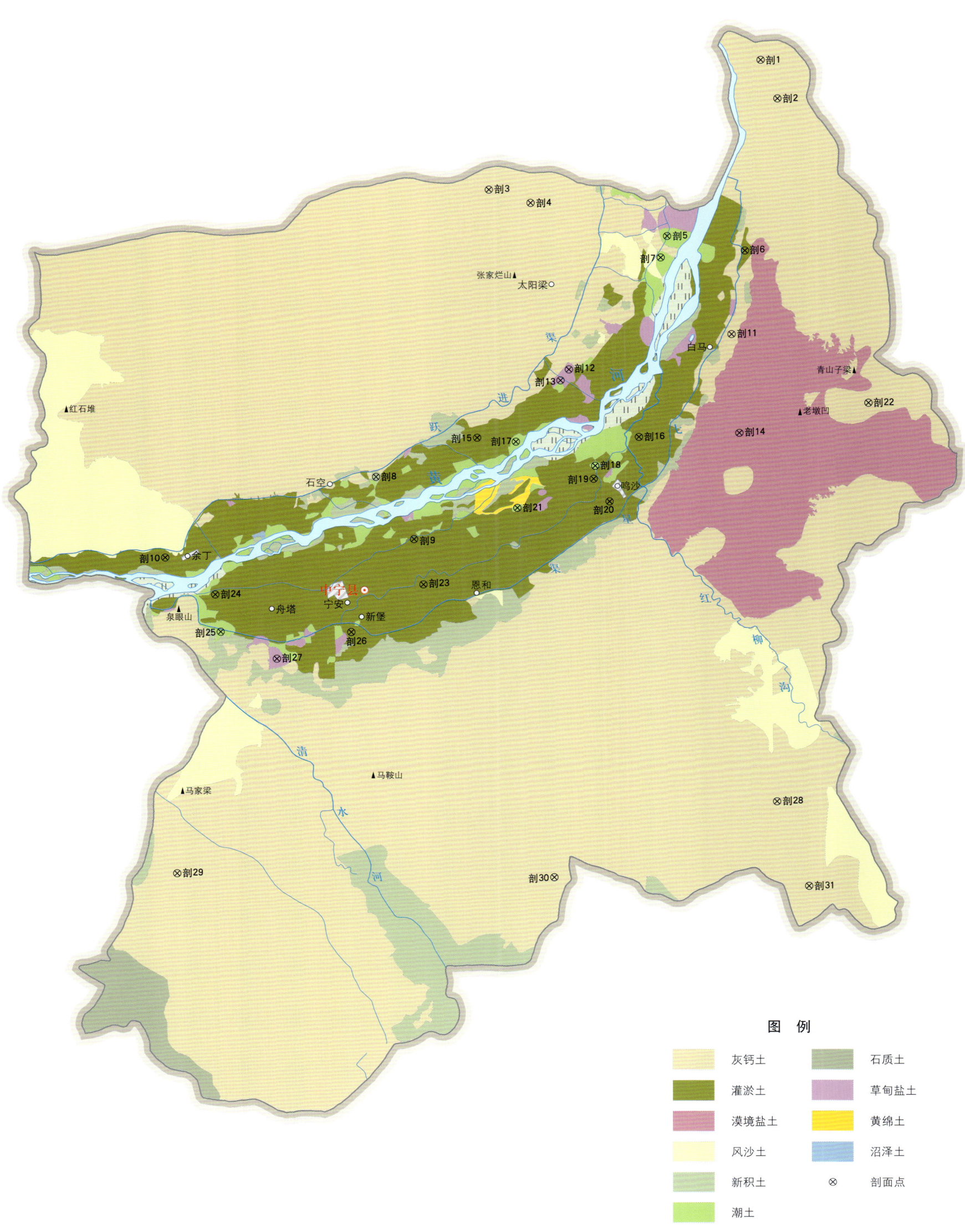

中宁县土壤剖面理化性状表

剖面号 Soil profile	土纲 Soil order	土类 Soil great group	亚类 Soil subgroup	土属 Soil genus	土种 Soil species	土层码 Layer code	土层厚度 Depth/cm	颜色 Soil color	质地 Soil texture	土壤结构 Soil structure	pH	有机质 OM/(g/kg)	全氮 TN/(g/kg)	全磷 TP/(g/kg)	碱解氮 AN/(mg/kg)	有效磷 AP/(mg/kg)	速效钾 AK/(mg/kg)	土壤母质 Parent material	剖面点坐标 Profile coordinate	匹配指数 Matching index/%
剖1	干旱土	灰钙土	淡灰钙土	耕种淡灰钙土		1	0—20	浅棕灰色	砂壤土	块状	8.8	1.6	0.23	0.22	22	2.7			E 105°58′10.2″ N 37°47′53.5″	92
						2	20—56	浅棕色	砂壤土	块状	8.7									
						3	56—82	浅棕色	紧砂土	块状	8.6									
						4	82—110	浅棕红色	轻壤土	小核块状	8.7									
						5	110—130	浅棕红色	轻壤土	小核块状	8.7									
						6	130—150	浅棕红色	轻壤土	小核块状	8.7									
剖2	干旱土	灰钙土	淡灰钙土	洪积平原淡灰钙土		1	0—14	浅棕灰色	砂壤土	块状	8.7	4.1	0.59	0.27	30	2.5			E 105°58′51.7″ N 37°46′32.0″	70
						2	14—24	浅棕灰白色	砂壤土	块状	8.7									
						3	24—56	浅棕灰白色	砂壤土	块状	8.8									
						4	56—66	浅棕灰白色	轻壤土	块状	8.8									
剖3	干旱土	灰钙土	淡灰钙土	林地淡灰钙土		1	0—23	浅棕色	中壤土	片状	8.0	6.8	0.28	0.30	42	3.0	140		E 105°46′37.7″ N 37°43′25.9″	70
						2	23—34	浅棕色	砂土	粒状	8.0									
						3	34—88	棕色	轻壤土	粒状										
						4	88—120	浅棕色	砂土	粒状										
剖4	干旱土	灰钙土	底盐淡灰钙土	耕种底盐淡灰钙土	耕种底盐淡灰钙土	1	0—25	浅棕灰色	轻壤土	块状	8.5	4.7	0.59	0.96	29	1.0			E 105°48′23.9″ N 37°42′57.9″	88
						2	25—75	浅棕灰色	轻壤土	块状	9.0									
						3	75—100	浅棕灰色	砂壤土	块状	8.3									
						4	100—120	浅棕灰色	轻壤土	块状	8.3									
剖5	半水成土	潮土	潮土	耕种普通潮土		1	0—20	灰棕色	中壤土	块状	8.0	8.8	0.76	0.56	32	7.0	150	河流冲积物	E 105°54′09.0″ N 37°41′47.4″	88
						2	20—36	浅棕灰色	砂土	粒块状	8.1									
						3	36—60	浅棕灰色	砂土	粒块状	8.1									
						4	60—120	灰棕色	中壤土	粒块状	8.1									
						5	120—155	灰棕色	砂土	块状	8.0									
						6	155—170	浅棕色	砾质砂土	块状	7.9									
剖6	人为土	灌淤土	表锈灌淤土	薄层潴育灌淤土	薄层潴育灌淤土	1	0—20	灰棕色	中壤土	粒块状	8.2	15.2	0.80	0.72	64	4.0	110		E 105°57′25.9″ N 37°41′15.7″	70
						2	20—50	灰棕色	砂壤土	块状	8.4									
						3	50—90	浅灰棕色	轻壤土	块状	8.4									
						4	90—125	暗棕色	中壤土	块状	8.4									
						5	125—140	暗棕色	砂壤土	粒状	8.5									
剖7	半水成土	潮土	潮土	荒地普通潮土		1	0—20	棕灰色	中壤土	块状	8.5	3.4	0.40	0.57	14	2.0	45	河流冲积物	E 105°53′52.1″ N 37°41′02.4″	98
						2	20—65	棕灰色	砂壤土	块状										
						3	65—110	棕色	黏土	块状										
剖8	初育土	新积土	新积土	人工混成土		1	0—20	浅棕色	轻壤土	粒块状	8.2	8.8			38	3.0			E 105°41′47.7″ N 37°33′27.9″	85
						2	20—53	浅棕色	轻壤土	块状	8.2									
						3	53—79	浅棕色	中壤土	块状	8.1									
						4	79—104	浅棕色	轻壤土	块状	8.0									
						5	104—143	浅棕色	轻壤土	块状	8.1									
						6	143—180	浅棕色	中壤土	块状	8.2									
剖9	人为土	灌淤土	盐化灌淤土	厚层盐渍潴育灌淤土	厚层盐渍育灌淤土	1	0—20	灰棕色	中壤土	块状	8.3	12.7	0.96	0.67	45	5.4	104		E 105°43′23.0″ N 37°31′16.4″	99
						2	20—70	棕色	中壤土	块状	8.5									
						3	70—100	浅棕色	中壤土	块状	8.4									
						4	100—140	浅棕色	砂壤土	块状	8.4									
						5	140—180	浅棕色	中壤土	块状	8.1									

续表 Continued

剖面号 Soil profile	土纲 Soil order	土类 Soil great group	亚类 Soil subgroup	土属 Soil genus	土种 Soil species	土层码 Layer code	土层厚度 Depth/cm	颜色 Soil color	质地 Soil texture	土壤结构 Soil structure	pH	有机质 OM/(g/kg)	全氮 TN/(g/kg)	全磷 TP/(g/kg)	碱解氮 AN/(mg/kg)	有效磷 AP/(mg/kg)	速效钾 AK/(mg/kg)	土壤母质 Parent material	剖面点坐标 Profile coordinate	匹配指数 Matching index/%
剖10	人为土	灌淤土	表锈灌淤土	厚层淹育灌淤土	厚层淹育灌淤土	1	0—20	浅灰棕色	中壤土	块状	7.8	14.3	0.77	6.15	84	6.0	190		E 105°32′53.2″ N 37°30′40.7″	93
						2	20—40	浅灰棕色	中壤土	块状	8.2									
						3	40—60	浅灰棕色	中壤土	块状	8.2									
						4	60—100	浅灰棕色	中壤土	块状	8.2									
						5	100—138	浅灰棕色	中壤土	块状	8.3									
						6	138—180	灰棕色	轻壤土	粒块状	7.8	8.1								
剖11	干旱土	灰钙土	草甸灰钙土	草甸淡灰钙土		1	0—20	浅灰棕色	砂壤土	粒块状	8.4				66	8.0			E 105°56′50.2″ N 37°38′19.8″	73
						2	20—54	浅灰棕色	砂壤土	块状	8.3									
						3	54—80	浅灰棕色	砂壤土	粒状	8.3									
						4	80—103	灰棕色	紧砂土	粒状	7.5	10.0	0.50	0.66	10	9.4	405		E 105°49′57.7″ N 37°37′08.8″	95
剖12	盐碱土	草甸盐土	草甸盐土	白盐土		1	0—20	灰棕色	砂壤土	块状	7.8									
						2	20—40	棕灰色	轻壤土	块状	7.9									
						3	40—60	浅灰色	砂壤土	粒状	7.9									
						4	60—105	浅灰色	轻壤土	粒状	8.5									
剖13	盐碱土	草甸盐土	沼泽盐土	缁泥盐土		1	0—0.5	浅灰棕色	砂壤土	块状	8.4	7.6			43	7.0			E 105°49′36.7″ N 37°36′46.2″	99
						2	0.5—20	灰灰色	轻壤土	块状	8.3									
						3	20—51	青棕色	轻壤土	块状	8.5									
						4	51—89	灰棕色	砂壤土	块状	8.3									
剖14	盐碱土	漠境盐土	残余盐土			1	0—7	灰棕色	轻壤土	片状、碎块状	8.2	13.0				13.1	192		E 105°57′08.0″ N 37°34′54.7″	100
						2	7—33	棕灰色	轻壤土	块状	8.7	8.0				3.5	106			
						3	33—72	棕色	轻壤土	块状	9.5									
						4	72—110	棕色	中壤土	棱块状	8.6									
						5	110—140	棕红色	砂土	块状	8.6									
						6	140—150	棕红色	中壤土	粒块状	8.8									
剖15	人为土	灌淤土	表锈灌淤土	厚层潴育灌淤土	厚层潴育灌淤土	1	0—20	浅灰棕色	中壤土	粒块状	8.0	12.2	0.87	0.71	51	8.0	218		E 105°46′04.4″ N 37°34′48.4″	84
						2	20—65	浅灰棕色	中壤土	块状	8.1									
						3	65—110	浅灰棕色	轻壤土	块状	8.1									
						4	110—123	浅灰棕色	中壤土	块状	8.1									
						5	123—180	浅灰棕色	重壤土	片状	8.0									
剖16	人为土	灌淤土	表锈灌淤土	薄层潴育灌淤土	薄层潴育灌淤土	1	0—20	浅灰棕色	中壤土	块状	8.3	15.6	0.90	0.64	67	3.0	193		E 105°52′53.7″ N 37°34′48.1″	85
						2	20—30	浅灰棕色	中壤土	块状	8.2									
						3	30—56	浅灰棕色	重壤土	鳞片状、块状	8.2									
						4	56—90	浅灰棕色	重壤土	块片状、片状	8.4									
剖17	半水成土	潮土	潮土	林地普通潮土		1	0—16	浅灰棕色	细砂土	块状	8.1	9.0	0.79	0.79	47	7.0	155	河流冲积物	E 105°47′42.1″ N 37°34′39.6″	79
						2	16—23	灰棕红色	轻壤土	粒块状	8.0									
						3	23—33	浅棕红色	紧砂土	块状	8.2									
						4	33—43	浅灰棕色	紫砂土	块状	8.3									
						5	43—56	浅灰棕色	重壤土	块状	8.4									
剖18	半水成土	潮土	盐化潮土	耕种盐化潮土		1	0—20	浅灰棕色	中壤土	块状	7.9	9.5	0.53	0.55		7.0	160	河流冲积物	E 105°51′02.5″ N 37°33′48.2″	90
						2	20—35	浅灰红色	砂壤土	块状	7.9									
						3	35—50	浅棕红色	紧砂土	块状	7.9									
						4	50—61	浅棕色	紧砂土	块状	7.7									
						5	61—99	浅灰棕色	重壤土	块状	7.8									
						6	99—145	浅灰棕色	砂壤土	块状	7.9									
						7	145—163	浅红棕色	重壤土	块状	7.9									

续表 Continued

剖面号 Soil profile	土纲 Soil order	土类 Soil great group	亚类 Soil subgroup	土属 Soil genus	土种 Soil species	土层码 Layer code	土层厚度 Depth/cm	颜色 Soil color	质地 Soil texture	土壤结构 Soil structure	pH	有机质 OM/(g/kg)	全氮 TN/(g/kg)	全磷 TP/(g/kg)	碱解氮 AN/(mg/kg)	有效磷 AP/(mg/kg)	速效钾 AK/(mg/kg)	土壤母质 Parent material	剖面点坐标 Profile coordinate	匹配指数 Matching index/%
剖19	人为土	灌淤土	盐化灌淤土	薄层盐渍潮育灌淤土	薄层盐渍潮育灌淤土	1	0—0.5	灰棕色	轻壤土	小块状	8.5	15.8	0.86	0.71	121	32.0	401		E 105°50′58.2″ N 37°33′20.9″	77
						2	0.5—20	灰棕色	砂壤土	小块状	8.4									
						3	20—49	浅棕色	轻壤土	小块状	8.7									
						4	49—63	灰棕色	砂壤土	小块状	8.1									
						5	63—105	浅棕色	砂壤土	小块状	8.2									
						6	105—150	浅棕色	砂壤土	小块状	7.9									
						7	150—													
剖20	人为土	灌淤土	灌淤土	厚层普通灌淤土		1	0—20	灰棕色	轻壤土	粒块状	8.1	14.4	0.72	0.63	38	15.0	295		E 105°51′38.2″ N 37°32′33.4″	89
						2	20—60	浅棕色	轻壤土	小块状	8.3									
						3	60—86	浅棕色	轻壤土	块状	8.4									
						4	86—115	浅灰棕色	轻壤土	块状	8.2									
						5	115—150	浅灰棕色	轻壤土	块状	8.4									
						6	150—190	浅灰棕色	轻壤土	块状	8.4									
剖21	半水成土	潮土	盐化潮土	荒地盐化潮土		1	0—0.5	浅灰棕色	重壤土	块状	8.6	10.0			66	5.5		河流冲积物	E 105°47′44.5″ N 37°32′20.8″	100
						2	0.5—28	浅灰棕色	砂壤土	块状	8.4									
						3	28—50	浅灰棕色	砂壤土	小块状	8.8									
剖22	干旱土	灰钙土	底盐淡灰钙土	丘陵底盐淡灰钙土	丘陵底盐淡灰钙土	2	0—22	浅灰棕色	砂壤土	块状	8.6	5.6		0.31	17	0.6			E 106°02′35.5″ N 37°35′54.9″	70
						3	22—42	灰棕色	砂壤土	块状	8.2									
						4	42—55	灰棕色	中壤土	粒块状	7.7									
剖23	人为土	灌淤土	潮灌淤土	厚层潮灌淤土		1	0—20	浅灰棕色	砂壤土	粒块状	7.3	10.6	0.90	6.98	130	14.0	309		E 105°43′45.9″ N 37°29′41.4″	83
						2	20—68	浅灰棕色	轻壤土	块状	7.6									
						3	68—90	浅灰棕色	中壤土	块状	7.6									
						4	90—140	浅灰棕色	轻壤土	粒块状	7.6									
						5	140—180	灰棕色	中壤土	粒块状	8.0									
剖24	人为土	灌淤土	潮灌淤土	薄层潮灌淤土		1	0—20	暗棕色	中壤土	块状	7.9	8.9	0.60	1.02	6	51.0	255		E 105°34′59.9″ N 37°29′22.9″	70
						2	40—59	浅棕色	重壤土	块状	8.0									
						3	59—108	浅灰棕色	砂壤土	块状	7.9									
						4	108—154	浅灰棕色	砂土	块状	7.9									
剖25	半水成土	潮土	盐化潮土	林地盐化潮土		1	0—20	灰棕色	中壤土	粒块状	8.1	6.6	0.56	0.57	31	2.0	144	河流冲积物	E 105°35′12.5″ N 37°28′05.9″	88
						2	20—40	浅灰棕色	轻壤土	块状	7.9									
						3	40—62	棕灰色	轻壤土	块状	8.1									
						4	62—87	棕灰色	砂土	块状	8.0									
剖26	人为土	灌淤土	灌淤土	薄层普通灌淤土		5	87—118	浅灰色	砂壤土	块状	8.2	8.1			54	9.8	190		E 105°40′42.4″ N 37°28′03.6″	82
						6	118—130	浅灰色	砂土	单粒状	8.1									
						7	130—148	浅灰棕色	轻壤土	片状	8.0									
						8	148—180	灰色	中壤土	块状	8.0									
剖27	盐碱土	草甸盐土	沼泽盐土	青盐土		1	0—20	灰灰棕色	中壤土	块状	8.2	11.8	0.56	0.42	14	5.0			E 105°37′34.0″ N 37°27′09.4″	74
						2	20—40		轻壤土	块状										

续表 Continued

剖面号 Soil profile	土纲 Soil order	土类 Soil great group	亚类 Soil subgroup	土属 Soil genus	土种 Soil species	土层码 Layer code	土层厚度 Depth/cm	颜色 Soil color	质地 Soil texture	土壤结构 Soil structure	pH	有机质 OM/(g/kg)	全氮 TN/(g/kg)	全磷 TP/(g/kg)	碱解氮 AN/(mg/kg)	有效磷 AP/(mg/kg)	速效钾 AK/(mg/kg)	土壤母质 Parent material	剖面点坐标 Profile coordinate	匹配指数 Matching index/%
剖28	干旱土	灰钙土	底盐淡灰钙土	灌淤耕种底盐淡灰钙土	灌淤耕种底盐淡灰钙土	1	0—20	浅灰棕色	砂壤土	粒状	8.5	4.8	0.27	0.26	17	3.0	64		E 105°58′34.0″ N 37°22′00.8″	88
						2	20—70	浅灰棕色	砂壤土	块状	8.3									
						3	70—92	浅灰棕色	砂壤土	块状	7.6									
						4	92—130	浅灰棕色	砂壤土	粒状	7.9									
						5	130—160	浅灰棕色	砂壤土	粒块状	8.3									
剖29	干旱土	灰钙土	淡灰钙土	耕种淡灰钙土		1	0—20	棕灰色	砂壤土	小块状	7.9	3.1	0.12	0.28	12	2.0	55		E 105°33′18.4″ N 37°19′41.2″	81
						2	20—60	棕灰色	砂壤土	块状	8.0									
						3	60—82	棕灰色	砂壤土	块状	8.2									
						4	82—105	浅棕色	砂壤土	块状	8.2									
						5	105—138	灰棕色	重壤土	块状	8.0									
						6	138—165	棕灰色	砂壤土	块状	8.4									
剖30	干旱土	灰钙土	淡灰钙土	荒地淡灰钙土		1	0—20	浅灰棕色	轻壤土	粒块状	8.4	9.3	0.45	0.44	17	3.5	128		E 105°49′10.1″ N 37°19′27.0″	93
						2	20—50	浅棕色	轻壤土	块状	8.3									
						3	50—100	浅棕色	轻壤土	块状	8.4									
						4	100—140	浅棕色	轻壤土	块状	8.3									
剖31	干旱土	灰钙土	淡灰钙土	洪漫耕种淡灰钙土		1	0—1.5	浅灰棕色	轻壤土	片状	8.3	30.0				20.1	235		E 105°59′52.1″ N 37°19′03.7″	80
						2	1.5—17	浅棕灰色	轻壤土	块状	8.4	15.0				10.5	150			
						3	17—45	棕色	轻壤土	块状	8.6									
						4	45—75	棕色	轻壤土	块状	8.6									
						5	75—90	棕色	砂壤土	块状	8.5									

海 原 县

主要土类说明

黄绵土是海原县主要土壤类型，占本县地域面积的45%，分布在本县黄土高原，与黑垆土及灰钙土呈插花分布，海原的高崖、城关的武螈、西安堡的薛套等都有分布。黄绵土是由黄土直接翻耕形成的初育土。由于土壤侵蚀严重，表层耕层长期遭侵蚀，只得加深耕作黄土母层，因而母质特性明显，无明显发育，为A-C型土。其成土母质属于第四纪风积黄土，川地、涧地处母质为次生黄土。黄绵土色泽很浅，一般为浅棕色。土体松软深厚，有的有不明显的有机质层，其厚度小于30cm。土壤有机质缺乏，含量仅5g/kg。

灰钙土是海原县第二大土壤类型，占本县地域面积的27%。灰钙土是暖温带干旱草原区低腐殖质、具弱淋溶特征的土壤。其母质多为黄土，少数为冲积扇洪积物发育。本县灰钙土分布区植被覆盖度为10%—40%。仅夏季土壤发生淋溶，易溶盐、碳酸钙、石膏弱度淋移，分层累积于15—30cm处，碳酸钙含量可达120—250g/kg，石膏聚积层含量可达25g/kg。在底部尚可见易溶盐累积，含量可达10g/kg。土壤pH为8.5—9.0，表层初显结皮。

黑垆土是海原县第三大土壤类型，占本县地域面积的14%，主要分布在盐池、西安、关桥、杨坊、李旺等以南乡镇。黑垆土是在干旱草原生物气候条件下形成的一种地带性土壤。其成土母质主要是第四纪黄土，在局部地区因侵蚀严重，红土裸露。土壤剖面最显著的特征是有比较深厚的、暗灰色有机质层和明显的石灰质假菌丝体，质地均匀。土壤比较肥沃。本县黑垆土分为黑垆土、浅黑垆土、侵蚀黑垆土（绷黄土）和黑垆土性土等亚类。

灰褐土占本县地域面积的6%，分布于海拔1800—3200m的山地，其上自然植被为森林、灌丛和草被。灰褐土区的坡度甚陡，一般在30°左右，高者达40°。其成土母质主要为砂岩、页岩和灰岩风化残积物、坡积物。在森林植被下，灰褐土的典型剖面构型自上而下为枯枝落叶层（在云杉林下有时尚有1—2cm的苔藓层）、暗褐至暗灰色松软腐殖质层、矿质土有机质层、淀积层和母质层。土体中一般含有残余石灰，全剖面盐基呈饱和状态。土壤呈中性至碱性。灰褐土的自然肥力高，矿质土有机质层的有机质平均为4.24%，全氮为0.26%，全磷为0.10%。

新积土占本县地域面积的6%，主要分布在沟谷地及一些川台和河滩地上。新积土是在近代洪积、冲积或风积条件下在一定的范围内形成的，没有明显的成土过程，而有明显的沉积层次，基本上保持母质的特性，具A-C或（A）-C剖面构型。本县新积土按其形成条件分为洪积新积土、冲积新积土和风积新积土等亚类。

小于本县地域面积3%的土壤类型还有草甸盐土、粗骨土、潮土。

本区域中心区气候特征

本区域中心区气候特征值
Regional climate characteristics in central area of the region

气候带：中温带亚干旱气候 Climate region: Mid temperate sub arid climate	
年平均气温 /℃ Annual average temperature /℃	8.8
年平均最高气温 /℃ Annual average maximum temperature /℃	15.3
年平均最低气温 /℃ Annual average minimum temperature /℃	3.5
年降水量 /mm Annual precipitation /mm	340
≥10℃的积温 /℃ Daily temperature accumulated in a year（≥10℃）/℃	3067
年日照时数 /h Annual sunshine /h	2553
年平均相对湿度 /% Annual average relative humidity /%	58
干燥度 Dryness	1.72

本区域中心区月平均气温与月平均降水量
Monthly temperature and precipitation in central area of the region

海原县主要土壤类型与土壤剖面点分布图
1 : 400 000

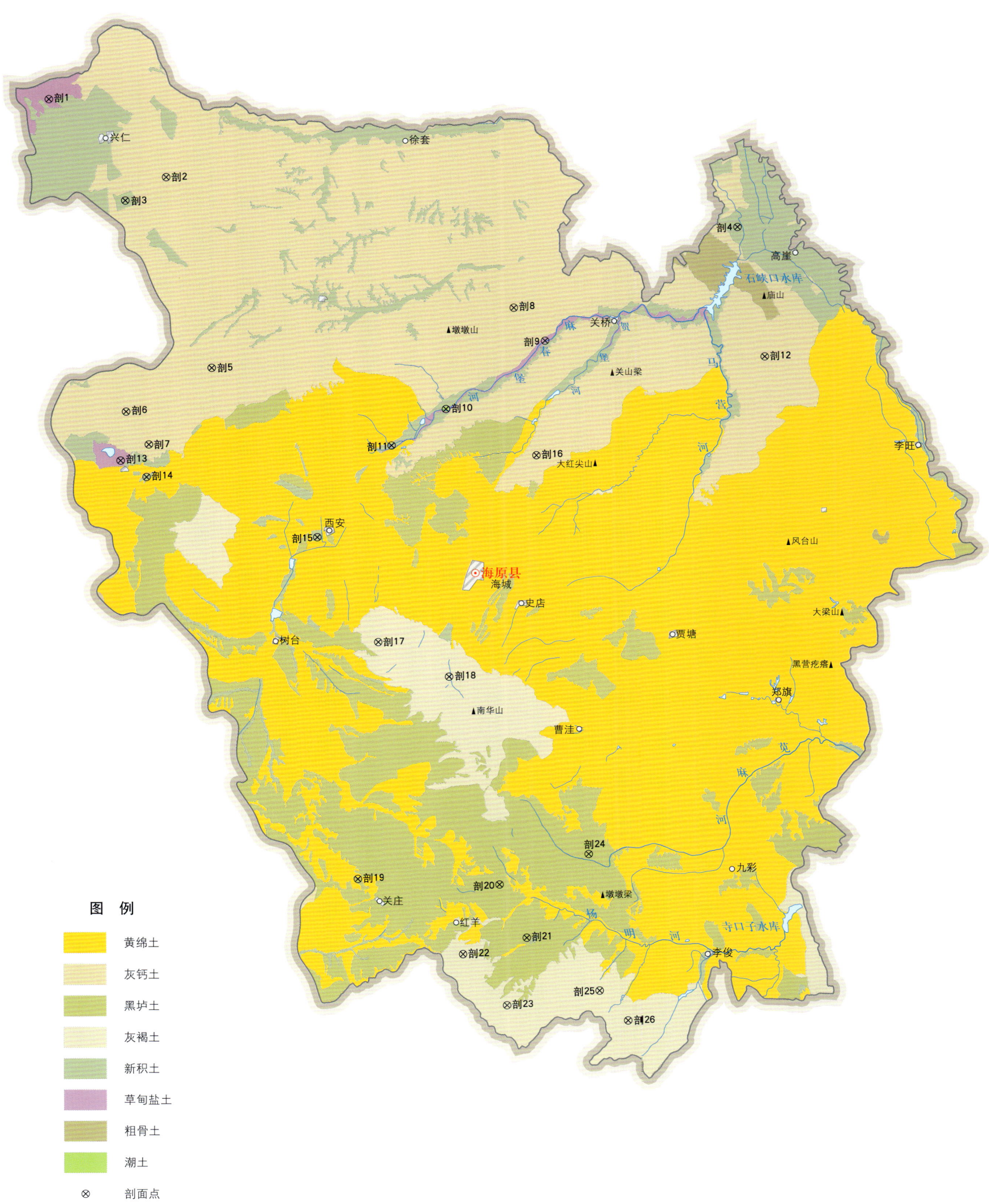

海原县土壤剖面理化性状表

剖面号 Soil profile	土纲 Soil order	土类 Soil great group	亚类 Soil subgroup	土属 Soil genus	土种 Soil species	土层码 Layer code	土层厚度 Depth/cm	颜色 Soil color	质地 Soil texture	土壤结构 Soil structure	pH	有机质 OM/(g/kg)	全氮 TN/(g/kg)	全磷 TP/(g/kg)	全钾 TK/(g/kg)	碱解氮 AN/(mg/kg)	有效磷 AP/(mg/kg)	速效钾 AK/(mg/kg)	阳离子交换量CEC/(cmol/kg)	土壤母质 Parent material	剖面点坐标 Profile coordinate	匹配指数 Matching index/%
剖1	盐碱土	草甸盐土	草甸盐土	松盐土		1	0—1				7.2										E 105°11′54.4″ N 36°58′25.4″	74
						2	1—5				7.3											
						3	5—12				7.5											
						4	12—23				7.7											
						5	23—59				7.7											
						6	59—80				7.7											
						7	80—105				7.7											
						8	105—145				7.9											
剖2	干旱土	灰钙土	灰钙土	荒地灰钙土		1	0—17	浅灰棕色	砂壤土	块状	8.7	5.2	0.32	0.29	22.7	21	1.3	103	8.3	第四纪黄土	E 105°19′14.9″ N 36°54′20.2″	81
						2	17—39	浅棕灰色	轻壤土	块状	8.8	6.2										
						3	39—65	浅棕色	轻壤土	块状	8.8	31.8										
						4	65—100		轻壤土	块状	9.1											
剖3	初育土	新积土	新积土	风积新积土	耕种风积新积土	1	0—21	浅灰棕色	轻壤土	小块状	8.5	5.0				19	2.5					89
						2	21—26	浅灰棕色	轻壤土	块状	8.7										E 105°16′39.7″ N 36°53′06.7″	
						3	26—46	浅灰棕色	轻壤土	块状	8.7											
						4	46—70	浅灰棕色	轻壤土	块状	8.7											
剖4	初育土	新积土	新积土	耕种洪积新积土		1	0—22	浅灰棕色	轻壤土	块状	8.1	8.5				36	4.9			洪冲积物	E 105°54′58.7″ N 36°51′33.0″	86
						2	22—40	棕灰色	轻壤土	粒状、块状	8.6	1.4										
						3	40—65	棕灰色	轻壤土	块状	8.3											
						4	65—100	灰棕色	中壤土	块状	8.2	11.1							10.0			
剖5	干旱土	灰钙土	灰钙土	耕种灰钙土		1	0—17	浅灰棕色	轻壤土	块状	8.3	7.1	0.38	0.62		48	6.5	145		第四纪黄土	E 105°22′01.2″ N 36°44′24.4″	76
						2	17—61	浅灰棕色	轻壤土	块状	8.1	8.1	0.14	0.54		22	4.5	150	6.8			
						3	61—100	灰棕色	轻壤土	块状	8.3	6.3	0.45	0.65	14.1	17	3.0	280				
剖6	干旱土	灰钙土	灰钙土土性土	耕种灰钙土性土		1	0—19	浅灰棕色	轻壤土	块状	8.3	8.1	0.42	0.64		15	2.5	290		第四纪黄土	E 105°16′39.7″ N 36°42′07.9″	71
						2	19—46	浅灰棕色	砂壤土	块状	8.6	6.3	0.44	0.64		14	3.3	293				
						3	46—70	浅灰棕色	砂壤土	块状	8.3	6.4	0.42	0.67		19	4.5	290				
						4	70—110	浅灰棕色	轻壤土	块状	8.3	7.5	0.53	0.66								
						5	110—150	浅灰棕色	轻壤土	块状	8.4	8.7	0.36	0.63	19.5	21	3.3	166	7.1			
剖7	干旱土	灰钙土	侵蚀灰钙土	耕种侵蚀灰钙土		1	0—20	浅灰棕色	轻壤土	块状	8.6	7.0								第四纪黄土	E 105°18′05.0″ N 36°40′25.3″	94
						2	20—50	浅灰棕色	轻壤土	块状	8.4	4.3										
						3	50—84	浅灰棕色	轻壤土	块状	8.8	3.5										
						4	84—110	浅灰棕色	轻壤土	块状	8.5	8.4	0.40	0.74	20.4	20	2.5	116				
剖8	干旱土	灰钙土	侵蚀灰钙土	荒地侵蚀灰钙土		1	0—20	浅灰棕色		块状	8.4	5.1								第四纪黄土	E 105°40′56.3″ N 36°47′27.4″	85
						2	20—50	浅灰棕色		块状	8.3	3.9										
						3	50—100	浅灰棕色		块状	8.7											
剖9	盐碱土	草甸盐土	白盐土			1	0—0.5	白色	轻壤土	片状、块状	7.5	8.9				60	11.1				E 105°42′52.6″ N 36°45′43.6″	95
						2	0.5—18	浅灰棕色	重壤土	块状												
						3	18—30	红棕色	轻壤土	片状、块状												
						4	30—48	棕色														

续表 Continued

剖面号 Soil profile	土纲 Soil order	土类 Soil great group	亚类 Soil subgroup	土属 Soil genus	土种 Soil species	土层码 Layer code	土层厚度 Depth/cm	颜色 Soil color	质地 Soil texture	土壤结构 Soil structure	pH	有机质 OM/(g/kg)	全氮 TN/(g/kg)	全磷 TP/(g/kg)	全钾 TK/(g/kg)	碱解氮 AN/(mg/kg)	有效磷 AP/(mg/kg)	速效钾 AK/(mg/kg)	阳离子交换量 CEC/(cmol/kg)	土壤母质 Parent material	剖面点坐标 Profile coordinate	匹配指数 Matching index/%
剖10	半水成土	潮土	潮土	耕种灌淤潮土		1	0—15	暗灰色	中壤土	块状	8.3	16.3	0.97	0.41	14.8	71	15.0	266	10.2	河流冲积物	E 105°36′38.2″ N 36°42′10.8″	90
						2	15—30	暗灰棕色	中壤土	块状	8.5	18.7										
						3	30—53	灰棕色	中壤土	块状、片状	8.5	16.0										
						4	53—88	棕色	轻壤土	块状、片状	8.5	5.8										
						5	88—132	棕色	轻壤土		8.4	5.4										
剖11	初育土	新积土	冲积土	冲积盐渍新积土	冲积盐渍新积土	1	0—20	灰棕色	中壤土	块状	8.1	0.6	0.80	0.36	16.6	50	5.6	215	13.1		E 105°33′14.4″ N 36°40′18.1″	92
						2	20—40	灰棕色	中壤土	片状	8.4	8.1				28	2.5	226				
						3	40—65	棕色	轻壤土	片状	8.2	6.0				22	3.0	198				
						4	65—95	浅灰棕色	轻壤土	片状	8.2	2.7				12	3.0	198				
剖12	干旱土	灰钙土	灰钙土	荒地灰钙土		1	0—17	浅灰棕色	轻壤土	块状	8.2	20.7	1.33	0.68	17.9	103	2.5	205		第四纪黄土	E 105°56′35.1″ N 36°44′47.5″	99
						2	17—42	灰棕白色	轻壤土	块状	8.3	11.6										
						3	42—67	灰棕白色	轻壤土	块状	8.3	7.6										
						4	67—100	灰棕白色	轻壤土	块状	8.7	5.8										
剖13	盐碱土	沼泽盐土	缩泥盐土			1	0—1.2														E 105°16′17.8″ N 36°39′35.5″	97
						2	1.2—20	黑带棕色	重壤土	糊状									11.1			
						3	20—42	黑带棕色	重壤土	糊状									10.9			
剖14	初育土	新积土	新积土	堆垫土		1	0—20	棕色	中壤土	块状	8.1	15.6	0.95	1.83	13.5	107	72.5	388			E 105°17′56.0″ N 36°38′43.8″	92
						2	20—26	浅灰棕色	中壤土	块状	8.1	15.8										
						3	26—42	棕色	中壤土	块状	8.0	16.3										
						4	42—62	棕色	中壤土	块状	8.1	14.7										
						5	62—100	棕色	中壤土	块状	8.2	15.3										
						6	100—150	深棕色	中壤土	棱块状、块状	8.1	14.1										
剖15	初育土	新积土	新积土	耕种堆垫土		1	0—20	棕色	轻壤土	粒状、块状	7.6	17.1	1.10	1.20	24.6	75	71.2	638	9.4		E 105°28′33.6″ N 36°35′34.8″	96
						2	20—39	棕灰色	轻壤土	块状	7.8	17.3										
						3	39—62	灰棕红色	轻壤土	块状	7.5	39.8										
						4	62—80	灰棕白色	轻壤土	块状	7.8	16.1										
						5	80—106	浅灰棕色	砂土	无明显结构	7.7	13.3										
						6	106—150	浅灰棕色	轻壤土	块状	7.9	4.5										
剖16	干旱土	灰钙土	灰钙土性土	耕种灰钙土性土		1	2—12	灰褐色	中壤土	粒状、块状	8.4	8.0	0.58	0.62	20.4	25	9.0	155	8.3		E 105°42′15.8″ N 36°39′44.4″	83
						2	12—34	浅棕色	中壤土	块状	8.4	12.2	0.72	0.73		34		203	9.7			
						3	34—51	浅棕色	轻壤土	块状	8.4	7.4	0.54	0.26		18		130				
						4	51—66	浅棕色	轻壤土	块状	8.4	4.6	0.47	0.55		14		130				
剖17	半淋溶土	灰褐土	石灰性灰褐土	荒地石灰性灰褐土		1	0—23	灰褐色	中壤土	粒状	7.9	22.0	2.53	0.58	19.6	19	4.3		20.1	第四纪黄土	E 105°32′18.3″ N 36°30′04.2″	89
						2	23—57	灰褐色	中壤土	块状	8.0	17.0	1.03	0.36	20.4	38			13.9			
						3	57—98	浅灰褐色	中壤土	块状	8.5	17.8										
						4	98—136	浅灰褐色	重壤土	块状	8.7	15.3										
						5	66—100	灰棕色	中壤土	粒状	8.7	18.8										
剖18	半淋溶土	灰褐土	暗灰褐土	耕种暗灰褐土		1	0—19	暗灰棕色	中壤土	粒状		37.8	2.10	0.78	16.6	106	5.3		18.9		E 105°36′41.0″ N 36°28′14.2″	71
						2	19—46	暗灰棕色	中壤土	块状		35.0	1.70	0.71		36			19.5			
						3	46—64	棕褐色	中壤土	块状		10.6										
						4	64—83		中壤土	块状、粒状		4.2										
						5	83—106	暗深灰棕色	中壤土			17.5										

续表 Continued

剖面号 Soil profile	土纲 Soil order	土类 Soil great group	亚类 Soil subgroup	土属 Soil genus	土种 Soil species	土层码 Layer code	土层厚度 Depth/cm	颜色 Soil color	质地 Soil texture	土壤结构 Soil structure	pH	有机质 OM/(g/kg)	全氮 TN/(g/kg)	全磷 TP/(g/kg)	全钾 TK/(g/kg)	碱解氮 AN/(mg/kg)	有效磷 AP/(mg/kg)	速效钾 AK/(mg/kg)	阳离子交换量CEC/(cmol/kg)	土壤母质 Parent material	剖面点坐标 Profile coordinate	匹配指数 Matching index/%
剖19	钙层土	黑垆土	黑垆土	耕种黑垆土性土		1	0—20	浅灰棕色	重壤土	块状	8.4	17.1	0.35	0.52		37	6.8		7.9	第四纪黄土	E 105°30′54.4″ N 36°17′43.1″	88
						2	20—52	浅灰棕色	重壤土	块状	8.5	15.5	1.14	0.90		37	4.3	303	10.8			
						3	52—77	浅灰棕色	重壤土	块状	8.5	15.0	0.94	0.57		40	4.3	225				
						4	77—109	棕棕色	重壤土	块状	8.6	8.0	0.98	0.69		69	6.5	220				
						5	109—150	棕棕色	重壤土	块状	8.5	6.3	0.60	0.60		23	3.0					
剖20	钙层土	黑垆土	黑垆土	侵蚀黑垆土	耕种侵蚀黑垆土	1	0—17	浅棕灰色	轻壤土	粒状	8.7	4.4	0.20	0.63	18.9	13	3.0		8.1	第四纪黄土	E 105°39′41.5″ N 36°17′21.8″	100
						2	17—51	浅灰棕色	轻壤土	块状	8.8											
						3	51—78	浅灰棕色	砂壤土	块状	8.7											
						4	78—100	浅棕色	砂壤土	块状	8.8											
剖21	钙层土	黑垆土		耕种黑垆土性土		1	0—14	棕色	中壤土	粒状、块状	8.3	6.6	0.45	0.56	19.0	36	6.9	146	9.3	第四纪黄土	E 105°41′21.1″ N 36°14′36.6″	84
						2	14—33	浅棕灰色	中壤土	粒状、块状	8.4	9.3	0.57			47	3.0	315				
						3	33—61	浅棕色	轻壤土	块状	8.6	13.9	0.68			3	3.0	165				
						4	61—78	深棕色	重壤土	块状	8.4	7.3	0.33			24	3.3	130				
						5	78—100	浅棕色	轻壤土	块状	8.5	6.4	0.17			16	1.3	150				
						6	100—120	浅棕灰色	轻壤土	块状	8.7	4.2	0.22			19	2.0	198				
						7	120—150	浅棕灰色	轻壤土	块状	8.4	5.3	0.18			8	3.3	198				
剖22	半淋溶土	灰褐土	暗灰褐土	荒地暗灰褐土		1	0—22	灰棕色	轻壤土	粒状		67.0	4.00	0.74	23.1	166	2.5	175	11.2		E 105°37′23.4″ N 36°13′47.8″	82
						2	22—47		轻壤土	碎块状		69.3										
						3	47—86		中壤土	块状		65.4										
						4	86—105		中壤土	块状												
						5	105—129		中壤土			14.4										
						6	129—150		中壤土	块状		10.1										
剖23	半淋溶土	灰褐土	灰褐土性土	耕种灰褐土性土		1	0—20	灰棕红色		粒状、块状	8.4	8.9	3.90	0.57	22.4	57	6.3	178	10.4		E 105°40′04.6″ N 36°11′09.1″	82
						2	20—43	灰棕红色		块状	8.7	11.9	0.80	0.49		54	4.0		9.8			
						3	43—67	暗棕色	砂壤土	碎块状	8.8	9.3										
						4	67—104	暗棕色	中壤土	碎块状	8.5	32.6										
						5	104—150	鲜棕色	轻壤土	块状	8.5	29.7										
剖24	钙层土	黑垆土	黑垆土	侵蚀黑垆土	荒地侵蚀黑垆土	1	0—16	深棕棕色	轻壤土	粒状、块状	7.9	9.1	0.46	0.53	19.8	27	2.7	115	6.6	第四纪黄土	E 105°45′15.1″ N 36°18′54.4″	84
						2	16—28	浅灰棕色	轻壤质土	块状	8.7											
						3	28—56	浅棕灰色	中壤土	碎块状	8.7											
						4	56—100	浅棕灰色	轻壤质土	碎块状	8.7											
剖25	半淋溶土	灰褐土	山地灰褐土			1	0—22	暗灰棕色	轻壤土	粒状、块状	8.0	90.0	4.40	0.83		115	3.8	306			E 105°45′50.0″ N 36°11′52.5″	75
						2	22—53	暗灰褐色	中壤土	块状	8.0	26.5										
						3	53—84	暗灰棕色	砂壤土	块状	8.2	16.3										
						4	84—110	棕色	轻壤质土	块状	8.5	6.5										
剖26	半淋溶土	灰褐土	石灰性灰褐土	耕种石灰性灰褐土		1	0—20	暗灰褐色	轻壤土	粒状	8.0	16.7					1.9	37			E 105°47′35.3″ N 36°10′19.0″	80
						2	20—25	暗灰褐色	轻壤土	粒状												
						3	25—54	灰棕褐色	轻壤土	粒状												

附 录

附录1　宁夏回族自治区县级行政区及分县主要土壤类型与土壤剖面点分布图地域名对照表

地级行政区划	县级行政区划[1]	分县主要土壤类型与土壤剖面点分布图地域名[2]	地级行政区划	县级行政区划[1]	分县主要土壤类型与土壤剖面点分布图地域名[2]
银川市	兴庆区	市辖区*	吴忠市	红寺堡区	
	西夏区			盐池县	盐池县
	金凤区			同心县	同心县
	永宁县	永宁县		青铜峡市	青铜峡市
	贺兰县	贺兰县	固原市	原州区	市辖区*
	灵武市	灵武县		西吉县	西吉县
石嘴山市	大武口区	市辖区*		隆德县	隆德县
	惠农区			泾源县	泾源县
	平罗县	平罗县		彭阳县	彭阳县
	陶乐镇[3]	陶乐县	中卫市	沙坡头区	市辖区*
吴忠市	利通区	市辖区*		中宁县	中宁县
				海原县	海原县

注：1）为民政部于2022年3月发布的《2021年中华人民共和国行政区划代码》中的县级行政区名称。该名称也作为本数据集分县目录。分县排序按《2021年中华人民共和国行政区划代码》中的地级、县级行政区排列。

2）分县主要土壤类型与土壤剖面点分布图地域名是全国第二次土壤普查中分县采样调查、制图的县级行政区名称。分县主要土壤类型与土壤剖面点分布图采用的县级行政域是从国家测绘局获取的1∶25万DLG（公众版）数据（使用许可协议编号：非2011—1011）。附录1显示了全国第二次土壤普查时的县级行政区域名与《2021年中华人民共和国行政区划代码》中的县级行政区名称之间的关联。附录1中仅有《2021年中华人民共和国行政区划代码》中的县级行政区名称，而没有对应的分县主要土壤类型与土壤剖面点分布图地域名的分县，表示该县级行政区无土壤剖面数据，未纳入分县目录。

3）根据国务院关于宁夏回族自治区行政区划调整的批复精神，2003年陶乐县建制被撤销，原陶乐县更名为陶乐镇，原陶乐县月牙湖乡划归银川市兴庆区管辖，其余地方划归平罗县管辖。

* 在附录1中，凡分县主要土壤类型与土壤剖面点分布图地域名表示为"市辖区"的地域，均指在全国第二次土壤普查中，在城市中心区及近郊区完成的采样调查和制图。此时，县级行政区名称与分县主要土壤类型与土壤剖面点分布图地域名不是完全的对应关系。如银川市市辖区主要土壤类型与土壤剖面点分布图代表土壤调查中银川市城区及近郊区的土壤分布状况。此时将"市辖区"作为这一节的标题。

附录2　专题图基础地理要素图例

附录3　土壤图土类图例

图例	土类名	色码（RGB）	色码（CMYK）	图例	土类名	色码（RGB）	色码（CMYK）
	砖红壤	253，139，149	0，56，26，0		棕钙土	250，221，212	2，17，13，0
	赤红壤	253，160，170	0，47，17，0		灰钙土	230，214，165	11，15，40，1
	红　壤	252，199，209	1，29，6，0		灰漠土	246，237，182	4，6，36，0
	黄　壤	250，238，14	2，5，92，0		灰棕漠土	232，207，118	8，19，62，1
	黄棕壤	247，231，171	3，9，40，0		棕漠土	238，220，86	5，12，76，1
	黄褐土	249，236，121	2，5，64，0		黄绵土	249，223，2	1，13，93，0
	棕　壤	238，218，147	6，14，50，1		红黏土	247，149，143	1，52，33，0
	暗棕壤	226，181，98	9，33，68，2		新积土	184，199，156	30，11，44，2
	白浆土	223，226，205	15，7，22，0		龟裂土	254，252，55	0，7，86，0
	棕色针叶林土	206，169，142	18，35，40，4		风沙土	242，242，180	6，2，39，0
	灰化土	183，169，182	31，31，16，4		石灰（岩）土	176，175，85	28，21，75，9
	漂灰土*	220，219，162	15，9，44，1		火山灰土	223，167，170	11，41，19，2
	燥红土	250，161，9	0，46，95，0		紫色土	199，177，221	28，31，0，0
	褐　土	225，201，153	12，21，43，1		磷质石灰土	240，250，156	7，1，51，0
	灰褐土	228，219，186	12，12，30，0		石质土	171，181，150	35，18，43，5
	黑　土	142，164，151	46，21，38，8		粗骨土	196，187，132	23，21，53，4
	灰色森林土	162，178，175	40，19，27，4		草甸土	128，171，117	51，14，63，7

续表

图例	土类名	色码（RGB）	色码（CMYK）	图例	土类名	色码（RGB）	色码（CMYK）
	黑钙土	230，188，50	6，30，88，1		潮　土	169，219，118	34，1，68，0
	栗钙土	214，195，161	17，22，37，2		砂姜黑土	191，202，188	29，13，26，1
	栗褐土	240，213，157	5，18，43，1		林灌草甸土	171，191，44	31，12，93，5
	黑垆土	201，204，125	22，12，60，3		山地草甸土	132，184，161	52，9，42，3
	沼泽土	144，183，212	49，14，8，2		灌漠土	158，184，110	39，12，67，6
	泥炭土	150，140，173	46，41，10，6		草毡土	150，172，169	45，20，29，6
	草甸盐土	222，145，201	21，49，0，0		黑毡土	129，157，106	48，19，63，14
	滨海盐土	232，206，217	10，22，5，0		寒钙土	198，214，203	26，8，21，1
	酸性硫酸盐土	187，159，184	29，38，9，3		冷钙土	194，194，96	23，15，72，5
	漠境盐土	209，130，159	16，58，11，3		冷棕钙土	183，186，169	31，20，32，3
	寒原盐土	187，159，184	29，38，9，3		寒漠土	235，223，181	9，12，33，0
	碱　土	227，211，211	13，18，11，0		冷漠土	223，197，102	11，22，68，2
	水稻土	107，176，107	59，9，72，3		寒冻土	196，171，79	19，29，77，8
	灌淤土	136，146，47	38，24，90，21				

注：*漂灰土，《中国土壤分类与代码》（GB/T 17296—2009）中无此土类，在全国第二次土壤普查中完成的中国1∶100万土壤图和分县土壤图中含漂灰土，主要分布于西藏自治区南部，总面积约为112 km^2。

附录 4　中国主要土壤类型简表

土纲名[1]	土类名[2]	主要成土条件及特征[3]	分布区域	WRB 土组名[4]	MR[5]/%	百分比[6]/%
铁铝土纲 Ferrallisols	砖红壤 Latosols	热带雨林或季雨林下，强烈脱硅富铝化，游离铁占全铁的80%，土壤呈砖红色，具 A–Bs–Bv–C 剖面构型	海南、广东等	Acrisols	29	0.46
	赤红壤 Latosolic red soils	南亚热带季雨林下，脱硅富铝化程度次于砖红壤、强于红壤，铁的游离度介于二者之间，土壤呈赤红色，具 A–Bs–C 剖面构型	广东、云南、广西、福建等	Acrisols	40	2.23
	红壤 Red soils	中亚热带常绿阔叶林下，中度脱硅富铝化，具有深厚红色土层，具 A–Bs–Bv 或 A–Bs–C 剖面构型	南部的江西、福建、湖南等	Cambisols	35	6.79
	黄壤 Yellow soils	亚热带湿润气候条件下，多见于海拔 700—1200m 的山区，中度富铝化，土壤有机质累积较多，土壤呈黄色，具 O–A–AB–B–C 剖面构型	贵州、四川、云南、西藏、台湾等	Cambisols	45	2.65
淋溶土纲 Alfisols	黄棕壤 Yellow-brown soils	北亚热带暖湿落叶阔叶林下，弱度富铝化，母质多为砂页岩及花岗岩风化物，黏化特征明显，土壤呈黄棕色，具 A–B–C 或 A–(B)–C 剖面构型	长江中下游沿江低山丘陵区，以及云南、贵州、四川、陕西、西藏等	Cambisols	39	2.37
	黄褐土 Yellow-cinnamon soils	北亚热带地区，黄土状母质，无游离碳酸钙，黏化淀积明显，土壤呈灰黄棕色，具 A–B–C 或 A–Bt–C 剖面构型	河南、安徽面积最大，陕南、鄂北、江苏、川东北、江西等地也有分布	Luvisols	58	0.59
	棕壤 Brown soils	湿润暖温带地区，处于硅铝风化阶段，盐基已淋失，土体见黏粒淀积，土壤呈棕色，具 O–A–Bt–C 剖面构型	辽东至苏北低山丘陵，以及内蒙古、河南、西藏、云南、湖北等地的山地垂直带	Luvisols	51	2.73
	暗棕壤 Dark brown soils	湿润温带地区，针阔叶混交林下，弱酸性淋溶，有机质富集明显，土体B层呈棕色，具 O–A–B–C 剖面构型	黑龙江、吉林、内蒙古等	Cambisols	48	4.12

续表

土纲名[1]	土类名[2]	主要成土条件及特征[3]	分布区域	WRB 土组名[4]	MR[5]/%	百分比[6]/%
淋溶土纲 Alfisols	白浆土 Bleached baijiang soils	湿润温带平缓岗地森林草原下，上层土壤周期性滞水，还原铁、锰，漂洗形成灰黄色至灰白色白浆土层 E，具 Ah–E–Bt–C 剖面构型	黑龙江、吉林等	Luvisols	46	0.49
	棕色针叶林土 Brown coniferous forest soils	寒温带针叶林下，酸性淋溶，表层盐基饱和度降低，B 层呈棕色，具 O–A–AB–B–C 剖面构型	内蒙古、黑龙江、四川、云南、吉林、新疆等	Cambisols	47	1.15
	灰化土 Podzolic soils	寒冷湿润针叶林下，表层有机质层深厚，强烈淋溶和 SiO₂ 淀积形成灰化层 A₂，具 A₁–A₂–B–BC 剖面构型	西藏	Podzols	100	< 0.01
半淋溶土纲 Semi-alfisols	燥红土 Torrid red soils	热带、亚热带干旱河谷与雨区稀树草原下形成的盐基饱和的红色土壤，具 A–B–C（D）剖面构型	海南、贵州、云南、四川等	Luvisols	100	0.08
	褐土 Cinnamon soils	暖温带半湿润，黏化与钙质淋移淀积，盐基饱和，B 层呈棕褐色，具 A–B–Bk–C 剖面构型	河北、山西、北京等	Cambisols	48	2.88
	灰褐土 Gray-cinnamon soils	温带干旱、半干旱山地云冷杉下，腐殖质累积与钙积作用明显，弱黏淀特征，具 Ao–A–B–C 剖面构型	甘肃、内蒙古、新疆、西藏、青海、宁夏等地的山地垂直带	Cambisols	43	0.65
	黑土 Black soils	温带半湿润草甸草原下，具深厚的腐殖质层，无石灰性的黑色土壤，底层轻度淋溶，具 A–ABh–BhC–C 剖面构型	东北平原	Phaeozems	31	0.68
	灰色森林土 Gray forest soils	温带森林植被下，腐殖质层深厚，弱度淋溶，剖面下部见硅粉，具 O–A–AB 或（B）–BC–C 剖面构型	内蒙古、新疆、河北	Phaeozems	77	0.34
钙层土 Pedocals	黑钙土 Chernozems	温带半湿润草甸草原下，具深厚的腐殖质层、碳酸钙淋溶淀积层	内蒙古、新疆、吉林、黑龙江、青海、甘肃	Chernozems	50	1.51
	栗钙土 Castanozems	温带半干旱草原下，具有栗色腐殖质层和灰白色钙积层	内蒙古、新疆、河北、山西、吉林等	Kastanozems	61	4.18
	栗褐土 Castano-cinnamon soils	暖温带半干旱草原及灌木下，弱度黏化和弱度淋溶，通体有石灰反应	山西、内蒙古、河北	Cambisols	40	0.47
	黑垆土 Dark loessial soils	黄土高原上，由黄土母质发育，有机质含量低，腐殖质层深厚，无明显黏化层	甘肃面积最大，其次为陕北和宁南地区	Cambisols	59	0.21
干旱土 Aridisols	棕钙土 Brown caliche soils	温带干旱草原向荒漠过渡区，具浅棕色薄腐殖质层、灰白色薄钙积层，钙积层接近地表	内蒙古、甘肃、青海、新疆	Cambisols	36	2.81
	灰钙土 Sierozems	暖温带干旱草原下，母质多为黄土，低腐殖质、弱淋溶，具腐殖质层和钙积层	甘肃、宁夏、新疆、青海、内蒙古、陕西	Cambisols	63	0.50

续表

土纲名[1]	土类名[2]	主要成土条件及特征[3]	分布区域	WRB 土组名[4]	MR[5]/%	百分比[6]/%
漠土 Desert soils	灰漠土 Gray desert soils	温带干旱漠境边缘区	宁夏、内蒙古、甘肃、新疆等	Cambisols	44	0.72
	灰棕漠土 Gray-brown desert soils	温带干旱中心	新疆、内蒙古等	Cambisols	78	3.11
	棕漠土 Brown desert soils	暖温带极干旱漠境中心	新疆、甘肃等	Cambisols	65	2.69
初育土 Amorphic soils	黄绵土 Loessial soils	黄土高原上，由黄土母质直接翻耕形成，具 A-C 剖面构型	陕西、甘肃、山西、宁夏等	Cambisols	33	1.97
	红黏土 Red primitive soils	由第三纪红色黏土及部分第四纪老黄土发育	陕西、甘肃、河南、山西、辽宁等	Regosols	48	0.07
	新积土 Neo-alluvial soils	新近冲积、洪积、坡积、塌积或人工堆垫，具 A-C 或（A）-C 剖面构型	全国各地，以吉林、陕西面积最大，其次为黑龙江、宁夏、四川等	Fluvisols	51	0.57
	龟裂土 Takyr	干旱、漠境地区山前细土洪积微弱发育，表层为不规则龟裂结皮	新疆、甘肃、内蒙古、宁夏	Cambisols	72	0.06
	风沙土 Aeolian soils	半干旱、干旱及滨海地区，由风成沙性母质发育	新疆、内蒙古、甘肃、青海等	Arenosols	75	7.03
	石灰（岩）土 Limestone soils	由热带、亚热带石灰岩母质发育	贵州、广西、四川、湖南等	Cambisols	80	1.73
	火山灰土 Volcanic ash soils	由火山喷发碎屑、粉尘状堆积物发育，具 A-C 剖面构型	黑龙江、江苏、海南等	Andosols	53	0.04
	紫色土 Purplish soils	由热带、亚热带紫红色岩层侵蚀发育，土层浅薄，具 A-C 剖面构型	四川、云南、湖南、贵州、广西等	Cambisols	68	2.44
	磷质石灰土 Phospho-calcic soils	热带珊瑚岛礁上，由海鸟粪与珊瑚礁风化物形成	南海的西沙、南沙、东沙、中沙诸岛	Arenosols	81	<0.01
	石质土 Lithosols	石质山地岩石风化残积物，风化层厚度一般小于 10cm，具 A-R 剖面构型	西北和华北山地	Leptosols	100	1.87
	粗骨土 Skeletal soils	基岩风化残积物、坡积物，属于 A-C 或（A）-C 剖面构型	辽宁、内蒙古、山东、浙江等地的河谷阶地、丘陵、低山和中山	Regosols	93	1.76
水成土 Aqueous soils	沼泽土 Bog soils	所处地势低洼，长期地表积水，还原作用形成潜育层 G，泥炭层或腐泥层厚度小于 50cm，具 H-G 剖面构型	黑龙江、青海、内蒙古等地的沟谷、平原河湖滨低洼地区均有分布，主要分布于东北	Gleysols	53	1.53
	泥炭土 Peat soils	泥炭层 H 厚度大于 50cm，其下为潜育层 G，具 H-G 剖面构型	青海、四川、黑龙江、吉林等	Histosols	48	0.06

续表

土纲名[1]	土类名[2]	主要成土条件及特征[3]	分布区域	WRB 土组名[4]	MR[5]/%	百分比[6]/%
半水成土 Semi-aqueous soils	草甸土 Meadow soils	冷湿条件下受地下水浸润并在草甸植被下发育，有明显腐殖质累积，铁、锰氧化还原形成锈纹层 Cu，具 A-Cu 或 A-C-Cu 剖面构型	黑龙江、内蒙古、新疆、四川等	Cambisols	92	3.54
	潮土 Fluvo-aquic soils	河流冲积平原或低平阶地耕作土壤，地下水位高，底土氧化还原交替形成锈纹层 Cu，具 A_{11}-A_{12}-Cu 或 A_{11}-C-Cu 剖面构型	主要分布于黄淮海平原，内蒙古、辽宁、湖北等地的河谷平原，滨湖低地与山间谷地也有分布	Cambisols	85	3.71
	砂姜黑土 Lime concretion black soils	河湖沉积物经脱沼与长期耕作形成，底土见砂姜	主要分布于安徽、河南、山东、江苏等，河北、湖北、广西等地也有分布	Cambisols	79	0.54
	林灌草甸土 Shrubby meadow soils	漠境河谷平原沿河一带的胡杨林下发育，有交替氧化还原作用，具 Ao-AC-C 剖面构型	新疆、内蒙古、甘肃等	Cambisols	87	0.24
	山地草甸土 Mountain meadow soils	中海拔山顶平台草甸植被下发育的薄层土壤，草皮层 As 下见铁锰锈纹、胶膜，具 As-A-C-D 剖面构型	除青藏高原及西北高山区以外，各省、自治区、直辖市均有分布，以西部为多，西南部次之	Cambisols	60	0.04
盐碱土 Alkali-saline soils	草甸盐土 Meadow solonchaks	草甸土、潮土、沼泽土地区，盐分累积量大于 6g/kg，有盐化表土层 Az，具 Az-C 剖面构型	从长江口到松辽平原均有分布	Solonchaks	55	1.21
	滨海盐土 Coastal solonchaks	母质为滨海沉积物，盐分来自海水和高矿化潜水，通常含盐量为 10g/kg，具 Az-Cz 剖面构型	山东、浙江、福建等沿海地区	Solonchaks	47	0.31
	酸性硫酸盐土 Acid sulphate soils	热带、南亚热带滨海低平原的海潮可及处，红树林残体形成的硫化物经氧化形成硫酸，土壤呈强酸性	海南、广东、广西、福建、台湾等	Solonchaks	36	<0.01
	漠境盐土 Desert solonchaks	极端干旱的漠境条件，含盐量通常在 100g/kg 以上	新疆、青海、甘肃等	Solonchaks	50	0.31
	寒原盐土 Frigid plateau solonchaks	青藏高寒地区退缩内陆湖盆、河间洼地	西藏	Solonchaks	88	0.10
	碱土 Solonetzes	碱化度（交换性钠占阳离子交换量百分比）大于 20%	零星分布于东北、华北、西北的内陆地区	Solonetz	50	0.06
人为土 Anthrosols	水稻土 Paddy soils	长期季节性淹灌、排水，水下翻耕，氧化还原交替，形成多种发生层分异：淹育层 Aa、犁底层 Ap、渗育层 P、潴育层 W 与潜育层 G	全国各地，以四川、江西、湖南等地面积为大	Anthrosols	83	4.93
	灌淤土 Irrigated warped soils	引用高泥沙含量灌溉水淤灌，加厚土层大于 50cm	新疆、宁夏、甘肃、河北、青海、西藏等	Anthrosols	70	0.22

续表

土纲名[1]	土类名[2]	主要成土条件及特征[3]	分布区域	WRB 土组名[4]	MR[5]/%	百分比[6]/%
人为土 Anthrosols	灌漠土 Irrigated desert soils	干旱荒漠地区，坎儿井水长期耕灌	新疆、甘肃、宁夏、青海等地的荒漠绿洲地带	Anthrosols	68	0.12
高山土 Alpine soils	草毡土 Felty soils	高寒区平缓高原面上，强度生草腐殖质累积与弱度氧化还原形成草毡层	青海、西藏、四川、新疆等	Cambisols	69	5.46
	黑毡土 Dark felty soils	高寒区略较温湿的原面上，草毡层初步分解，色泽较暗，有机质含量较高	西藏、四川、新疆、甘肃等	Cambisols	61	2.73
	寒钙土 Frigid calcic soils	高寒半干旱区，弱度腐殖质累积，底层积钙	西藏、青海、新疆、甘肃等	Calcisols	70	7.88
	冷钙土 Cold calcic soils	高寒区冷凉半干旱原面下，具弱腐殖质累积与钙积特征	新疆、西藏、甘肃等	Cambisols	45	1.43
	冷棕钙土 Cold brown calcic soils	高寒区温凉的半干旱河谷处，土壤弱腐殖质累积，弱度淋溶与积钙	西藏	Cambisols	67	0.09
	寒漠土 Frigid desert soils	高寒干旱条件下成土	青藏高原西北部海拔4000m 以上地区，涉及新疆、四川、西藏、青海等	Cryosols	87	0.29
	冷漠土 Cold desert soils	亚高山冷凉干旱条件下成土	西藏海拔 4500m 以下的湖盆、河谷及山地中下部	Cambisols	42	0.03
	寒冻土 Frigid frozen soils	高山冰川冰缘地带条件下，以物理风化为主	青藏高原冰缘地区，涉及新疆、西藏、甘肃等	Leptosols	100	3.23

注：1）中国土壤分类系统中土纲名及土纲英译名。
2）中国土壤分类系统中土类名及土类英译名。
3）本栏所用土层及后缀代码释义。
  自然土壤：A 表土层，As 草根层、草毡层，A_2 灰化层，B 母质特征消失的表下层，C 受成土作用少的母质层，D 未受成土作用影响的碎屑层，R 坚硬岩石层，E 漂白层、白浆层，H 泥炭状有机质层，Hi 纤维状泥炭层，He 半分解泥炭层，O 凋落物有机质层。
  旱地土壤：A_{11} 旱耕层，A_{12} 亚耕层，C_1 心土层，C_2 底土层。
  水田土壤：Aa 耕作层（淹育层），Ap 犁底层（淹育层），P 渗育层，W 潴育层，G 潜育层，Gw 脱潜层，M 腐泥层。
  土层后缀代码：d 漂灰特征，c 铁结核或硬结核，f 冰冻特征，h 有机质淀积，k 石灰聚积，n 碱化特征，q 硅聚积，t 黏粒淀积，v 网纹特征，x 脆盘，z 易溶盐聚积，su 硫化物聚积，b 埋藏或重叠，e 漂洗特征，g 潜育特征，i 弱分解有机质，m 胶结或固结，p 人工扰动，s 三氧化二物聚积，u 锈色斑纹，w 色泽或结构发育，y 石膏聚积，mo 铁锰胶膜。
4）世界土壤资源参比基础（world reference base for soil resources，WRB）工作组发布土组名，WRB 土组划分原则与中国分类系统中土纲接近。
5）WRB 土组对中国分类系统中各土类的最大可参比性（maximum referencibility，MR）。
6）该土类面积占各土类总面积的百分比。

附录5　宁夏回族自治区主要土壤类型表

土纲名[1]	土类名[2]	WRB 土组名[3]	MR[4]/%	百分比[5]/%
半淋溶土纲 Semi-alfisols	灰褐土 Gray-cinnamon soils	Cambisols	43	5.7
钙层土 Pedocals	黑垆土 Dark loessial soils	Cambisols	59	6.7
干旱土 Aridisols	灰钙土 Sierozems	Cambisols	63	25.3
初育土 Amorphic soils	黄绵土 Loessial soils	Cambisols	33	25.6
	红黏土 Red primitive soils	Regosols	48	0.2
	新积土 Neo-alluvial soils	Fluvisols	51	7.5
	风沙土 Aeolian soils	Arenosols	75	11.3
	石质土 Lithosols	Leptosols	100	0.2
	粗骨土 Skeletal soils	Regosols	93	5.6
半水成土 Semi-aqueous soils	潮土 Fluvo-aquic soils	Cambisols	85	1.9
盐碱土 Alkali-saline soils	草甸盐土 Meadow solonchaks	Solonchaks	55	1.7
	漠境盐土 Desert solonchaks	Solonchaks	50	0.8
	碱土 Solonetzes	Solonetz	50	0.3
人为土 Anthrosols	灌淤土 Irrigated warped soils	Anthrosols	70	6.2

注：1）中国土壤分类系统中土纲名及土纲英译名。
　　2）中国土壤分类系统中土类名及土类英译名。
　　3）世界土壤资源参比基础（world reference base for soil resources, WRB）工作组发布土组名，WRB 土组划分原则与中国土壤分类系统中土纲接近。
　　4）WRB 土组对中国土壤分类系统中各土类的最大可参比性（maximum referencibility, MR）。
　　5）该土类面积占宁夏回族自治区区域面积的百分比，土类面积不足本自治区区域面积0.05%的土类未列入本表。

附录6　分省土壤有机质含量图有机质含量分级图例

图例	分级序号	色码（CMYK）	色码（RGB）	图例	分级序号	色码（CMYK）	色码（RGB）
	1	2, 2, 17, 0	255, 255, 220		8	38, 0, 74, 0	157, 218, 104
	2	4, 1, 35, 0	248, 255, 190		9	42, 0, 80, 0	146, 210, 90
	3	8, 0, 47, 0	238, 255, 165		10	48, 1, 85, 0	132, 200, 80
	4	17, 0, 53, 0	220, 249, 150		11	52, 4, 89, 1	123, 190, 70
	5	23, 0, 60, 0	203, 242, 135		12	54, 11, 94, 3	115, 175, 55
	6	28, 0, 62, 0	185, 235, 130		13	61, 18, 98, 7	92, 158, 37
	7	34, 0, 68, 0	169, 225, 118		14	64, 24, 100, 15	70, 138, 20

附录7　宁夏回族自治区典型剖面0—20cm土层土壤理化性状中位数与平均数

土壤理化性状[1]	宁夏回族自治区[2]			西北地区[3]			全国[4]		
	中位数	平均数	样本量*	中位数	平均数	样本量*	中位数	平均数	样本量*
有机质/（g/kg）	9.1	14.1	341	12.7	25.3	5132	18.6	25.4	53243
pH	8.4	8.4	435	8.2	8.0	4727	6.8	6.8	54014
全氮/（g/kg）	0.67	0.91	205	0.85	1.41	4954	1.06	1.37	49409
全磷/（g/kg）	0.63	0.77	186	0.65	0.77	4844	0.60	0.78	50185
全钾/（g/kg）	18.7	19.3	92	19.4	19.3	3034	18.0	17.5	29736
碱解氮/（mg/kg）	41	60	278	57	98	1597	90	114	19316
有效磷/（mg/kg）	5.0	8.4	274	5.0	7.5	2643	4.4	7.5	23100
速效钾/（mg/kg）	165	178	154	149	171	2529	90	110	23841
阳离子交换量/（cmol/kg）	8.2	9.2	93	12.3	15.0	3210	13.1	14.8	22361

注：1）土壤全氮、全磷、全钾、碱解氮、有效磷、速效钾含量均以N、P、K纯养分量计。
　　2）本卷收录的宁夏回族自治区典型土壤剖面共计473个。通过对剖面数据的土层厚度转换，附录7给出了这些典型剖面0—20cm土层土壤理化性状中位数与平均数。全国第二次土壤普查剖面采样为典型土类采样，而非网格化采样。0—20cm土层土壤理化性状中位数与平均数不代表本自治区土壤理化性状平均状况。但全国第二次土壤普查是我国最早的大样本量调查，附录7所示的0—20cm土层土壤理化性状中位数与平均数对了解宁夏回族自治区20世纪80年代土壤肥力性状量化指标具有一定参考价值。
　　3）西北地区包括陕西、甘肃、宁夏、青海和新疆5个省、自治区，本数据集收录该地区的剖面共计6078个。
　　4）本数据集全集收录的剖面共计63792个。
　　*样本量的单位为"个"。

附录 8　宁夏回族自治区主要土地利用类型 0—30cm 土层土壤有机质含量[1]

土地利用类型	宁夏回族自治区		西北地区[2]		全国	
	占自治区区域面积百分比 /%[3]	有机质 /(g/kg)	占地域面积百分比 /%	有机质 /(g/kg)	占地域面积百分比 /%	有机质 /(g/kg)
耕地	23.05	11.95	5.62	12.35	13.52	18.65
园地	1.77	8.86	0.95	9.58	2.13	16.68
林地	18.37	14.79	12.67	19.03	30.04	26.96
草地	39.17	9.42	36.49	20.20	27.97	19.18
湿地	0.48	11.04	2.62	14.55	2.48	17.56

注：1）各土地利用类型 0—30cm 土层土壤有机质含量由本卷编制的宁夏回族自治区土壤有机质含量图和自然资源部土地科学数据中心编制的 2019 年 1∶100 万比例尺全国土地利用缩编图通过叠加、计算生成。其中，耕地包括水田、水浇地和旱地；园地包括果园、茶园和其他园地；林地包括有林地、灌木林地和其他林地；草地包括天然牧草地、人工牧草地和其他草地；湿地包括沼泽地、沿海滩涂和内陆滩涂。
2）西北地区包括陕西、甘肃、宁夏、青海和新疆 5 个省、自治区。
3）土地利用类型占自治区区域面积百分比根据第三次全国国土调查发布的 2019 年土地利用现状分类面积汇总数据计算生成。

附录 9 宁夏回族自治区耕地、园地、林地和草地中主要土壤类型占比[1]

宁夏回族自治区								西北地区[2]								全国							
耕地		园地		林地		草地		耕地		园地		林地		草地		耕地		园地		林地		草地	
土类名	占比/%	土类名	占比/%	土类名	占比/%	土类名	占比/%	土类名	占比/%	土类名	占比/%	土类名	占比/%	土类名	占比/%	土类名	占比/%	土类名	占比/%	土类名	占比/%	土类名	占比/%
黄绵土	32.5	灰钙土	47.7	黄绵土	27.0	灰钙土	38.1	黄绵土	14.9	黄绵土	21.2	黄绵土	11.1	草毡土	18.2	水稻土	14.9	水稻土	14.3	红壤	16.7	寒钙土	21.8
灌淤土	16.4	新积土	25.0	灰褐土	26.0	黄绵土	23.1	草甸盐土	8.9	褐土	14.3	风沙土	11.1	寒钙土	13.6	潮土	14.3	红壤	13.1	暗棕壤	10.3	草毡土	14.4
灰钙土	12.4	风沙土	13.1	风沙土	14.1	风沙土	13.4	黑垆土	7.4	棕漠土	9.0	黄棕壤	9.7	棕钙土	9.0	草甸土	9.1	砖红壤	11.5	黄壤	7.0	栗钙土	9.7
黑垆土	10.9	灌淤土	6.9	灰钙土	12.4	粗骨土	10.1	草甸土	6.9	灌淤土	8.0	棕壤	8.6	栗钙土	7.4	褐土	6.1	褐土	10.5	黄棕壤	6.3	棕钙土	7.4
新积土	10.3	黄绵土	2.2	黑垆土	8.2	新积土	6.0	潮土	6.9	黑垆土	6.4	褐土	8.0	灰棕漠	7.0	紫色土	4.8	赤红壤	9.6	棕壤	5.8	寒冻土	5.3
风沙土	4.7	潮土	1.9	新积土	4.9	黑垆土	4.2	褐土	6.6	潮土	6.2	灰褐土	5.0	寒冻土	4.9	红壤	4.7	紫色土	5.6	赤红壤	5.1	风沙土	4.8
潮土	4.6	草甸盐土	1.7	粗骨土	3.8	灰褐土	2.5	灰钙土	5.4	草甸土	5.3	草甸盐土	4.9	冷钙土	4.9	黑土	3.4	粗骨土	5.0	褐土	4.6	灰棕漠土	4.4
草甸盐土	3.6	漠境盐土	0.9	灌淤土	1.0	漠境盐土	1.1	灰漠土	4.6	风沙土	4.8	草毡土	4.4	棕漠土	4.0	黑钙土	3.2	潮土	4.8	紫色土	4.5	黑钙土	4.0
合计	95.4	合计	99.4	合计	97.4	合计	98.5	合计	61.6	合计	75.2	合计	62.8	合计	69.0	合计	60.5	合计	74.4	合计	60.3	合计	71.8

注：1）耕地、园地、林地和草地中主要土壤类型占比由本表编制的宁夏回族自治区土壤图和自然资源部土地科学数据中心编制的 2019 年 1∶100 万比例尺全国土地利用编绘图通过叠加、计算生成。其中，耕地包括水田、水浇地和旱地；园地包括果园、茶园和其他园地；林地包括有林地、灌木林地和其他林地；草地包括天然牧草地、人工牧草地和其他草地。当某省、自治区、直辖市中某土地利用类型所含土壤类型较多时，本表仅列出占比较大的土壤类型。

2）西北地区包括陕西、甘肃、宁夏、青海和新疆 5 个省、自治区。

附录10 《中国土壤剖面数据集》参编单位

国家科技基础性工作专项重点项目"我国1:5万土壤图籍编撰及高精度数字土壤构建"主持与参加单位	
中国农业科学院农业资源与农业区划研究所	湖南农业大学
中国科学院南京土壤研究所	西北农林科技大学
中国农业科学院农业环境与可持续发展研究所	沈阳大学
中国科学院地理科学与资源研究所	山东省国土测绘院
国家基础地理信息中心	辽宁省基础测绘院
全国农业技术推广服务中心	黑龙江省农业科学院土壤肥料与环境资源研究所
中国农业大学	海南省农业科学院
华中农业大学	上海市农业科学院生态环境保护研究所
中国地质大学（北京）	城信迪赛（北京）科技有限公司
参加数据集各分卷审核和修订工作的单位	
北京市农林科学院植物营养与资源研究所	广西农业科学院农业资源与环境研究所
河北省农林科学院农业资源环境研究所	重庆市农业技术推广总站
山西省农业科学院农业环境与资源研究所	贵州省农业科学院土壤肥料研究所
辽宁省农业科学院植物营养与环境资源研究所	云南省农业科学院农业环境资源研究所
吉林省农业科学院农业资源与环境研究所	甘肃省农业科学院土壤肥料与节水农业研究所
江苏省农业科学院农业资源与环境研究所	青海省农林科学院土壤肥料研究所
福建省农业科学院	宁夏农林科学院农业资源与环境研究所
江西省土壤肥料技术推广站	新疆农业科学院土壤肥料与农业节水研究所
山东省农业科学院农业资源与环境研究所	西藏自治区农牧科学院
湖南省土壤肥料研究所	

续表

参加分县大比例尺纸质土壤图与土种志收集的单位	
北京市耕地建设保护中心	福建省农田建设与土壤肥料技术总站
天津市农田建设管理处	山东省土壤肥料总站
河北省土壤肥料总站	河南省土壤肥料站
山西省耕地质量监测保护中心	湖北省耕地质量与肥料工作总站（湖北省土壤肥料调查测试中心）
内蒙古自治区土壤肥料和节水农业工作站	湖南省土壤肥料工作站
辽宁省土壤肥料总站	广东省农业科学院农业资源与环境研究所
吉林省土壤肥料总站	河池市土壤肥料工作站
黑龙江八一农垦大学	成都土壤肥料测试中心
上海市农业技术推广服务中心	云南省土壤肥料工作站
江苏省农业科学院	陕西省耕地质量与农业环境保护工作站
扬州市土壤肥料站	甘肃省耕地质量建设保护总站
安徽省土壤肥料总站	

注：表中各参编单位仅出现一次，参与多项工作的单位不重复列出。

参考文献

[1] 张维理，徐爱国，张认连，等. 土壤分类研究回顾与中国土壤分类系统的修编[J]. 中国农业科学，2014，47（16）：3214-3230.

[2] 张维理，KOLBE H，张认连，等. 世界主要国家土壤调查工作回顾[J]. 中国农业科学，2022，55（18）：3565-3583.

[3] MCBRATNEY A B，MENDONÇA SANTOS M L，MINASNY B. On digital soil mapping[J]. Geoderma，2003（117）：3-52.

[4] USDA. Natural Resources Conservation Service[EB/OL]. Soils National Soil Information System（NASIS）[2021-12-01]. http://www.nrcs.usda.gov/wps/portal/nrcs/detail/soils/survey/cid=nrcs142p2_053552.

[5] CSIRO Land and Water. Australian Soil Resource Information System（ASRIS）[EB/OL]. [2021-12-01]. http://www.asris.csiro.au/asris.

[6] European Soil Data Centre[EB/OL]. [2021-12-01]. http://eusoils.jrc.ec.europa.eu/.

[7] 全国土壤普查办公室. 全国第二次土壤普查暂行技术规程[M]. 北京：农业出版社，1979.

[8] 张维理，张认连，徐爱国，等. 中国1∶5万比例尺数字土壤的构建[J]. 中国农业科学，2014，47（16）：3195-3213.

[9] 张维理，傅伯杰，徐爱国，等. 中国土壤调查结果的地统计特征[J]. 中国农业科学，2022，55（13）：2572-2583.

[10] 张维理. 海量空间数据提取、整合与制图表达方法概要[J]. 中国农业科学，2014，47（16）：3231-3249.

[11] 张维理. 智能化海量空间信息分析与地图制图软件包IMAT设计及构建[J]. 中国农业科学，2014，47（16）：3250-3263.

[12]《第一次全国地理国情普查地图集》编纂委员会. 第一次全国地理国情普查地图集[M]. 北京：中国地图出版社，2019.

[13] 中国地图出版社. 中国地图集[M]. 3版. 北京：中国地图出版社，2022.

[14] 全国土壤质量标准化技术委员会. 土壤制图 1∶25 000 1∶50 000 1∶100 000 中国土壤图用色和图例规范：GB/T 36501—2018[S]. 北京：中国标准出版社，2018.

[15] 张维理，KOLBE H，张认连. 土壤有机碳作用及转化机制研究进展[J]. 中国农业科学，2020，53（2）：317-331.

[16] 周北燕，石家星. 中华人民共和国地形图[M]. 北京：中国地图出版社，2009.

[17]《中华人民共和国气候图集》编委会. 中华人民共和国气候图集[M]. 北京：气象出版社，2002.

[18] 中国标准化与信息分类编码研究所，全国农业技术推广服务中心. 中国土壤分类与代码：GB/T 17296—1998[S].

[19] 中国标准研究中心. 中国土壤分类与代码：GB/T 17296—2000[S].

[20] 全国信息分类编码标准化技术委员会. 中国土壤分类与代码：GB/T 17296—2009[S]. 北京：中国标准出版社，2009.

[21] ISSS，ISRIC，FAO. World Reference Base for Soil Resources. Wageningen/Rome，1998.

［22］SHI X Z，YU D S，XU S X，et al. Cross-reference for relating Genetic Soil Classification of China with WRB at different scales［J］. Geoderma，2010（155）：344-350.

［23］全国土壤普查办公室. 中国土种志　第一卷［M］. 北京：中国农业出版社，1993.

［24］全国土壤普查办公室. 中国土种志　第二卷［M］. 北京：中国农业出版社，1994.

［25］全国土壤普查办公室. 中国土种志　第三卷［M］. 北京：中国农业出版社，1994.

［26］全国土壤普查办公室. 中国土种志　第四卷［M］. 北京：中国农业出版社，1995.

［27］全国土壤普查办公室. 中国土种志　第五卷［M］. 北京：中国农业出版社，1995.

［28］全国土壤普查办公室. 中国土种志　第六卷［M］. 北京：中国农业出版社，1996.

［29］全国土壤普查办公室. 中国土壤［M］. 北京：中国农业出版社，1998.